奇思妙想 Scratch 少儿编程101例 视频教学版

刘丽霞　编著

清華大學出版社
北　京

内容简介

本书基于 Scratch 3.29 版本，通过 101 个生动有趣的实例，由浅入深地介绍了 Scratch 中每个积木的使用方法，同时展示了丰富的课外知识、程序设计的编程思想和算法。

全书共 12 章。第 1 章通过 4 个实例带领读者认识 Scratch 开发的核心功能；第 2 章通过 13 个实例详细讲解了如何让角色进行移动；第 3 章通过 3 个实例演示了如何让多个角色之间产生关联；第 4 章通过 10 个实例演示了如何通过时间或条件等因素控制角色；第 5 章通过 12 个实例讲解了如何修改和使用角色的外观造型来实现指定效果；第 6 章通过 5 个实例介绍了如何控制声音的播放和停止、为声音添加音效以及通过声音控制角色；第 7 章通过 8 个实例讲解了使用侦测积木控制角色的效果；第 8 章通过 23 个实例详细讲解了如何在程序中利用变量和运算来实现指定效果；第 9 章通过 5 个实例介绍了如何利用自制积木实现特定的效果；第 10 章通过 7 个实例详细讲解了【画笔】组件的所有积木；第 11 章通过 7 个实例详细讲解了如何使用其他扩展组件让程序的功能更加丰富；第 12 章通过 4 个综合实例演示了如何使用多种类型的积木实现复杂的程序开发。

本书不仅适合小学生或初中生自学 Scratch 编程，而且适合作为中小学“信息技术”课的教学用书。另外，本书也适合低龄儿童在家长的陪同下一起学习 Scratch 编程。

图书在版编目（CIP）数据

奇思妙想：Scratch少儿编程101例：视频教学版 / 刘丽霞编著 . -- 北京：清华大学出版社，2024.10.

ISBN 978-7-302-67543-3

Ⅰ. TP311.1-49

中国国家版本馆 CIP 数据核字第 2024AW6149 号

责任编辑：袁金敏
封面设计：王传芳
责任校对：徐俊伟
责任印制：沈　露
出版发行：清华大学出版社

网　　址：https://www.tup.com.cn,https://www.wqxuetang.com
地　　址：北京清华大学学研大厦 A 座　　邮　　编：100084
社 总 机：010-83470000　　邮　　购：010-62786544
投稿与读者服务：010-62776969，c-service@tup.tsinghua.edu.cn
质 量 反 馈：010-62772015，zhiliang@tup.tsinghua.edu.cn

印 装 者：三河市龙大印装有限公司
经　　销：全国新华书店
开　　本：190mm × 235mm　　印　　张：18.25　　字　　数：412 千字
版　　次：2024 年 11 月第 1 版　　印　　次：2024 年 11 月第 1 次印刷
定　　价：99.80 元

产品编号：108112-01

前　言

Scratch是一种广受欢迎的图形化编程语言，在教育界和年轻人中得到了广泛使用。它是由麻省理工学院媒体实验室开发的，旨在帮助学生学习编程和创造自己的交互式媒体作品。Scratch的主要特点是其图形化编程界面，通过拖放积木式的命令块，学生可以轻松编写代码，而不必担心语法错误。这种可视化的编程方式使编程变得更加直观和易于理解，尤其适合初学者。

笔者结合自己多年的程序开发经验和心得体会，花费一年多的时间写了本书。希望儿童读者能够在本书的引导下掌握Scratch的使用方法，并具备独立编程的能力。

本书最大的特色是通过101个形象生动的实例依次讲解了Scratch中的所有积木的使用方法。每个实例不仅讲解了Scratch中积木的使用方法，还穿插讲解了多种编程思想和算法。每个实例中都配有丰富的情感故事或课外知识，从实际生活场景出发，可以更好地帮助儿童理解编程，也可以帮助儿童扩展思维和开阔眼界。学习本书后，儿童不仅能掌握丰富的课外知识，还能具备独立进行程序开发的能力。

本书特色

1. 实例众多

本书包含101个实例，每个实例都从实际生活场景出发，让儿童更容易切入和理解实例要讲解的知识点，并且每个实例都会详细讲解积木的使用方法及对应的编程思想。

2. 内容有趣

为了吸引儿童的阅读兴趣，本书实例基于各种生活化的场景，讲述各种有趣的事情，避免了枯燥的数学求解问题。例如，讲解“鱼眼”特效时，配置的实例是用放大镜观察动物。

3. 内容全面

本书涵盖了Scratch的所有积木，并为每个积木配置了一个对应的实例。通过本书，读者可以学习每个积木的使用方法，并掌握该积木和其他积木的组合使用方法。

4. 由浅入深

由于儿童的逻辑思维能力较弱，因此本书的101个实例都采用了循序渐进的方式，每个实例都严格遵守二八原则（二成新知识，八成旧知识）。在每个实例中，着重讲解一个新的积木，而用到的其他积木都是之前实例讲解过的。这样设计可以避免让儿童背着包袱学习，让他们更轻松地接收新知识，并且潜移默化地复习和巩固旧知识。

5. 加强交互

在整本书的实例中，会根据积木的特点引导儿童用手进行编程，用脑进行思考和学习编程思想，用眼睛观察程序的布局和变化，用嘴巴发出声音或舞动身体来控制角色。通过这些科学合理的方式，引导儿童高效地学习，避免产生厌学情绪。这样，儿童能够主动参与到编程中，感受到多方位的反馈信息，从而培养儿童对Scratch的学习兴趣。

本书内容

第1章　包含4个实例，带领读者认识Scratch的核心内容，包括文字展示、人机交互、声音播放和动画的实现。

第2章　包含13个实例，详细讲解了如何通过积木让角色进行移动，包括定点移动、匀速移动、旋转和反弹等。

第3章　包含3个实例，详细讲解了如何让多个角色之间产生关联，包括广播消息、接收消息、广播消息并等待等。

第4章　包含10个实例，详细讲解了如何通过时间或条件等因素控制角色，包括等待时间、等待条件和重复执行等。

第5章　包含12个实例，详细讲解了如何修改和使用角色的外观造型来实现指定效果，包括显示角色、隐藏角色和下一个造型等。

第6章　包含5个实例，详细讲解了如何控制声音的播放和停止、为声音添加音效以及通过声音控制角色，包括播放声音并等待、设置音量和停止所有声音等。

第7章　包含8个实例，详细讲解了使用侦测积木控制角色的效果，包括碰到鼠标指针、碰到指定颜色和询问并等待等。

第8章　包含23个实例，详细讲解了如何在程序中利用变量和运算来实现指定效果，包括创建变量、四则运算和字符串操作等。

第9章　包含5个实例，详细讲解了如何利用自制积木实现特定的效果，包括控制角色克隆和移动、模拟计算器功能和模拟有重力的跳跃等。

第10章　包含7个实例，详细讲解了【画笔】组件的积木，包括落笔、擦除和抬笔等。

第11章　包含7个实例，详细讲解了如何使用其他扩展组件让程序的功能更加丰富，包括【文字朗读】【翻译】【音乐】【Makey Makey】【视频侦测】组件等。

第12章　包含4个实例，详细讲解了如何使用多种类型的积木实现复杂的程序开发。

本书读者对象

- 7 ~ 17 岁的青少年。
- 少儿编程指导教师。
- 4 ~ 10 岁儿童的家长。
- 其他对少儿编程感兴趣的各类人员。

目 录

第1章

你好，小朋友

Scratch是一种广为人知的、面对全球青少年开放的图形化编程工具。每个人都可以在Scratch中创作自己的程序。本章将讲解Scratch中最基本的功能，包括文本显示、人机交互、音乐效果和动画效果。

1.1 小猫的新年祝福：使用文字打招呼

扫一扫，看视频

旧岁至此而除，明日另换新岁。在除夕夜，我们围坐一桌，共享丰盛的年夜饭，感受着团圆的温暖。吃完年夜饭之后，我们通过短信、微信等方式向亲朋好友发送衷心的新年祝福。在本课程中，小猫也将向大家送上新年祝福。

基础知识

本课程要新学习到以下积木。

- 【当被点击】：该积木是Scratch程序运行的起点，就像百米赛跑的起跑线。当点击运行按钮时，编写好的Scratch程序就会从该积木开始运行。在一个Scratch程序中，可以添加多个该积木，那么程序就会有多个起点。此时，程序就形成了多条执行路线。就像发令枪一响，多个运动员同时冲出起跑线，而每个运动员就是一个程序的执行路线。
- 说 你好! 2 秒【说（你好!）（2）秒】：该积木可以让角色通过对话框模拟说话，并且文字显示2秒后再消失。其中，2秒是默认显示的时间长度。如果想让文字显示的时间更长，则可以修改数字2为更大的数字；如果想让文字显示的时间更短，则可以修改为更小的数字。例如，修改数字2为10之后，表示运行1次该积木，文字会显示10秒。

课程实现

下面将分步讲解如何实现“小猫的新年祝福”。

（1）找到计算机桌面中的Scratch 3的快捷方式，如图1.1所示。

（2）双击Scratch 3的快捷方式，打开Scratch软件，界面如图1.2所示。

图1.1　Scratch 3的快捷方式

图1.2　Scratch软件界面

功能讲解

在 Scratch 软件界面中，每个区域的功能如下。

- 积木区：该区域显示可以使用的积木，每个积木的功能不同。该区域还可以切换到“造型”和“声音”选项卡。在“造型”选项卡中，可以修改程序中角色的外观，就像演员可以有很多种妆容和配套衣服；在“声音”选项卡中，可以修改角色拥有的声音，就像在不同的演出中可以搭配不同的背景音乐。
- 代码区：该区域用于添加积木块，相当于编写程序的区域。用户可以把指定的积木拖动到该区域，以实现固定的功能，就像演员在后台排练节目一样，在该区域设计或练习要表演的节目。
- 舞台区：该区域用于展示程序的运行效果，就像演员在舞台中表演一样。
- 角色区：该区域用于选择要参与编程的角色，就像选择哪些演员参加表演一样。
- 背景区：该区域用于设置程序的背景画面，类似于舞台的背景。例如，表演的事情发生在皇宫，那么背景就需要布置为皇宫。这样，节目的演出效果才能更好。

（3）首先，在积木区的积木分类中，选择“事件”分类，将【当▶被点击】积木拖动到代码区。然后，选择“外观”分类，将【说（你好!)(2) 秒】积木拖动到代码区，并将该积木上方的凸出部分嵌入到【当▶被点击】积木下方的凹入点，这样两个积木就组合成一组积木。接着，单击【说（你好!)（2）秒】积木的文本框，选中文本内容“你好!”，按 Delete 键，删除该文本内容，然后添加新的文本内容“新年伊始，万象更新。祝您新年快乐，万事如意!”。单击【说（你好!)（2）秒】积木的数字 2，修改为 5，使文本内容的显示时间为 5 秒，如图 1.3 所示。

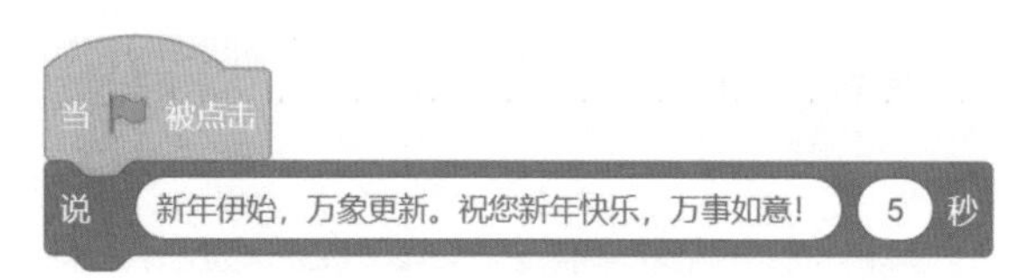

图1.3　角色1的积木

功能讲解

此时，在角色区只有默认的小猫角色（角色 1)。所以，添加的这组积木会直接添加到角色 1 上。该组积木的作用是，当舞台区的运行按钮被点击后，【当▶被点击】积木开始运行，然后运行【说（你好!)（2）秒】积木，在小猫的右上角弹出对话框并显示新年祝福语，显示 5 秒后整个程序结束。

编程技巧

在为代码区添加积木时，可以用鼠标选择要使用的积木，然后拖动到代码区。如果想要删除代码区的积木，可以选中指定的积木，然后拖动到积木区即可删除；或者选中指定积木，右击，在弹出的快捷菜单中选择“删除”命令，如图 1.4 所示。

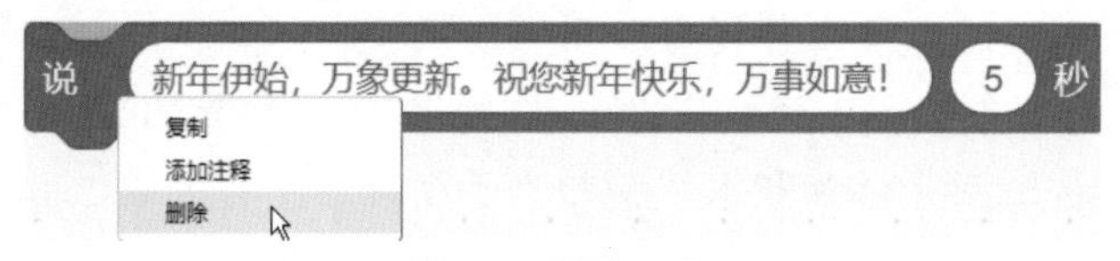

图1.4　删除积木

（4）将光标移动到背景区的“选择一个背景”按钮上方，效果如图 1.5 所示。

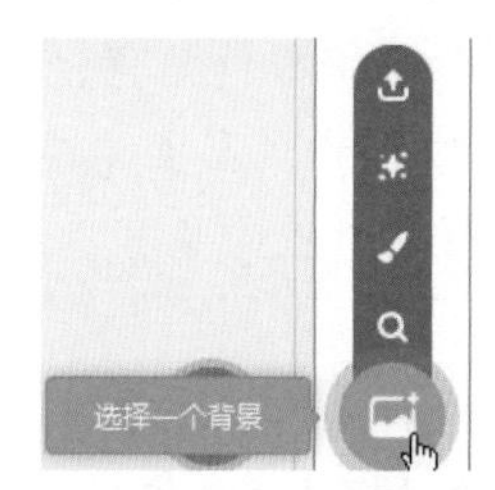

图1.5　“选择一个背景”按钮

功能讲解

“选择一个背景”按钮中包含 4 个功能按钮，从上到下依次为“上传背景”按钮、“随机选择背景”按钮、“绘制背景”按钮和“选择背景”按钮。该按钮的默认功能为“选择背景”。

（5）单击“选择一个背景”按钮后，进入 Scratch 软件的背景库，如图 1.6 所示。

图1.6　背景库

（6）选择“室内”分类后单击 Concert（音乐会）背景，就可以将此背景添加到舞台中，效果如图 1.7 所示。

（7）单击“运行”按钮，舞台区中的小猫的右侧会弹出一个对话框，并显示新年祝福语 5 秒，运行效果如图 1.8 所示。

图1.7　添加舞台背景

图1.8　运行效果

1.2 逗弄一下小狗：使用鼠标点击角色

小明的爸爸给小明领养了一只小狗。每当小明抚摸小狗时，小狗都会做出回应，小明也感到十分开心。在 Scratch 的世界里，用户也可以使用鼠标去触摸程序中的小狗。在本课程中，将实现使用鼠标点击小狗之后，使小狗进行自我介绍的操作。

扫一扫，看视频

基础知识

本课程要新学习到以下积木。

- 【当角色被点击】：该积木的作用是监听鼠标的按键（左键、右键、中键等）是否点击了指定的角色。如果指定角色被点击，就会触发该积木。这相当于为角色安装了一个监听器，而该积木是一个被触发点，触发之后就可以执行其后续的其他积木。

课程实现

下面将分步讲解如何实现“逗弄一下小狗”。

（1）设置舞台背景为 Hall（大厅）。单击“角色 1”右上角的×，删除该角色。

（2）将光标移动到角色区的“选择一个角色”按钮上方，效果如图 1.9 所示。

图1.9　“选择一个角色”按钮

功能讲解

“选择一个角色”按钮中包含 4 个功能按钮，从上到下依次为“上传角色”按钮、“随机选择角色”按钮、“绘制角色”按钮和“选择一个角色”按钮。该按钮的默认功能为“选择一个角色”。

（3）单击“选择一个角色”按钮后，进入 Scratch 软件的角色库，如图 1.10 所示。

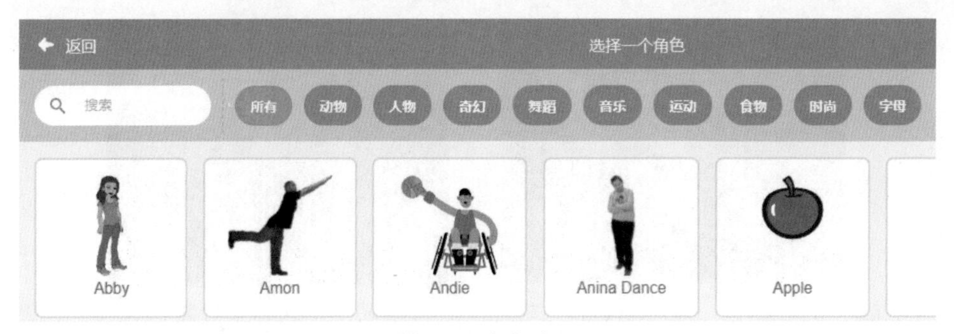

图1.10　角色库

（4）选择“动物”分类后单击 Dot（小不点）角色，就可以将此角色添加到舞台中，效果如图 1.11 所示。

图1.11　添加角色Dot

（5）为小狗角色 Dot 添加一组积木，效果如图 1.12 所示。

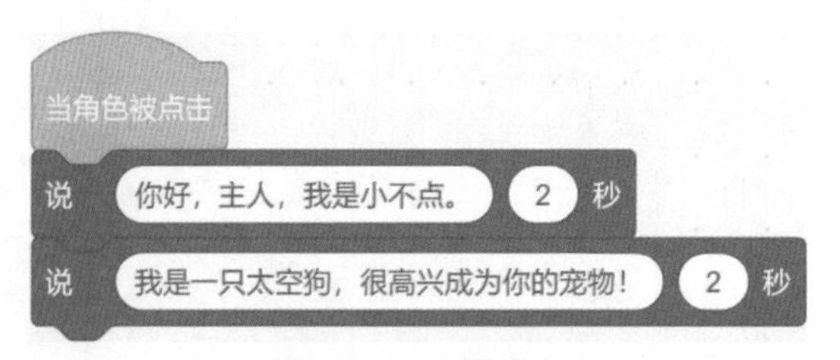

图1.12　Dot的积木

功能讲解

Dot 积木首先会监听是否使用鼠标点击 Dot 角色。一旦 Dot 角色被点击，程序就开始运行，执行【当角色被点击】积木，然后依次执行两个【说（你好!）（2）秒】积木。

（6）当用户使用鼠标点击 Dot 角色后，Dot 的右侧会弹出一个对话框，并显示“你好，主人，我是小不点。”，持续显示 2 秒；然后又会显示“我是一只太空狗，很高兴成为你的宠物！”，同样持续显示 2 秒，运行效果如图 1.13 所示。

图1.13　运行效果

1.3 小小的哨子：播放声音

哨子一般用于集合人员、操练或体育比赛时发号施令。在野外探险时，吹哨子可以帮助人们吸引救援人员的注意，提醒他人自己的存在或传递紧急信息。在电影《泰坦尼克号》中，搜索人员就是通过哨声确定了罗丝的位置，最终成功搭救了罗丝。在本课程中，将实现点击哨子，让哨子发出声音的效果。

扫一扫，看视频

基础知识

本课程要新学习到以下积木。

- 播放声音 喵▾【播放声音（喵）】：该积木的作用是播放指定的声音。默认播放“角色 1”小猫的叫声。如果将该积木添加到其他角色上，就会播放对应角色的默认声音。该积木只要开始执行，无论声音是否播放完成，都会立即执行其后续的积木。

课程实现

下面将分步讲解如何实现“小小的哨子”。

（1）设置舞台背景为 Soccer（足球运动），并在舞台中添加哨子角色 Referee（裁判员），效果如图 1.14 所示。

（2）为哨子角色 Referee 添加一组积木，如图 1.15 所示。

图1.14　背景和角色

图1.15　Referee的积木

功能讲解

当用户单击 Referee 角色时，该角色就会发出哨子的声音，并通过对话框显示自我介绍。为确保声音能被播放，请打开计算机的声音。由于【播放声音（喵）】积木已经添加到 Referee 角色上，所以该积木默认播放的声音为 referee whistle（裁判哨子）。

（3）当用户单击哨子角色 Referee 时，该角色就会发出哨子的声音，并在该角色的右侧显示“大家好，我是一个哨子裁判!”，持续显示 2 秒，运行效果如图 1.16 所示。

图1.16　运行效果

1.4 飞翔的翼龙：实现动画效果

扫一扫，看视频

翼龙生存的时间跨度从三叠纪晚期（距今大约 2.05 亿年）开始一直延续到白垩纪晚期（距今大约 6500 万年）。尽管翼龙的名字中包含“龙”，但它实际上并不是真正的龙，而是属于蜥形纲翼龙目的爬行动物的统称。它与恐龙和鳄类有着较近的亲缘关系，其名字的含义为“有翼的蜥蜴”。因此，翼龙并不属于恐龙。在本课程中，将实现一个翼龙被点击后开始扇动翅膀的效果。

基础知识

本课程要新学习到以下积木。

- 换成 造型2 ▾ 造型【换成（造型 2）造型】：该积木的作用是将角色切换为指定的造型。通过单击下拉菜单，可以选择要切换的造型。该积木默认会切换为“角色 1”中小猫的造型 2。如果将该积木添加到其他角色上，就可以切换为其他角色的造型。当使用该积木进行连续切换时，需要添加暂停的积木；否则，由于切换效果十分快速，可能导致切换效果不可见。

课程实现

下面将分步讲解如何实现“飞翔的翼龙”。

（1）设置舞台背景为 Desert（荒原），并在舞台中添加恐龙角色 Dinosaur3（恐龙），效果如图 1.17 所示。

（2）为恐龙角色 Dinosaur3 添加一组积木，如图 1.18 所示。

图1.17　背景和角色

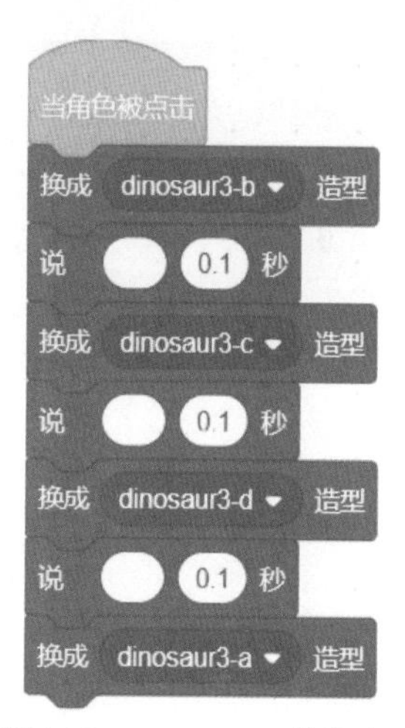

图1.18　Dinosaur3的积木

功能讲解

动画的效果实际上是通过从固定速度切换一张张图片来实现的。这组积木实际上通过固定的时间间隔（0.1 秒）对翼龙的造型进行切换，从而形成翼龙扇动翅膀的动画效果。固定的时间间隔与【说（你好!）（2）秒】积木的设定有关。在这里，时间间隔被设置为 0.1 秒。如果将时间间隔增大，翼龙扇动翅膀的动画速度就会减慢；反之，如果将时间间隔减小，动画速度就会加快。

（3）当用户单击恐龙角色 Dinosaur3 时，该角色就会完成一次扇动翅膀的动画效果，如图 1.19 所示。

图1.19　扇动翅膀

第2章

移动角色

动态目标通常要比静态目标更具吸引力。移动的角色会让程序更加有趣，更能吸引人的注意力。本章将讲解如何通过积木使角色动起来。

2.1 给数字排序：移动角色到指定地点

扫一扫，看视频

一二三四五，上山打老虎；老虎没打着，打着小松鼠；松鼠有几只，让我数一数；数来又数去；一二三四五；五只小松鼠。在学习算数之前，我们通常最先接触到的内容就是数数字。在本课程中，将实现给数字排序的程序。

基础知识

本课程要新学习到以下积木。

- 【移动 x:（0）y:（0）】. 该积木的作用是将指定的角色移动到指定的位置。当 x 值和 y 值都为 0 时，表示将角色移动到舞台正中央。在编写涉及移动操作的程序时，程序运行完成后，角色会移动到新位置。此时，将该积木添加到程序的起始位置，就能保证每次运行程序时，角色都会位于指定的初始位置。

课程实现

下面将分步讲解如何实现“给数字排序”。

（1）设置舞台背景为 Chalkboard（黑板），在舞台中添加 Glow-1（发光的 1）~ Glow-5 共 5 个数字角色并移动到对应位置，效果如图 2.1 所示。

（2）为数字 1 角色 Glow-1 添加第 1 组积木，如图 2.2 所示；添加第 2 组积木，如图 2.3 所示。

图2.1　背景和角色

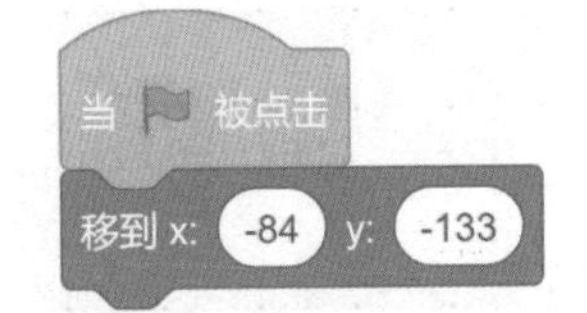

图2.2　Glow-1的第1组积木

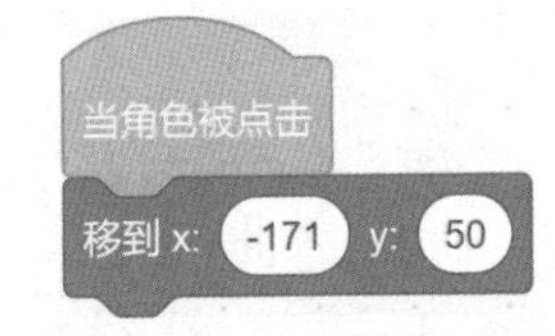

图2.3　Glow-1的第2组积木

（3）为数字 2 角色 Glow-2 添加第 1 组积木，如图 2.4 所示；添加第 2 组积木，如图 2.5 所示。

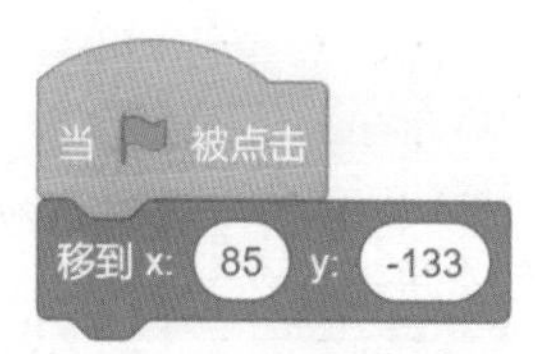

图2.4 Glow-2的第1组积木

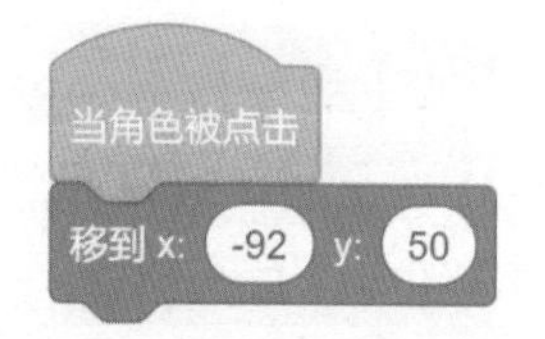

图2.5 Glow-2的第2组积木

（4）为数字3角色Glow-3添加第1组积木，如图2.6所示；添加第2组积木，如图2.7所示。

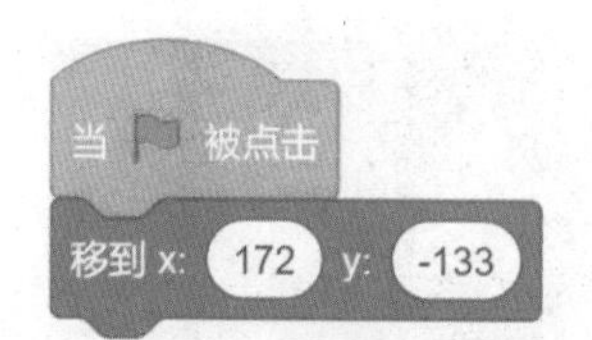

图2.6 Glow-3的第1组积木

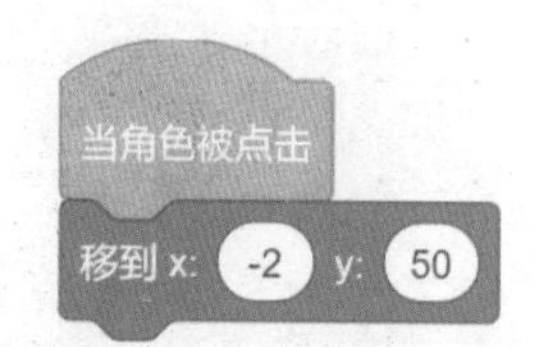

图2.7 Glow-3的第2组积木

（5）为数字4角色Glow-4添加第1组积木，如图2.8所示；添加第2组积木，如图2.9所示。

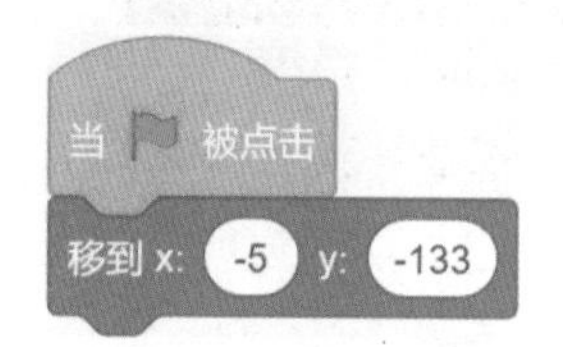

图2.8 Glow-4的第1组积木

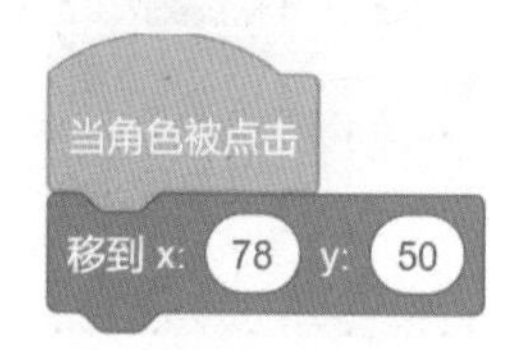

图2.9 Glow-4的第2组积木

（6）为数字5角色Glow-5添加第1组积木，如图2.10所示；添加第2组积木，如图2.11所示。

图2.10 Glow-5的第1组积木

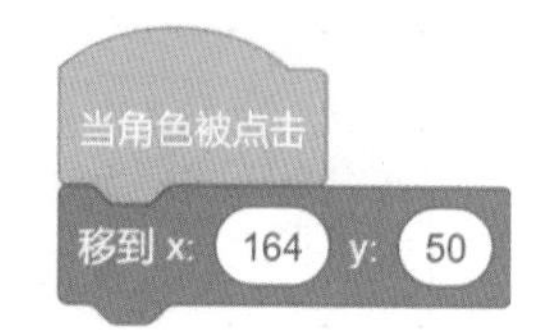

图2.11 Glow-5的第2组积木

功能讲解

角色Glow-1~角色Glow-5的第1组积木的功能是在点击程序运行按钮之后，让角色初始化到指定的位置；而第2组积木的功能是当用户点击对应的角色后，对应的角色就会立刻移动到积木指定的位置。

编程技巧

在编写任何有移动效果的程序时，都要对用到的角色的位置进行初始化，这样才能保证每次点击程序运行按钮时，角色都从指定的初始位置开始移动。

（7）程序运行后，所有数字都会依次出现在舞台下方，然后依次点击数字，数字就会从左向右按照升序排列，效果如图 2.12 所示。

图2.12　数字排序

编程技巧

在 Scratch 软件的舞台中有一个官方设置的坐标轴系统，如图 2.13 所示。

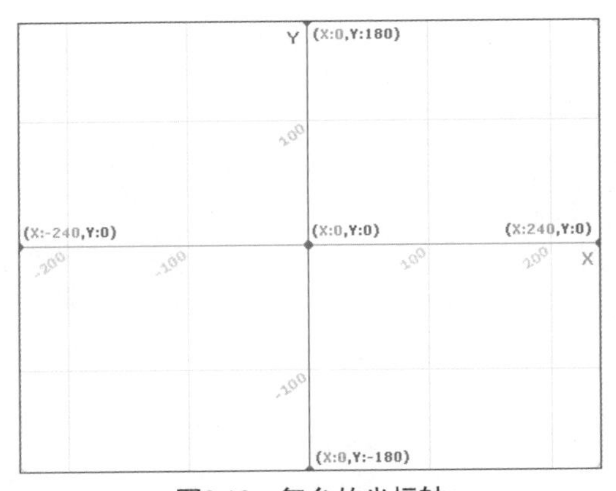

图2.13　舞台的坐标轴

简单来说，舞台坐标轴的原点（x:0，y:0）在舞台的正中央。x 轴为水平方向，其范围为（−240 ~ 240）；y 轴为垂直方向，其范围为（−180 ~ 180）。坐标轴的单位为像素。移动一个单位的坐标就是移动了一个像素的距离。

2.2 找虫子的小鸡：移动角色和思考

在树林的一片草丛中，有一只黄色的小鸡。小鸡的肚子饿了，它边走边叫，并低着头用它尖锐的喙（huì，多指鸟类或禽类的嘴）在土里翻找着虫子。在本课程中，将实现一个小鸡捉虫子的程序。

扫一扫，看视频

基础知识

本课程要新学习到以下积木。

- 移动 10 步【移动（10）步】：该积木可以让角色在舞台中向右移动一定步数，默认情况下为 10 步。如果想让角色移动的距离更远，可以修改这个数字为更大的值。如果想让角色向舞台的左侧移动，可以将这个数字修改为 –10 后，表示运行 1 次该积木，则角色向舞台左侧移动 10 步。
- 思考 嗯…… 2 秒【思考（嗯……）（2）秒】：该积木用于模拟角色思考的效果。角色思考的内容会以文字形式显示在一个气泡框中。默认情况下，思考内容为“嗯”，并且默认的显示时长为 2 秒。该积木通常被用于表达角色的内心活动。在程序中添加角色的内心活动，可以增加用户的代入感，让程序更加生动和形象。

课程实现

下面将分步讲解如何实现“找虫子的小鸡”。

（1）设置舞台背景为 Forest（树林），并在舞台中添加小鸡角色 Chick（小鸡）和虫子角色 Grasshopper（蚂蚱），效果如图 2.14 所示。

图2.14 小鸡、虫子和树林

（2）为小鸡角色 Chick 添加一组积木，如图 2.15 所示。

图2.15　Chick的积木

功能讲解

Chick 的积木依次实现了初始化位置、向右移动、播放声音、切换造型以及思考 5 种功能，组合起来形成了 Chick 角色边走边叫并找虫子的动画效果。Chick 角色每走一步，后 4 种功能便重复一次，一共重复了 3 次。唯一的区别在于 Chick 角色向右移动的速度不同。

（3）为虫子角色 Grasshopper 添加一组积木，如图 2.16 所示。

图2.16　Grasshopper的积木

功能讲解

Grasshopper 的积木依次实现了播放声音和用文字模拟说话两种功能，组合起来形成了特定的效果。Grasshopper 首先叫一声，然后说一句话，引导 Chick 角色寻找 Grasshopper 角色。该效果一共重复了 3 次。其中，每次文字会显示 3 秒。

编程技巧

在 Scratch 中，每个角色默认都会有一个声音。此外，系统还提供了十分丰富的声音库供用户选择，如图 2.17 所示。

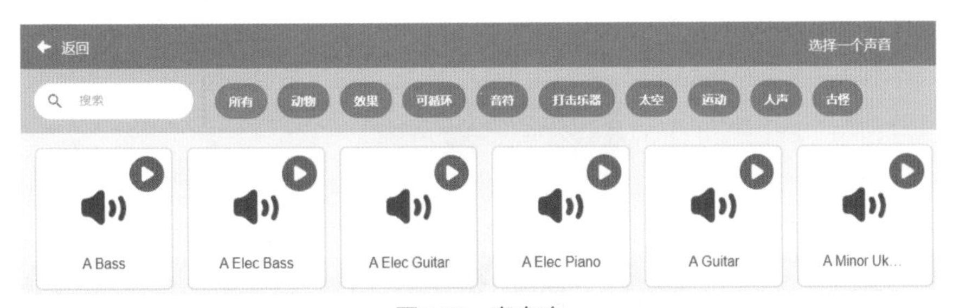

图2.17　声音库

在本课程中，虫子角色 Grasshopper 的默认声音为 pop，它会发出一种类似于“波”的声音。但是，考虑到这种声音可能不太合适，所以我们决定为虫子重新添加一个声音，如蟋蟀的声音。为了给虫子角色 Grasshopper 添加新的声音，需要单击该角色，然后选择“声音 | 选择一个声音 | 动物 |Cricket（蟋蟀）”命令。添加声音的过程如图 2.18 所示。

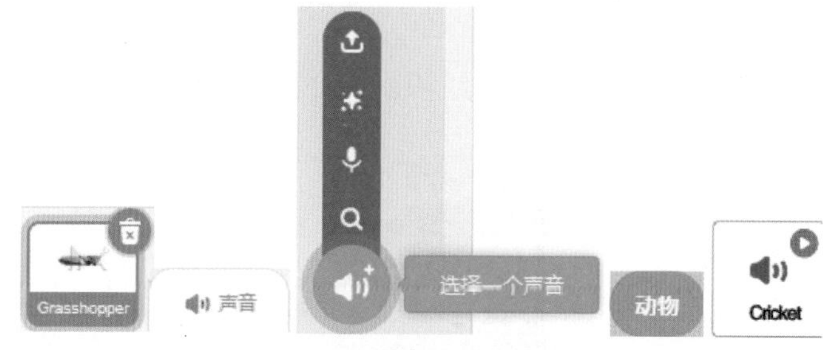

图2.18　添加声音的过程

注意： 如果要为角色添加其他声音，按照上面的步骤操作即可。

此时，虫子角色 Grasshopper 的声音库中就拥有了蟋蟀的声音，如图 2.19 所示。

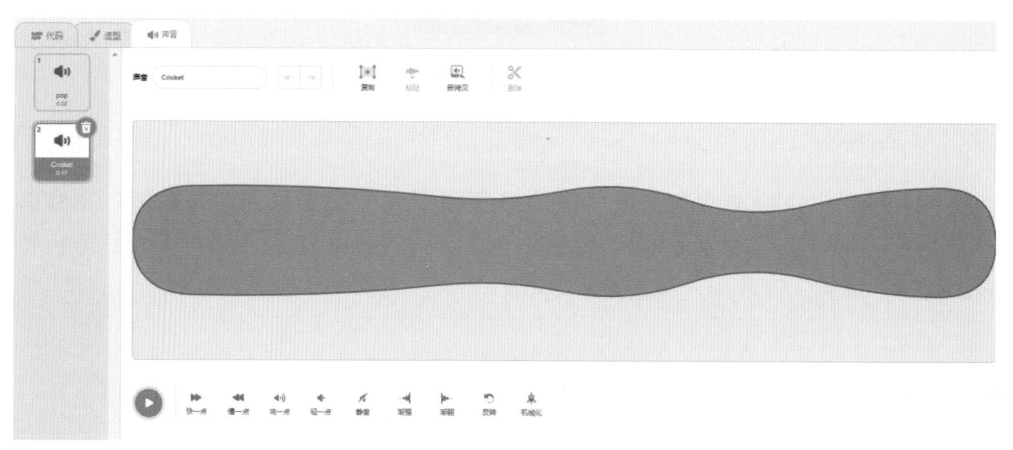

图2.19　新添加的声音

在为虫子角色 Grasshopper 添加了新的声音后，当使用【播放声音】积木时，就可以通过下拉菜单选择新添加的声音，效果如图 2.20 所示。

图2.20　选择积木中要播放的声音

（4）程序运行后。小鸡角色 Chick 向右走一步并发出叫声，紧接着以文字形式显示“虫子在哪里？”，然后低头啄一下地，形成寻找虫子角色 Grasshopper 的效果。同时，虫子角色 Grasshopper 会发出叫声并以文字形式显示“我在这里”，效果如图 2.21 所示。

图2.21　找虫子的小鸡

2.3 被风吹起的雪花：1秒内滑行到随机位置

冬日大雪过后，唯一一抹绿色只有那些挺拔的松树或柏树了。白雪覆盖在树上，当风吹过时，吹起树上的雪花，或乘风飞翔，或坠落到地面上。在本课程中，将模拟树木摆动、树上雪花随机飞舞的效果。

扫一扫，看视频

基础知识

本课程要新学习到以下积木。

- 在 1 秒内滑行到 随机位置【在（1）秒内滑行到（随机位置）】：该积木的作用是将角色在 1 秒内移动到随机位置。每次执行该积木时，角色移动的位置都是不同的。默认时间为 1 秒。可以通过设置该移动时间控制角色随机移动的速度。此外，随机位置也可以修改为鼠标指针所在的位置。这样，当执行该积木时，角色会在 1 秒内移动到鼠标指针所在的位置。

课程实现

下面将分步讲解如何实现“被风吹起的雪花”。

（1）设置舞台背景为 Arctic2（严寒），并在舞台中添加绿树角色 Trees（绿树）和 5 个雪花角色 Snowflake（雪花）。在角色区中，通过“大小”属性设置所有的雪花大小为 20，然后将雪花全部移动到绿树上，效果如图 2.22 所示。

（2）为绿树角色 Trees 添加一组积木，如图 2.23 所示。

图2.22　背景和角色

图2.23　Trees的积木

功能讲解

Trees 的积木用于通过切换角色造型实现绿树被吹动的动画效果，持续时间为 0.9 秒。

（3）为第 1 个雪花角色 Snowflake 添加一组积木，如图 2.24 所示。

（4）为第 2 个雪花角色 Snowflake2 添加一组积木，如图 2.25 所示。

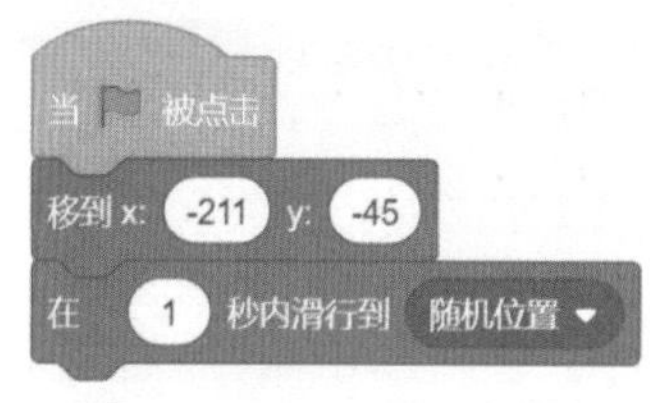

图2.24　Snowflake的积木

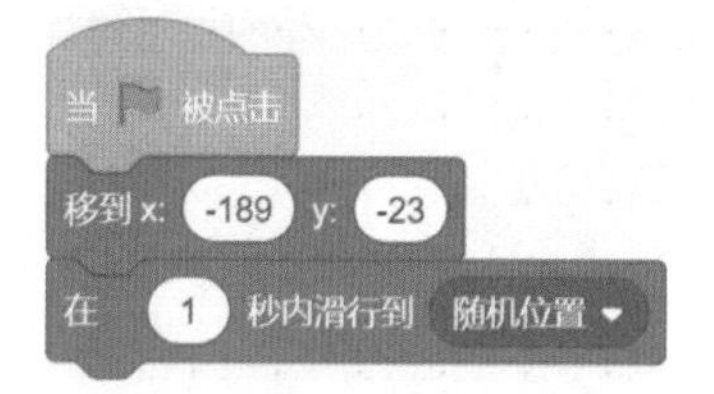

图2.25　Snowflake2的积木

（5）为第 3 个雪花角色 Snowflake3 添加一组积木，如图 2.26 所示。

（6）为第 4 个雪花角色 Snowflake4 添加一组积木，如图 2.27 所示。

图2.26　Snowflake3的积木

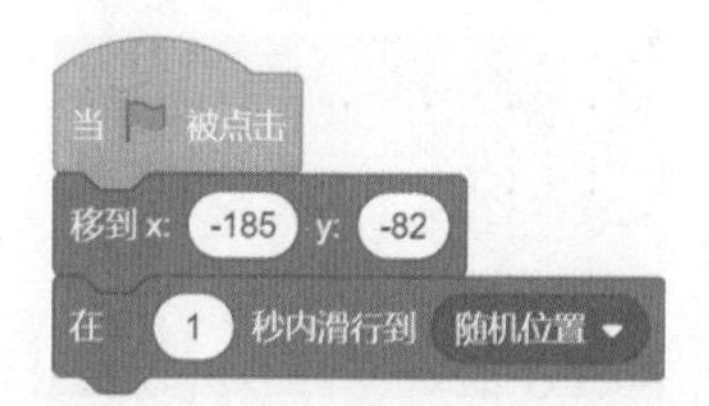

图2.27　Snowflake4的积木

（7）为第 5 个雪花角色 Snowflake5 添加一组积木，如图 2.28 所示。

图2.28　Snowflake5的积木

功能讲解

Snowflake 角色积木的作用是在程序运行后，首先初始化位置，然后在 1 秒内滑行到随机位置。

编程技巧

在角色区域的属性设置界面中可以设置被选中角色的名字、位置、显示状态、大小及方向，如图 2.29 所示。

图2.29　角色属性设置界面

（8）程序运行后，绿树角色 Trees 会左右摇摆，该角色上面的雪花角色 Snowflake 会在 1 秒内滑行到随机位置，效果如图 2.30 所示。

图2.30　被风吹走的雪花

2.4 精彩的射门：1秒内滑行到指定位置

扫一扫，看视频

在足球比赛中，每次射门都可能改变比赛的走向，因此射门时刻的紧张和期待成了比赛中引人入胜的一部分。当一名球员站在对方球门前尝试射门时，整个球场都笼罩在紧张和期待的氛围中。而当球进入网窝，球迷们往往会爆发出热烈的欢呼声。在本课程中，将模拟足球精彩射门的效果。

基础知识

本课程要新学习到以下积木。

- 在 1 秒内滑行到 x: 0 y: 0【在（1）秒内滑行到 x:（0）y:（0）】：该积木的作用是控制角色在指定时间内滑行到指定的位置。默认情况下，滑行时间为 1 秒，而位置可以通过 x 轴和 y 轴两个属性值进行指定。该积木可以在程序中让角色以匀速状态沿着指定轨迹进行移动，同时还可以控制移动的速度。

课程实现

下面将分步讲解如何实现“精彩的射门”。

（1）设置舞台背景为 Soccer（足球运动），在舞台中添加足球角色 Soccer Ball（足球），效果如图 2.31 所示。

图2.31 背景和角色

（2）为足球角色 Soccer Ball 添加声音 Tennis Hit（网球撞击声），用于模拟射门的音效；添加声音 Beat Box1（口技 1），用于模拟足球入网的声音。添加声音的方式参考 2.2 节的内容。

（3）为足球角色 Soccer Ball 添加两组积木，如图 2.32 和图 2.33 所示。

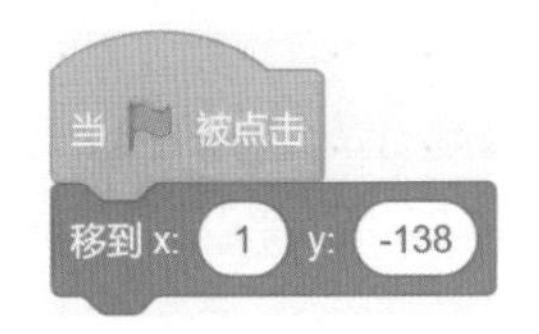

图2.32 Soccer Ball的第1组积木

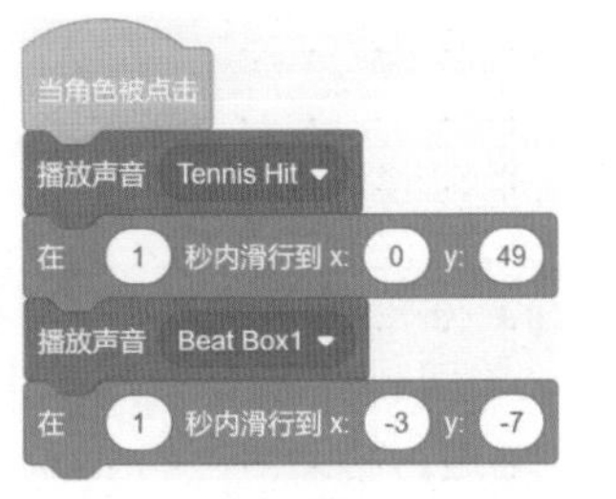

图2.33 Soccer Ball的第2组积木

功能讲解

Soccer Ball 第 1 组积木的作用是将 Soccer Ball 角色初始化到射门的位置，每当运行程序时，Soccer Ball 角色都会处于该位置。而 Soccer Ball 第 2 组积木的作用是当 Soccer Ball 角色被点击之后，播放踢球的声音，并让 Soccer Ball 角色向球门移动。当 Soccer Ball 角色移动到目标位置后，播放入网的声音。与此同时，Soccer Ball 角色向下坠落。

（4）程序运行后，使用鼠标点击足球角色 Soccer Ball，该角色会飞向球门，然后向下坠落，效果如图 2.34 所示。

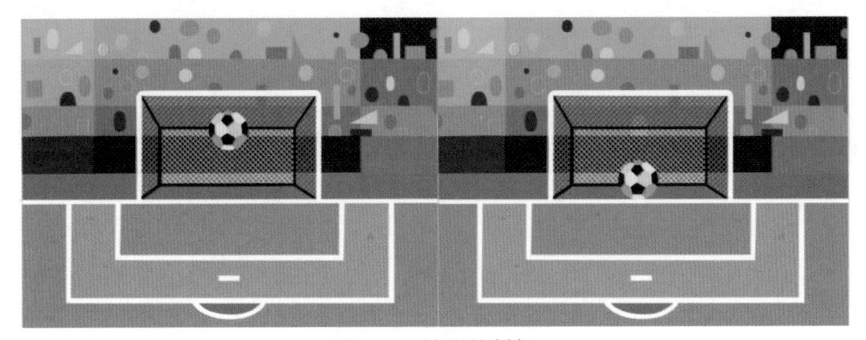

图2.34 精彩的射门

2.5 Avery老师的发言：设置和增加角色的坐标值

扫一扫，看视频

在中国近现代史上，有多个日期曾被作为教师节。直至 1985 年，全国人大才正式确定了 9 月 10 日为教师节。教师节旨在肯定教师为教育事业所做的贡献。在教师节的表彰大会上，一般会邀请优秀的教师进行发言，以表彰他们的杰出贡献并激励其他教师。在本课程中，Avery 老师将走到舞台中央进行发言，然后再回到舞台旁边。

基础知识

本课程要新学习到以下积木。

- 将x坐标增加 10【将 x 坐标增加（10）】：该积木的作用是让角色所在位置的 x 坐标增加 10 像素，即向舞台的右侧移动 10 像素。它的特点是可以基于像素级别精准地控制角色沿 x 轴进行移动。
- 将x坐标设为 0【将 x 坐标设为（0）】：该积木的作用是通过坐标轴系统定位角色的 x 轴坐标位置。使用该积木可以修改角色在舞台中的横向位置。
- 将y坐标设为 0【将 y 坐标设为（0）】：该积木的作用是通过坐标轴系统定位角色的 y 轴坐标位置。使用该积木可以修改角色在舞台中的纵向位置。

课程实现

下面将分步讲解如何实现“Avery 老师的发言”。

（1）设置舞台背景为 Theater（剧院），并在舞台中添加老师角色 Avery Walking（正在走路的艾弗里），效果如图 2.35 所示。

（2）在老师角色 Avery Walking 的积木区选择“造型”选项卡，此时可以看到老师角色 Avery Walking 有 4 个造型，如图 2.36 所示。

（3）将光标移动到“选择一个造型”按钮上方，效果如图 2.37 所示。

图2.35　背景和角色

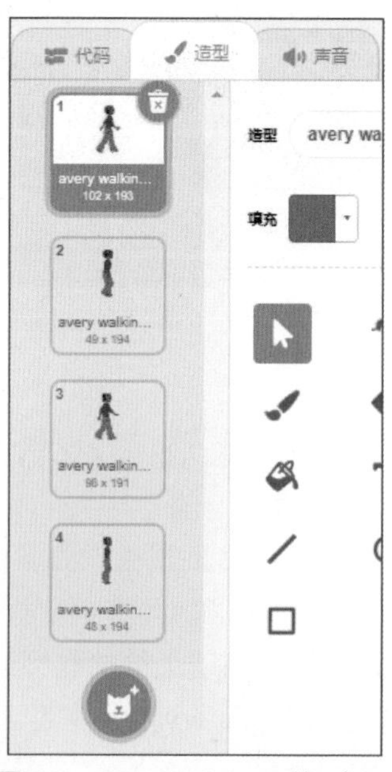

图2.36　Avery Walking的4个造型

图2.37　“选择一个造型”按钮

功能讲解

“选择一个造型”按钮中包含 4 个功能按钮，从上到下依次为“上传造型”按钮、“随机选择造型”按钮、“绘制造型”按钮和“选择一个造型”按钮。该按钮的默认功能为“选择一个造型”。在使用时应注意，造型与角色不是一个库，所以不要混淆。

（4）单击“选择一个造型”按钮后，进入 Scratch 软件的造型库中，如图 2.38 所示。

（5）单击造型 Avery–a（艾弗里–a），该造型就会被添加到老师角色 Avery Walking 中。此时，老师角色 Avery Walking 就拥有了 5 个造型，效果如图 2.39 所示。

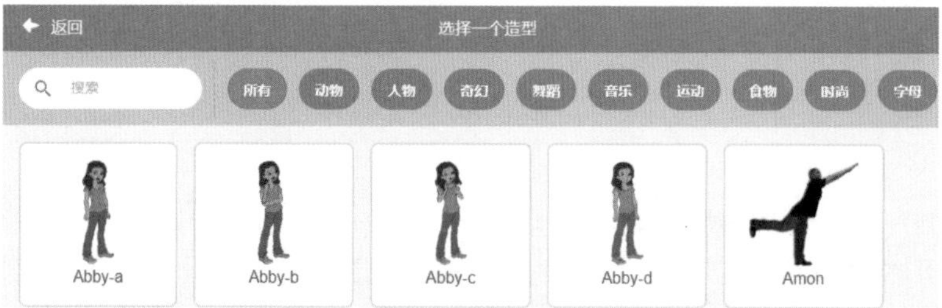

图2.38 造型库

图2.39 Avery Walking 的5个造型

（6）为老师角色 Avery Walking 添加两组积木，如图 2.40 和图 2.41 所示。

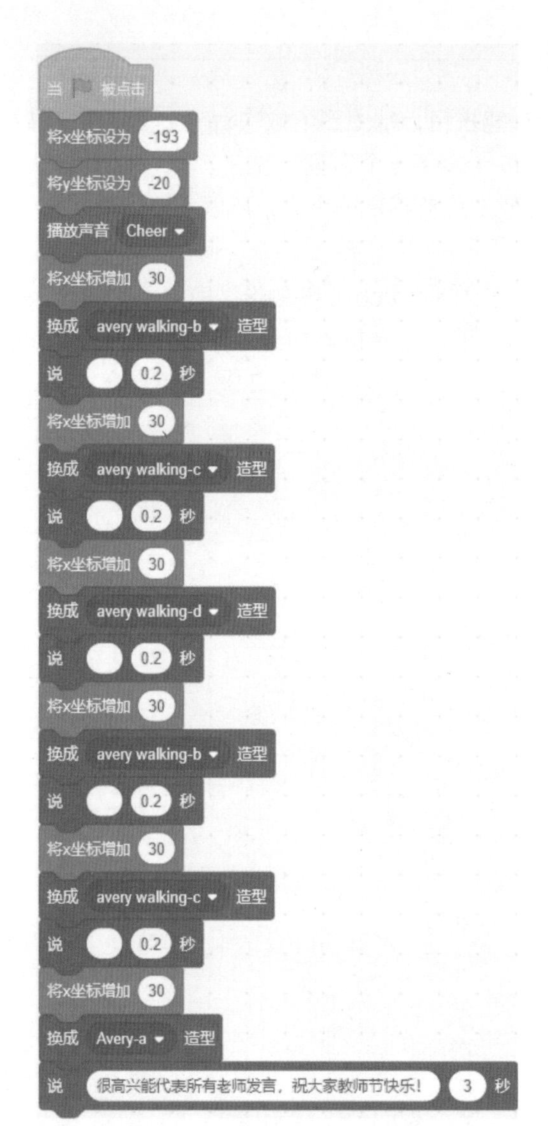

图2.40　Avery Walking的第1组积木

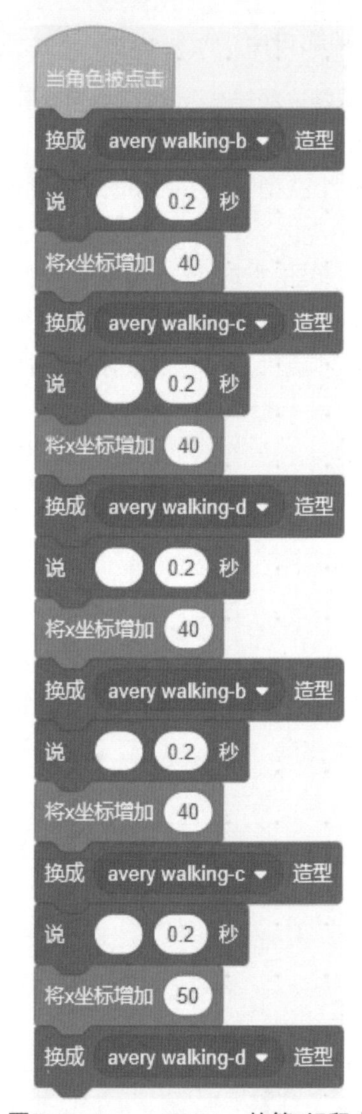

图2.41　Avery Walking的第2组积木

功能讲解

在 Avery Walking 的第 1 组积木中，首先通过【将 x 坐标设为（0）】和【将 y 坐标设为（0）】两个积木初始化角色的位置，然后使用【播放声音（喵）】积木播放来自声音库的 Cheer（欢呼）声音。通过重复使用【将 x 坐标增加（10）】积木、切换造型积木和【说（你好!）（2）秒】积木实现 Avery Walking 角色向右走动的动画效果。当 Avery Walking 角色走到舞台中央后，切换为 Avery-a 造型并通过对话框进行发言。

Avery Walking 的第 2 组积木在角色被点击后触发，使 Avery Walking 角色通过重复使用【将 x 坐标增加（10）】积木、切换造型积木和【说（你好!）（2）秒】积木，从舞台上走下来。

（7）程序运行后，老师角色 Avery Walking 伴随着喝彩声从舞台左侧走向舞台中央并发言，然后点击老师角色 Avery Walking，老师角色 Avery Walking 向右走下舞台，如图 2.42 所示。

图2.42　Avery老师的发言

2.6 螺旋起飞的机器人：将角色y坐标增加指定值

在一个奇特的外星球上，所有的事物都被邪恶力量封印了起来。一个机器人幸免于难，但是它需要有人帮助来逃离这个星球。在本课程中，帮助机器人起飞，并离开外星球。

扫一扫，看视频

基础知识

本课程要新学习到以下积木。

- 将y坐标增加 10【将 y 坐标增加（10）】：该积木的作用是让角色所在位置的 y 坐标增加 10 像素，即向舞台的上方移动 10 像素。它的特点是可以基于像素级别精准地控制角色沿 y 轴进行移动。

课程实现

下面将分步讲解如何实现“螺旋起飞的机器人”。

（1）设置舞台背景为 Space City 2（太空城），并在舞台中添加外星人角色 Robot（机器人），效果如图 2.43 所示。

（2）为外星人角色 Robot 添加一组积木，如图 2.44 所示。

图2.43　背景和角色

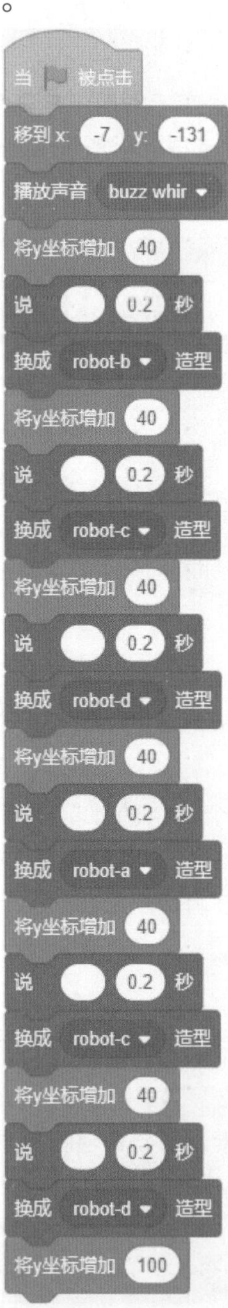

图2.44　Robot的积木

功能讲解

Robot 积木首先会初始化 Robot 角色的初始位置并播放机器人旋转运动的声音，然后通过重复使用【将 y 坐标增加（10）】积木、切换造型积木和【说（你好!）（2）秒】积木，实现机器人沿着 y 轴不断旋转上升的效果。

（3）程序运行后，机器人伴随着机械声不断旋转上升，效果如图 2.45 所示。

图2.45　螺旋起飞的机器人

2.7 抓老鼠：移动到随机位置

一只捣乱的小老鼠无意间闯进了卧室，它在卧室里东躲西藏，难以捕捉。在本课程中，将尝试抓住这只捣乱的小老鼠。

扫一扫，看视频

基础知识

本课程要新学习到以下积木。

- 移到 随机位置 【移到（随机位置）】：该积木的作用是让角色立刻移动到一个随机位置。将该积木添加到程序中，会给用户带来更多意料之外的效果，从而增加程序的乐趣。

课程实现

下面将分步讲解如何实现“抓老鼠”。

（1）设置舞台背景为 Bedroom3（卧室 3），并在舞台中添加老鼠角色 Mouse1（老鼠 1），效果如图 2.46 所示。

（2）为老鼠角色 Mouse1 添加一组积木，如图 2.47 所示。

图2.46 背景和角色

图2.47 Mouse1的积木

功能讲解

当用户使用鼠标点击 Mouse1 角色时，Mouse1 角色发出声音，然后立刻切换到下一个随机位置。

（3）当用户使用鼠标点击老鼠角色 Mouse1 后，该角色发出声音并立刻切换到下一个随机位置，效果如图 2.48 所示。

图2.48 抓老鼠

2.8 分段跑马拉松：面向指定方向

扫一扫，看视频

马拉松（Marathon）长跑是国际上非常普及的长跑比赛项目，全程距离约为 26.2 英里（约合为 42.195 千米，也有说法为 42.193 千米）。这项比赛被分为全程马拉松（Full Marathon）、半程马拉松（Half Marathon）和四分之一马拉松

(Quarter Marathon) 3 种。

由于马拉松的距离过长，参赛运动员通常会将比赛分为 3 个阶段：对于前 14 千米，运动员需要审时度势，在合理安排体力的前提下尽量突破拥挤的大部队；对于中间的 14 千米，则需要保持自己平日训练时的配速和节奏；对于最后的 14 千米，更多的是依靠运动员内心的力量，在这一阶段，除了体力的较量，更是心理上的挑战，想要突破自身的极限，就在这最后的 14 千米。

在本课程中，将实现让运动员使用分 3 段策略跑马拉松的效果。

基础知识

本课程要新学习到以下积木。

- 面向 90 方向【面向（90）方向】：该积木的作用是让角色面向 90° 方向。它可以改变角色在舞台中的朝向，实现捕获、瞄准等功能。所有的角色默认都是面向 90° 方向的，即面向舞台的 x 轴的正值方向。

课程实现

下面将分步讲解如何实现“分段跑马拉松”。

（1）设置舞台背景为 Circles（圆），并在舞台中添加运动员角色 Taylor（泰勒）、数字 1 角色 Glow-1（发光的 1）、数字 2 角色 Glow-2（发光的 2）、数字 3 角色 Glow-3（发光的 3），效果如图 2.49 所示。

图2.49　背景和角色

（2）为运动员角色 Taylor 添加一组积木，如图 2.50 所示。

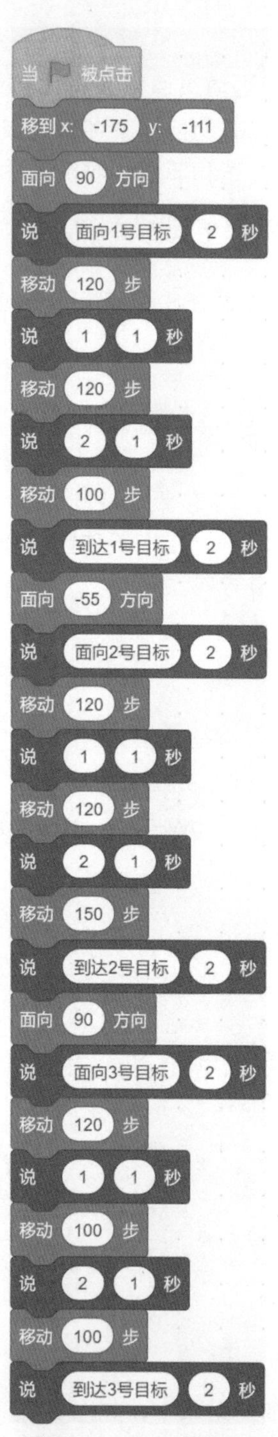

图2.50 Taylor的积木

功能讲解

Taylor 的积木中主要包含 4 个部分：第 1 部分实现了 Taylor 角色的位置和面向方位的初始化，第 2 部分实现了 Taylor 角色面向目标 1 并向目标 1 移动，第 3 部分实现了 Taylor 角色面向目标 2 并向目标 2 移动，第 4 部分实现了 Taylor 角色面向目标 3 并向目标 3 移动。Taylor 角色每次移动、改变面向方位以及到达目标位置都会通过对话框的形式进行显示。

编程技巧

在使用【面向（90）方向】积木时，除了可以直接填入数字的方式来修改方向之外，还可以通过单击数字 90 的位置，在弹出的方向表盘上拖动指针的方式修改方向的值，如图 2.51 所示。

在方向表盘中，右半个圆的范围为 0° ~ 180°，而左半个圆的范围为 0° ~ –180°。其中，180° 与 –180° 会重合显示为 180° 。

（3）程序运行后，运动员角色 Taylor 会依次到达 3 个目标位置，效果如图 2.52 所示。

图2.51 方向表盘

图2.52 分段跑马拉松

2.9 认识钟表：右转指定角度

钟表是人们日常生活中常用的物品之一，其主要作用是计时。通过钟表，人们可以合理安排自己的作息时间。在本课程中，将制作一个程序来帮助练习认识钟表。

扫一扫，看视频

基础知识

本课程要新学习到以下积木。

- 右转 ↻ 15 度【右转 ↻（15）度】：该积木的作用是让角色向右（顺时针）旋转 15°。该积木一般用于调整角色所面向的方位，以实现转弯、瞄准、旋转等效果。

课程实现

下面将分步讲解如何实现“认识钟表”。

（1）设置舞台背景为 Light（光），并在舞台中添加太阳角色 Sun（太阳）和箭头角色 Arrow1（箭头 1）。

（2）进入太阳角色 Sun 的“造型”选项卡，使用“文本”工具T在角色上绘制 3、6、9、12 这 4 个数字，使用“圆”工具○绘制一个中心点，绘制完成后的效果如图 2.53 所示。

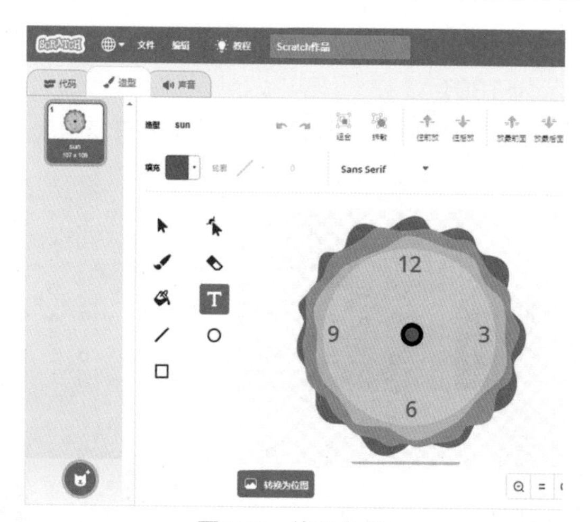

图2.53　修改角色

功能讲解

在角色的“造型”选项卡中，不仅可以添加或删除造型，还可以通过绘画工具修改现有的造型。

（3）进入箭头角色 Arrow1 的“造型”选项卡，使用“选择”工具移动 arrow1-a 造型，使造型的中心点⊕位于箭头的尾部，效果如图 2.54 所示。

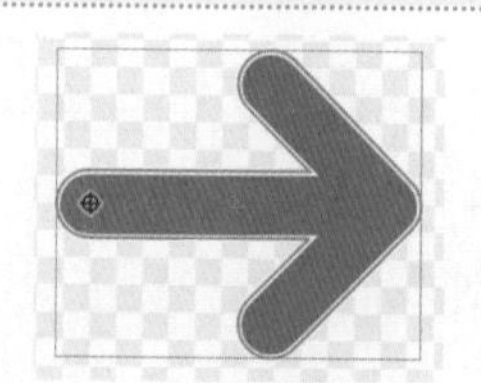

图2.54　移动造型位置

功能讲解

每个角色的造型都有一个中心点，默认位于造型的正中间。在移动造型时，可以使用“选择”工具查看中心点的所在位置。在计算两个角色之间的距离以及控制角色位置时，都是以中心点作为参考标准的。当角色实现旋转时，旋转的中心就是造型的中心点。

（4）在角色区的属性界面中，设置太阳角色 Sun 和箭头角色 Arrow1 的位置均为（x:0，y:0），使这两个角色都位于舞台的正中央，效果如图 2.55 所示。

（5）为箭头角色 Arrow1 添加一组积木，如图 2.56 所示。

图2.55　背景和角色

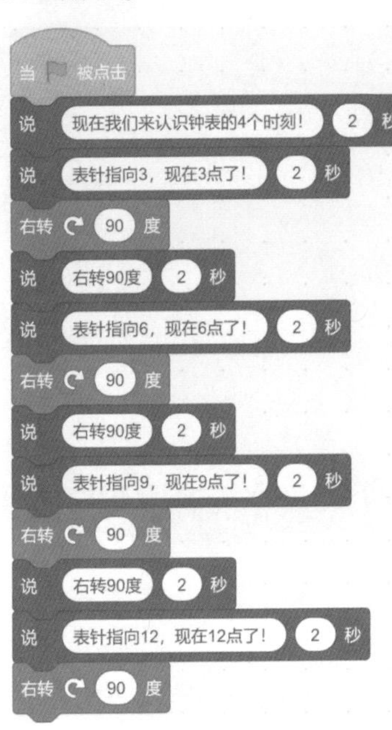

图2.56　Arrow1的积木

功能讲解

Arrow1 的积木中使用了 3 次【右转 ↻（15）度】（默认为 15）积木，实现了表针通过向右旋转依次指向数字 6、9、12 的效果。

编程技巧

【右转 ↻（15）度】积木和【面向（90）方向】积木虽然都能实现旋转效果，但它们的实现原理是不同的。

【右转 ↻（15）度】积木：首先需要确定角色当前面向的度数，然后计算出要旋转多少度才能让角色面向指定的度数。这个过程类似于在炮击敌人时，首先需要锁定敌人，然后计算敌人与我方炮火的角度差，最后我方的炮火根据计算结果旋转，以便瞄准敌人。

【面向（90）方向】积木：可以直接指定角色面向的度数。在炮击敌人时，可以直接让我方炮火瞄准敌人，而无须进行角度计算，从而简化了炮击的操作。

（6）程序运行后，对话框会告知用户表针的指向和当前的时间，效果如图 2.57 所示。

图2.57　钟表

2.10 捡苹果的刺猬：左转指定角度

扫一扫，看视频

刺猬是胆小又怕光、喜欢安静的动物。当其他动物向它们发起攻击时，刺猬会把身体蜷缩成一团，让硬刺全部竖起，以防止敌人的攻击。此外，它们还可以利用身体进行滚动，以逃过敌人的追捕。刺猬是杂食性动物，在野外主要以各种无脊椎动物和小型脊椎动物为食，同时也会食用草根、果实、瓜果等植物。在本课程中，将会演示刺猬如何捡苹果的过程。

基础知识

本课程要新学习到以下积木。

- 左转 ↺ 15 度【左转 ↺（15）度】：该积木的作用是让角色向左（逆时针）旋转 15°。该积木一般用于调整角色所面向的方位，以实现转弯、瞄准、旋转等效果。

课程实现

下面将分步讲解如何实现“捡苹果的刺猬”。

（1）设置舞台背景为 Forest（树林），并在舞台中添加刺猬角色 Hedgehog（刺猬）和苹果角色 Apple（苹果），效果如图 2.58 所示。

图2.58 背景和角色

（2）为刺猬角色 Hedgehog 添加 3 组积木，如图 2.59~ 图 2.61 所示。

图2.59 Hedgehog的第1组积木

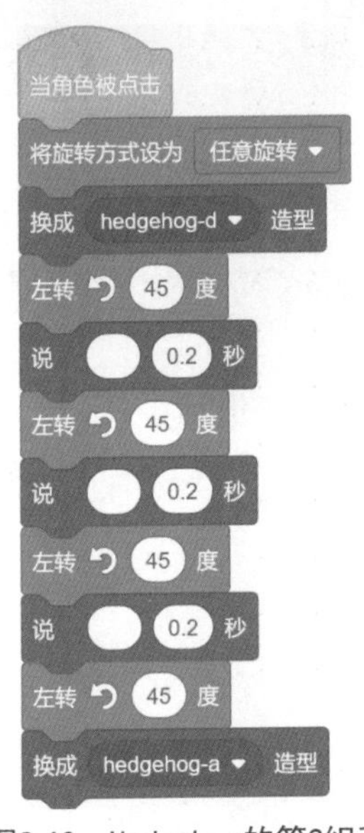

图2.60 Hedgehog的第2组积木

图2.61 Hedgehog的第3组积木

功能讲解

Hedgehog 的第 1 组积木用于初始化 Hedgehog 角色的造型、位置、旋转方式和方向，并通过对话框提示用户点击刺猬；Hedgehog 的第 2 组积木用于实现将 Hedgehog 角色变成球状并滚动的动画效果；Hedgehog 的第 3 组积木用于实现 Hedgehog 角色匀速移动到 Apple 角色所在的位置。

编程技巧

如果在舞台中添加了多个角色，此时【在（1）秒内滑行到随机位置】积木的下拉菜单中会出现除了本身角色之外的其他所有角色，如图 2.62 所示。此时选中目标角色后，该积木就会让当前角色在 1 秒内滑行到指定角色的所在位置。在本课程中出现的为 Apple 角色。

（3）程序运行后，刺猬角色 Hedgehog 会提示点击它。单击刺猬角色 Hedgehog 后，该角色会变成球状滚动到苹果角色 Apple 所在的位置，效果如图 2.63 所示。

图2.62　【在（1）秒内滑行到随机位置】积木

图2.63　捡苹果的刺猬

2.11 巡逻的小狗：设置旋转方式

扫一扫，看视频

狗是人类忠诚的朋友。在生活中，它们不仅可以陪伴我们，给我们带来快乐，还可以帮助我们看家护院。在本课程中，将演示一只狗如何尽忠职守地进行巡逻。

基础知识

本课程要新学习到以下积木。

- 将旋转方式设为 左右翻转【将旋转方式设为（左右翻转）】：该积木的作用是设置角色的旋转方式。旋转方式包括“任意旋转”“左右翻转”和“不可旋转”3 种。

（1）任意旋转：以角色中心为轴进行顺时针或逆时针方向旋转，就像风车的旋转方式，如图 2.64 所示。默认情况下，所有角色的旋转方式都为任意旋转。

（2）左右翻转：以角色的 z 轴为中心进行旋转，类似于风向标的旋转方式，如图 2.65 所示。当角

图2.64　风车

图2.65　风向标

色的方向值为 0° ~ 180° 时，角色面向舞台的右侧（x 轴的正数方向），当角色的方向值为 0° ~ –180° 时，角色面向舞台的左侧（x 轴的负数方向）。

（3）不可旋转：设置当前角色不支持旋转。一旦将角色设置为不可旋转，再使用角色旋转积木时将无法产生旋转效果。

课程实现

下面将分步讲解如何模拟一只“巡逻的小狗”。

（1）设置舞台背景为 Farm（农场），并在舞台中添加小狗角色 Dog2（狗 2），效果如图 2.66 所示。

（2）为小狗角色 Dog2 添加两组积木，如图 2.67 和图 2.68 所示。

图2.66 背景和角色

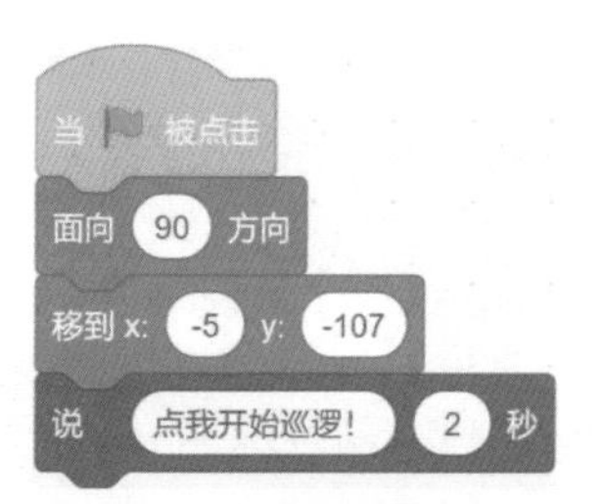

图2.67 Dog2的第1组积木

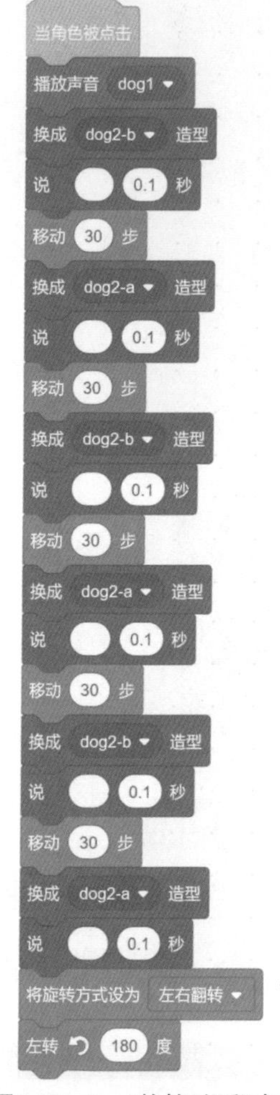

图2.68 Dog2的第2组积木

功能讲解

Dog2 的第 1 组积木用于初始化 Dog2 角色的方向和位置，并通过对话框提示用户点击该角色；Dog2 的第 2 组积木用于实现 Dog2 角色巡逻的动画效果。当 Dog2 角色被点击之后，首先会叫一声，然后向舞台右侧移动；当 Dog2 角色移动到指定位置后，会以左右翻转的方式向左旋转 180° ，以实现转向效果。这时，当用户再次点击 Dog2 角色时，该角色开始向舞台左侧移动。当 Dog2 角色移动到指定位置后，再次实现转向效果。以此类推，程序就可以实现 Dog2 角色不断巡逻的效果。

（3）程序运行后，对话框会提示点击角色 Dog2。当使用鼠标点击小狗角色 Dog2 后，该角色开始巡逻，效果如图 2.69 所示。

图2.69　巡逻的小狗

2.12 勤劳的小猫：面向鼠标指针

扫一扫，看视频

老鼠通常在夜间活动，白天休息。它们的洞穴非常复杂，分支多并且很长。老鼠是杂食性动物，常常盗食农作物。而猫作为老鼠的天敌，能够轻而易举地发现并消灭老鼠。在本课程中，将创造一只爱抓老鼠的小猫。

基础知识

本课程要新学习到以下积木。

- 面向 鼠标指针【面向（鼠标指针）】：该积木的作用是让角色面向鼠标指针或其他角色，主要是在程序中进行瞄准或捕获操作。如果在舞台中添加了多个角色，该积木的下拉菜单中将会显示除当前角色之外的其他所有角色。

课程实现

下面将分步讲解如何实现一只“勤劳的小猫”。

（1）设置舞台背景为 Witch House（女巫之家），并在舞台中添加小猫角色 Cat 2（猫 2）和老鼠角色 Mouse1（老鼠 1），效果如图 2.70 所示。

图2.70　背景和角色

（2）为小猫角色 Cat 2 添加两组积木，如图 2.71 和图 2.72 所示。

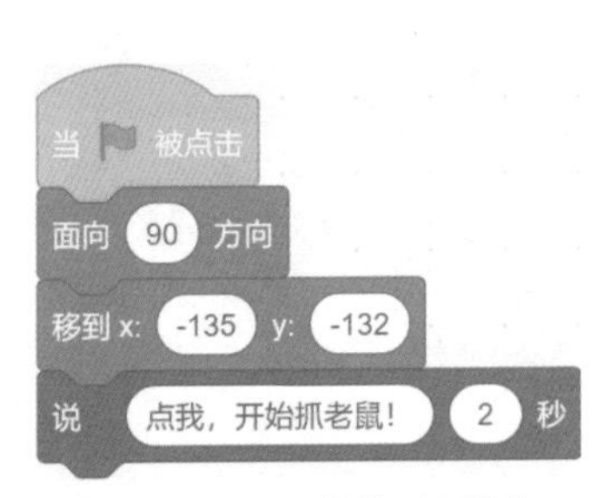

图2.71　Cat 2的第1组积木

图2.72　Cat 2的第2组积木

功能讲解

Cat 2 的第 1 组积木用于初始化 Cat 2 角色的方向和位置，并通过对话框提示用户点击该角色；Cat 2 的第 2 组积木用于让 Cat 2 角色扑向 Mouse1 角色。当用户使用鼠标点击 Cat 2 角色后，Cat 2 角色会立即瞄准 Mouse1 角色，并发出猫叫声；随后，程序通过对话框显示“发现老鼠！”的消息，最后小猫扑向 Mouse1 角色。

（3）程序运行后，小猫角色 Cat 2 会通过对话框提示用户点击它。当用户点击小猫角色 Cat 2 后，小猫会扑向老鼠角色 Mouse1，效果如图 2.73 所示。

图2.73　勤劳的小猫

2.13 被困在罩子中的小鱼：碰到边缘就反弹

扫一扫，看视频

在广袤的海洋中，有一条快乐的小鱼。然而，突然有一天，它被一个透明的罩子罩住了，它游来游去，总是会碰到那层透明的罩子。在本课程中，将实现一条被困在罩子中的小鱼。

基础知识

本课程要新学习到以下积木。

- 碰到边缘就反弹【碰到边缘就反弹】：该积木的作用是将碰到舞台边缘的角色进行反弹。由于舞台的边界是有限的，为了避免角色超出舞台范围，需要使用该积木来检测角色是否触碰到了舞台边缘。如果角色碰到了舞台边缘，那么角色将被反弹回舞台的边界内。

课程实现

下面将分步讲解如何实现“被困在罩子中的小鱼”。

（1）设置舞台背景为 Underwater 2（水下），并在舞台中添加小鱼角色 Fish（小鱼），效果如图 2.74 所示。

（2）为小鱼角色 Fish 添加两组积木，如图 2.75 和图 2.76 所示。

图2.74　背景和角色

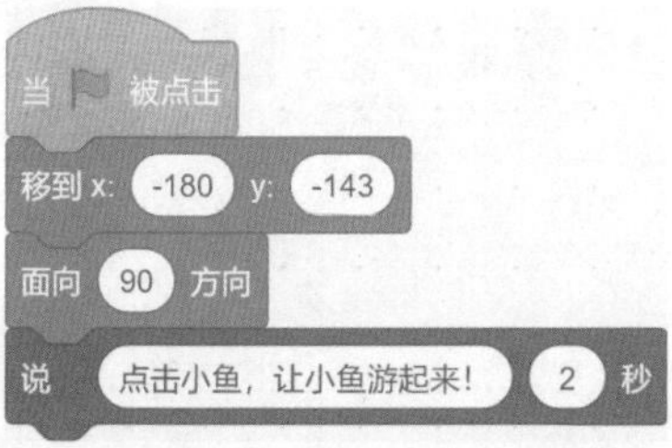

图2.75　Fish的第1组积木

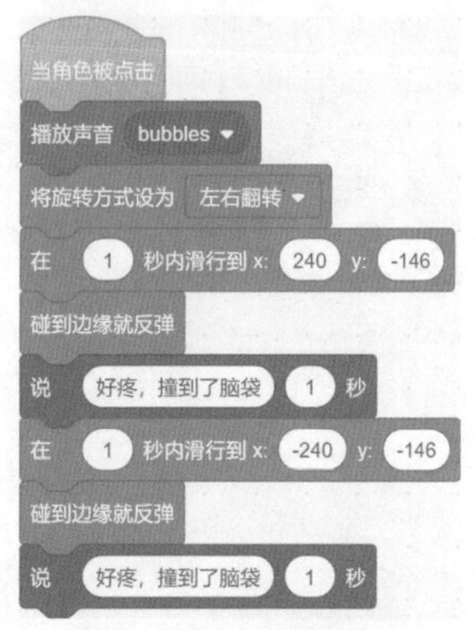

图2.76　Fish的第2组积木

功能讲解

Fish 的第 1 组积木用于初始化 Fish 角色的方向和位置，并通过对话框提示用户点击该角色；Fish 的第 2 组积木用于让 Fish 角色来回游动。当用户使用鼠标点击 Fish 角色后，Fish 角色会发出气泡的声音，并且向舞台右侧游动；当 Fish 角色碰到舞台边缘时，会被反弹并面向舞台左侧，同时通过对话框表达不满，接着，Fish 角色会向舞台左侧游动，当碰到舞台边缘后再次被反弹，并调转方向。

（3）程序运行后，小鱼角色 Fish 会通过对话框提示用户点它。当用户点击小鱼角色 Fish 后，小鱼开始游动，效果如图 2.77 所示。

图2.77　被困在罩子中的小鱼

第3章

关联角色

关联角色是指将键盘、鼠标与角色产生关联，或者角色与角色之间产生关联。在Scratch软件中，用于关联角色的积木统称为事件积木。事件可以分为起始事件、角色被点击事件、键盘事件和广播事件等。本章将详细讲解键盘事件和广播事件的相关积木。

3.1 有趣的棒球：广播消息与接收广播消息

棒球是一项由两支队伍参与比赛的运动，每队派出 9 名队员上场。比赛通常分为 9 局，每局开始时先由一队进攻，另一队防守。当进攻方的 3 名队员被判出局后，两支队伍攻守角色互换。进攻方的击球手的任务是尽力击打球，并在之后尽可能多地跑垒以得分；而防守方的投球手则负责投掷球，目的是通过投出线路多变的球避免被击中。在本课程中，将实现击球手未击中棒球的效果。

基础知识

本课程要新学习到以下积木。

- 广播 消息1 【广播（消息 1）】：该积木用于广播一条消息，默认情况下，广播的消息为“消息 1”。用户可以通过下拉菜单的“新消息”选项创建并命名新消息。这些消息就像信号一样，比如在百米赛跑时，裁判打响发令枪，就相当于广播了 1 条消息。当运动员听到发令枪的响声时，就代表他们接收到了这条消息。该积木发送的消息可以被所有角色接收到，所以该积木可以关联多个角色，让多个角色之间产生互动。
- 当接收到 消息1 【当接收到（消息 1）】：该积木用于接收指定的消息，默认情况下，接收的消息为“消息 1”。该积木可以接收来自任何角色的默认消息或新消息。同时，使用该积木也可以创建新消息。当该积木接收到指定的消息后，它会执行后续紧跟的所有积木，就像运动员听到发令枪后开始百米冲刺一样。

课程实现

下面将分步讲解如何实现“有趣的棒球”。

（1）设置舞台背景为 Baseball 1（棒球 1），并在舞台中添加击球手角色 Batter（击球手）、接球手角色 Catcher（接球手）、投球手角色 Pitcher（投球手）和棒球角色 Baseball（棒球）。其中，投球手要遮挡棒球，效果如图 3.1 所示。

图3.1　背景和角色

（2）为投球手角色 Pitcher 添加两组积木，如图 3.2 和图 3.3 所示。

图3.2 Pitcher的第1组积木

图3.3 Pitcher的第2组积木

功能讲解

Pitcher 的第 1 组积木用于初始化 Pitcher 角色的造型和位置，并通过对话框提示用户点击该角色；Pitcher 的第 2 组积木用于实现投球的动作。当 Pitcher 角色被点击后，Pitcher 角色会做出投球的动作并发出声音，然后向所有角色广播“消息 1”。

（3）为棒球角色 Baseball 添加两组积木，如图 3.4 和图 3.5 所示。

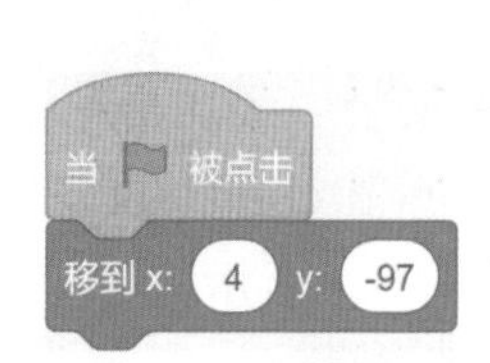

图3.4 Baseball的第1组积木

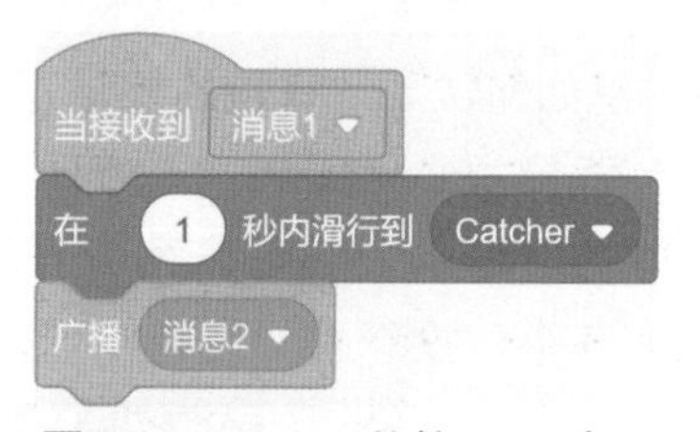

图3.5 Baseball的第2组积木

功能讲解

Baseball 的第 1 组积木用于初始化 Baseball 角色的位置，保证每次运行程序时，棒球都位于 Pitcher 角色的所在位置；Baseball 的第 2 组积木用于实现 Baseball 角色的移动效果。当 Baseball 角色接收到“消息 1”后，开始向 Catcher 角色移动并向所有角色广播“消息 2”。“消息 2”为新创建的消息。

编程技巧

在 Scratch 软件的舞台中，每个角色都有一个图层属性。当两个或多个角色重合时，用鼠标拖动的角色会位于图层的最外层。所以，当棒球和投球手重合时，用鼠标拖动一下投球手，投球手就会覆盖棒球。5.12 节将会详细讲解关于角色图层的内容。

（4）为击球手角色 Batter 添加两组积木，如图 3.6 和图 3.7 所示。

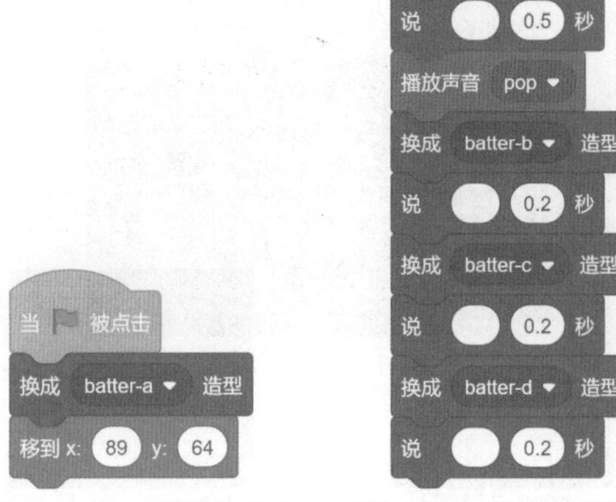

图3.6 Batter的第1组积木　　图3.7 Batter的第2组积木

功能讲解

Batter 的第 1 组积木用于初始化 Batter 角色的位置和造型，用于保证 Batter 角色处于准备击球的状态；Batter 的第 2 组积木用于实现挥动球棒击球的效果。当 Batter 角色接收到“消息 1”后，等待 0.5 秒，然后伴随着声音实现挥动球棒的动作。

（5）为接球手角色 Catcher 添加两组积木，如图 3.8 和图 3.9 所示。

图3.8 Catcher的第1组积木　　图3.9 Catcher的第2组积木

功能讲解

Catcher 的第 1 组积木用于初始化 Catcher 角色的位置和造型，用于保证 Catcher

角色处于准备接球的状态；Catcher 的第 2 组积木用于实现 Catcher 角色接到棒球的效果。当 Catcher 角色接收到“消息 2”后，切换为接球造型并播放观众的喝彩声。喝彩声 Cheer 通过音乐库添加。

（6）程序运行后，投球手角色 Pitcher 会提示点击他开始投球。当点击投球手角色 Pitcher 后，棒球被投出，击球手角色 Batter 挥动球棒试图击打棒球，但是没有成功击中。最终，棒球被接球手角色 Catcher 接到，效果如图 3.10 所示。

图3.10　有趣的棒球

3.2 快乐地跳舞：当指定按键被按下

扫一扫，看视频

跳舞是一种有氧运动，它可以有效地强化心脏和肺部功能，如增加肺活量。由于舞蹈动作繁多且节奏快速，参与者在跳舞的过程中需要集中注意力，感受其中的趣味，从而缓解各种疲劳。在本课程中，将通过键盘控制一个角色快乐地跳舞。

基础知识

本课程要新学习到以下积木。

- 说 你好!【说（你好!）】：该积木的作用是通过对话框持续显示文本内容。它通常用于在程序中展示需要长时间显示的内容，让用户能够逐步阅读或理解。
- 【当按下（空格）键】：该积木的作用是用于监控键盘上的按键是否被按下。默认情况下，它所监控的为空格键，用户可以通过下拉菜单选择其他按键。当被监听的按键被按下后，该积木后续的所有积木将被执行。

课程实现

下面将分步讲解如何实现“快乐地跳舞”。

（1）设置舞台背景为 Concert（音乐会），然后在舞台中添加跳舞角色 Champ99（冠军 99），并设置该角色的大小为 70，效果如图 3.11 所示。

（2）为跳舞角色 Champ99 添加 7 组积木，如图 3.12 和图 3.13 所示。

图3.11 背景和角色

图3.12 Champ99的第1组积木

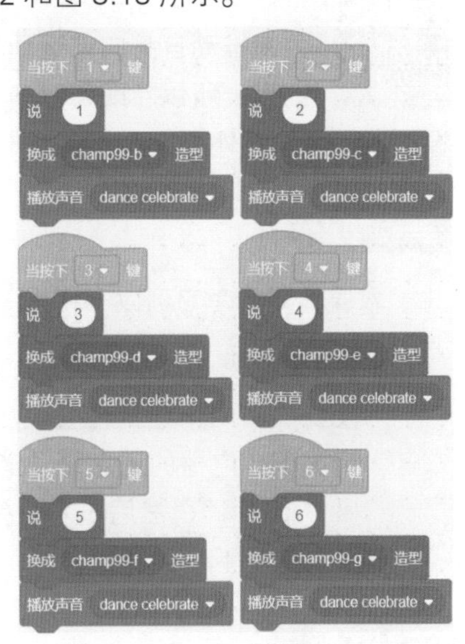

图3.13 Champ99的第2～7组积木

功能讲解

Champ99 的第 1 组积木用于初始化 Champ99 角色的位置和造型，并播放跳舞的声音；Champ99 的第 2 ~ 7 组积木用于实现 Champ99 角色进行跳舞的效果。当用户按下键盘上的 1 ~ 6 后，Champ99 角色就会切换为对应的动作进行跳舞，同时通过对话框显示当前按下的按键，并播放跳舞的声音。

（3）程序运行后，开始播放跳舞的声音。当用户在键盘上按下数字 1 ~ 6 后，角色开始跳舞，效果如图 3.14 所示。

图3.14 快乐地跳舞

3.3 火箭发射：广播消息并等待

扫一扫，看视频

火箭是一种喷气式推进装置，它利用热气流高速向后喷出所产生的反作用力来推动自身向前运动。由于火箭自身携带燃烧剂和氧化剂，不依赖大气中的氧助燃，所以它既可以在大气中飞行，又可以在没有氧气的外层空间中飞行。在本课程中，将控制外星人在太空城市发射火箭。

基础知识

本课程要新学习到以下积木。

- 【广播（消息 1）并等待】：该积木的作用是广播指定的消息，并等待接收到广播的角色执行完对应的积木组后返回的信号，然后结束该积木的执行。默认情况下，广播的消息是“消息 1”。这个过程类似于在执行任务时，长官下达命令广播“消息 1”，然后长官会等待队员回复消息，当长官收到队员发出的确认信号后，才会进行下一步操作。

课程实现

下面将分步讲解如何实现“火箭发射”。

（1）设置舞台背景为 Space City 1（太空城市 1），并在舞台中添加发射台角色 Buildings（建筑物）、火箭角色 Rocketship（火箭）和外星人角色 Monet（莫奈）。其中，设置外星人角色 Monet 的大小为 30，效果如图 3.15 所示。

（2）为外星人角色 Monet 添加一组积木，如图 3.16 所示。

图3.15　背景和角色

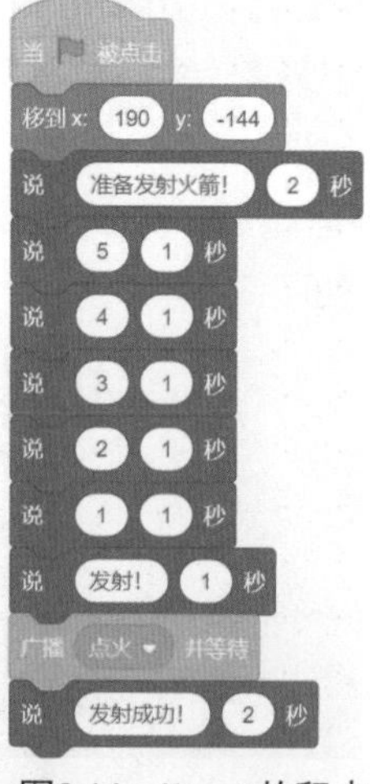

图3.16　Monet的积木

📍 功能讲解

Monet 的积木用于初始化 Monet 角色的位置，然后在倒数 5 个数后广播“点火”的消息，并等待回应。在等待回应的过程中，该组积木会暂停运行，直到 Rocketship 角色接收到广播并执行完对应积木组返回的信号。只有收到返回的信号，这组积木才会继续执行【说（发射成功！）（2）秒】积木。

（3）为火箭角色 Rocketship 添加两组积木，如图 3.17 和图 3.18 所示。

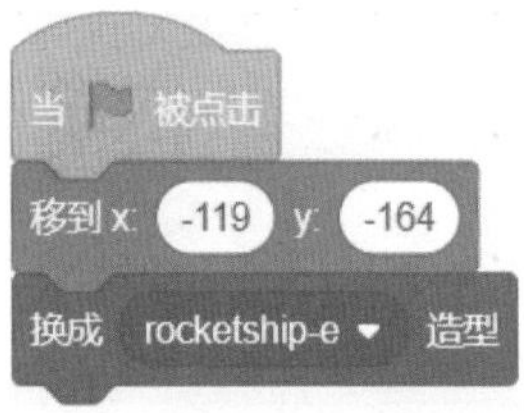

当 🏴 被点击
移到 x: -119 y: -164
换成 rocketship-e ▾ 造型

图3.17 Rocketship的第1组积木

图3.18 Rocketship的第2组积木

功能讲解

Rocketship 的第 1 组积木用于初始化 Rocketship 角色的位置和造型；Rocketship 的第 2 组积木用于发射 Rocketship 角色。当 Rocketship 角色接收到 Monet 角色广播的“点火”消息后，开始执行该组积木，实现 Rocketship 角色不断向上移动以及造型变换的效果。当第 2 组积木执行完成后，会发送一条消息给 Monet 角色。

（4）程序运行后，外星人角色 Monet 会倒数 5 个数，当说出“点火”后，火箭角色 Rocketship 开始发射。当火箭角色 Rocketship 发射完成后，外星人角色 Monet 会通过对话框显示“发射成功！”的信息，如图 3.19 所示。

图3.19　火箭发射

第4章

控制角色

程序的默认执行顺序是从【当▶被点击】积木开始，一直执行到一组积木的末尾。然而，控制角色积木可以控制程序的运行路线，从而为程序运行结果提供更多种可能性。这种功能的实现主要依赖于控制角色积木提供了多种路线的选择，使程序拥有分支、重复等多种运行路线方式。本章将详细讲解如何使用控制角色来改变程序运行路线。

4.1 发射闪电的恐龙：等待指定时间

扫一扫，看视频

有一只神奇的恐龙，只要用户一触碰它，它就会变得暴躁，并通过嘴巴发射闪电。在本课程中，将制作一只会发射闪电的暴躁恐龙。

基础知识

本课程要新学习到以下积木。

- 等待 1 秒【等待（1）秒】：该积木的作用是让程序在运行时等待指定的时间，默认 1 秒。在实现动画效果或控制程序运行时机时，都会用到该积木。

课程实现

下面将分步讲解如何实现“发射闪电的恐龙”。

（1）设置舞台背景为 Blue Sky（蓝色的天空），并在舞台中添加恐龙角色 Dinosaur4（恐龙 4）以及闪电角色 Lightning（闪电）。这里需要将闪电角色隐藏到恐龙角色的嘴巴后面，效果如图 4.1 所示。

（2）为恐龙角色 Dinosaur4 添加两组积木，如图 4.2 和图 4.3 所示。

图4.1 背景和角色

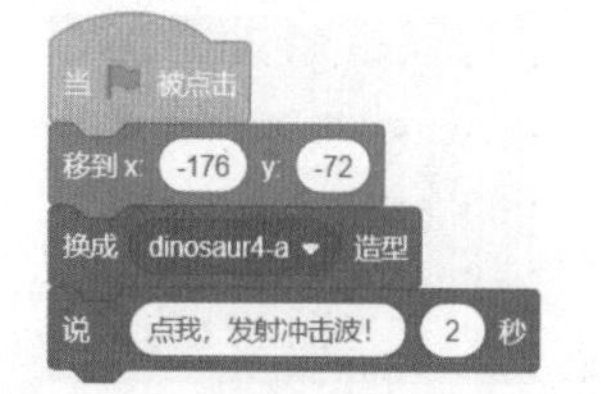

图4.2 Dinosaur4的第1组积木

图4.3 Dinosaur4的第2组积木

功能讲解

Dinosaur4 的第 1 组积木用于初始化 Dinosaur4 角色的位置和造型，并通过对话框提示用户点击它；Dinosaur4 的第 2 组积木用于发送发射冲击波，并实现张嘴的动画效果。当 Dinosaur4 角色被点击之后，【等待（1）秒】积木和【换成（造型 2）造型】积木共同实现恐龙张嘴的动画，并广播“消息 1”。

（3）为闪电角色 Lightning 添加两组积木，如图 4.4 和图 4.5 所示。

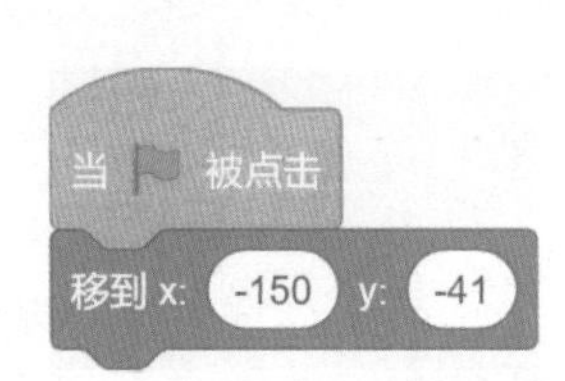

图4.4　Lightning的第1组积木

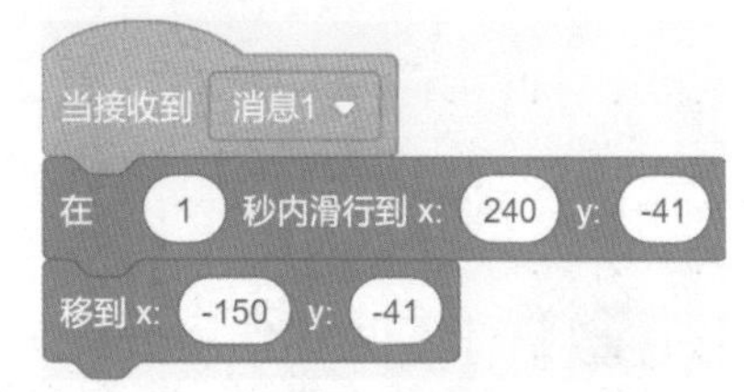

图4.5　Lightning的第2组积木

功能讲解

Lightning 的第 1 组积木用于初始化 Lightning 角色的位置；Lightning 的第 2 组积木用于让 Lightning 角色移动到指定位置后，立刻恢复到初始位置。当接收到“消息 1”后，Lightning 角色向舞台右侧的指定位置移动，实现发射闪电的效果。到达指定位置后，Lightning 角色会立刻回到初始位置，等待下次发射。

（4）程序运行后，恐龙角色 Dinosaur4 会提示用户点击它。当使用鼠标点击恐龙角色 Dinosaur4 后，该角色会张开嘴巴并发射闪电。再次点击恐龙角色 Dinosaur4 后，该角色会再次发射闪电，效果如图 4.6 所示。

图4.6　发射闪电的恐龙

4.2 撞倒树的人：等待指定的条件成立

扫一扫，看视频

陈景润是我国著名的数学家。一个初春的中午，陈景润正在思考一个高深的数学题目，他边走边想，专心思考，慢慢地偏离了方向，不知不觉朝着路边的小树走去。突然间，只听“哎哟”一声，他撞到了一棵树。他连忙说了好几声“对不起”，可仔细一看，发现撞到的是棵树。“哎，怎么走到这里来了？”他自言自语地说道。最后，他一边思考，一边向前走去。在本课程中，将实现一个人走路不小心撞到树并把树撞倒的效果。

基础知识

本课程要新学习到以下积木。

- 等待 【等待◆】：该积木的作用是等待一个指定的条件成立之后继续执行其后续的积木。如果等待的条件不成立，那么就不会执行其后续的积木。这个指定的条件为六边形的积木，该积木可以控制程序进程。
- 碰到 Avery Walking ? 【碰到（Avery Walking）？】：该积木是碰到鼠标指针积木的备选项。当在舞台中添加了多个角色后，就可以使用该积木侦测当前角色是否碰到了指定的角色。该积木的形状为六边形，一般作为判断条件嵌套到控制程序进程的积木中。

课程实现

下面将分步讲解如何实现“撞倒树的人”。

（1）设置舞台背景为 Desert（沙漠），在舞台中添加人物角色 Avery Walking（正在走路的艾弗里）和绿树角色 Tree1（绿树 1），效果如图 4.7 所示。

（2）在绿树角色 Tree1 的“造型”选项卡中拖动造型，让绿树的中心点位于树的根部，如图 4.8 所示。

图4.7　背景和角色

图4.8　调整中心点

（3）为人物角色 Avery Walking 添加两组积木，如图 4.9 和图 4.10 所示。

图4.9　Avery Walking的第1组积木 　　图4.10　Avery Walking的第2组积木

功能讲解

Avery Walking 的第 1 组积木用于初始化 Avery Walking 角色的位置和造型，并且让他向 Tree1 角色移动；Avery Walking 的第 2 组积木实现了 Avery Walking 角色走路的动画效果。

（4）为绿树角色 Tree1 添加一组积木，如图 4.11 所示。

图4.11　Tree1的积木

功能讲解

Tree1 的积木实现了当 Avery Walking 角色碰到 Tree1 角色后，Tree1 角色倒下的效果。首先，该组积木会初始化 Tree1 角色的位置和方向；然后，等待 Avery Walking 角色与 Tree1 角色的碰撞。当发生碰撞后，Tree1 会向右旋转，从而实现 Tree1 被撞倒的动画效果。

（5）程序运行后，人物角色 Avery Walking 会走向绿树角色 Tree1，当 Avery Walking 撞到 Tree1 后，Tree1 会向右倒下，效果如图 4.12 所示。

图4.12　撞倒树的人

4.3 有趣的蹦床运动：重复执行指定次数

扫一扫，看视频

蹦床（Trampoline）是一项竞技运动，属于体操运动的一种，有“空中芭蕾”之称。运动员利用蹦床的反弹在空中展示各种高难度动作。在本课程中，将决定运动员在蹦床上跳几次。

基础知识

本课程要新学习到以下积木。

- 重复执行 10 次【重复执行（10）次】：该积木可以将其包含的积木重复执行指定次数，默认情况下，重复执行 10 次。通过该积木可以轻松实现有限次数的重复功能。在模拟走路、跳跃等效果中，经常用到该积木。

课程实现

下面将分步讲解如何实现“有趣的蹦床运动”。

（1）设置舞台背景为 Blue Sky（蓝色的天空），并在舞台中添加运动员角色 Ballerina（芭蕾舞女演员）、数字 3 角色 Glow-3（发光的 3）、数字 5 角色 Glow-5（发光的 5）和蹦床角色 Trampoline（蹦床），效果如图 4.13 所示。

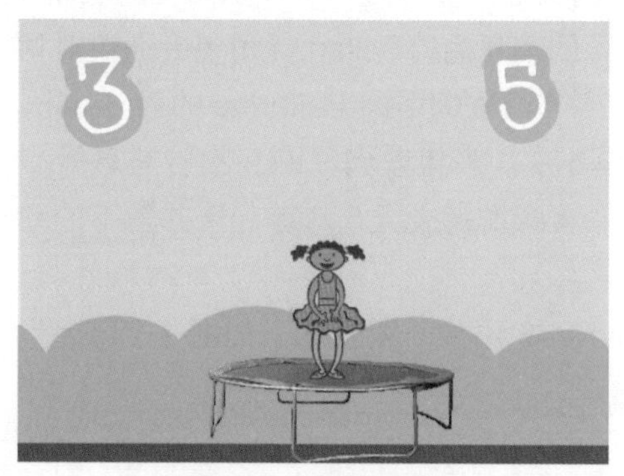

图4.13　背景和角色

（2）为运动员角色 Ballerina 添加 3 组积木，如图 4.14~ 图 4.16 所示。

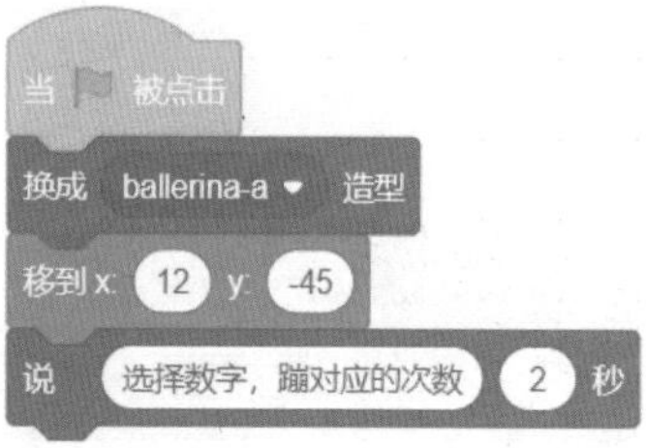
当 被点击
换成 ballerina-a 造型
移到x: 12 y: -45
说 选择数字，蹦对应的次数 2 秒

图4.14　Ballerina的第1组积木

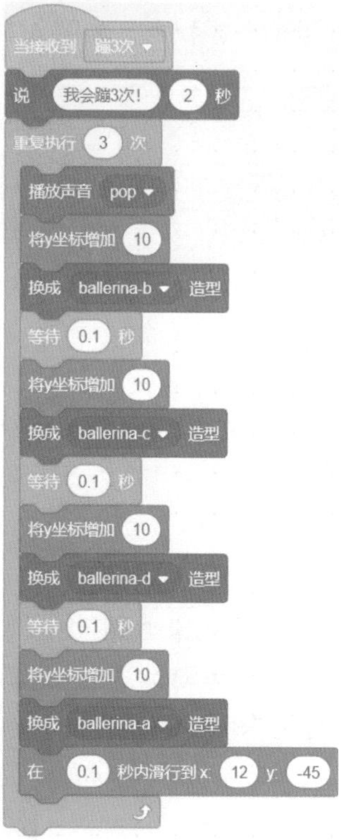
当接收到 蹦3次
说 我会蹦3次! 2 秒
重复执行 3 次
播放声音 pop
将y坐标增加 10
换成 ballerina-b 造型
等待 0.1 秒
将y坐标增加 10
换成 ballerina-c 造型
等待 0.1 秒
将y坐标增加 10
换成 ballerina-d 造型
等待 0.1 秒
将y坐标增加 10
换成 ballerina-a 造型
在 0.1 秒内滑行到x: 12 y: -45

图4.15　Ballerina的第2组积木

当接收到 蹦5次
说 我会蹦5次! 2 秒
重复执行 5 次
播放声音 pop
将y坐标增加 10
换成 ballerina-b 造型
等待 0.1 秒
将y坐标增加 10
换成 ballerina-c 造型
等待 0.1 秒
将y坐标增加 10
换成 ballerina-d 造型
等待 0.1 秒
将y坐标增加 10
换成 ballerina-a 造型
在 0.1 秒内滑行到x: 12 y: -45

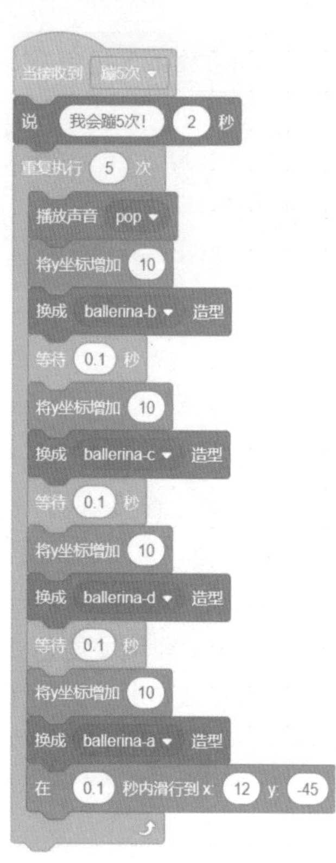

图4.16　Ballerina的第3组积木

📍 功能讲解

Ballerina 的第 1 组积木用于初始化 Ballerina 角色的造型和位置，并通过对话框提示用户选择数字。Ballerina 的第 2 组积木是在用户点击数字 3 后执行，让 Ballerina 角色蹦 3 次。当接收到“蹦 3 次”的消息后，Ballerina 角色会通过对话框显示“我要蹦 3 次！”，然后重复执行 3 次蹦起来并落下的动画。Ballerina 的第 3 组积木是在用户点击数字 5 后执行，让 Ballerina 角色蹦 5 次。当接收到“蹦 5 次”消息后，Ballerina 角色会通过对话框显示“我要蹦 5 次！”，然后重复执行 5 次蹦起来并落下的动画。

（3）为数字 3 角色 Glow-3 添加一组积木，如图 4.17 所示。

📍 功能讲解

Glow-3 的积木用于在用户点击 Glow-3 角色时广播“蹦 3 次”的消息，使 Ballerina 角色在蹦床上蹦 3 次。

（4）为数字 5 角色 Glow-5 添加一组积木，如图 4.18 所示。

图4.17　Glow-3的积木

图4.18　Glow-5的积木

📍 功能讲解

Glow-5 的积木用于在用户点击 Glow-5 角色时广播“蹦 5 次”的消息，使 Ballerina 角色在蹦床上蹦 5 次。

（5）程序运行后。当用户点击数字 3 角色 Glow-3 时，运动员角色 Ballerina 会在蹦床上蹦 3 次；当用户点击数字角色 Glow-5 时，运动员角色 Ballerina 会在蹦床上蹦 5 次，如图 4.19 所示。

图4.19　有趣的蹦床运动

4.4 点石成金：重复执行

扫一扫，看视频

以前，有一个人生活特别拮据。突然有一天，一位神仙降临到他的家中，看到他十分贫穷，心生怜悯，于是，神仙伸出一根手指，指向他庭院中的一块石头。不久之后，那块石头就变成了金光闪闪的黄金。在本课程中，实现用一个魔法棒将石头变为钻石的过程。

基础知识

本课程要新学习到以下积木。

- 重复执行 【重复执行】积木：该积木的作用是重复执行其包含的积木。它一般用于不间断重复检测或执行某些积木。

课程实现

下面将分步讲解如何实现“点石成金”。

（1）设置舞台背景为 Woods（树林），并在舞台中添加魔法师角色 Wizard（术士），魔法棒角色 Wand（魔杖）和石头角色 Rocks（岩石）、Rocks2（岩石 2），效果如图 4.20 所示。

（2）为魔法师角色 Wizard 添加一组积木，如图 4.21 所示。

图4.20　背景和角色

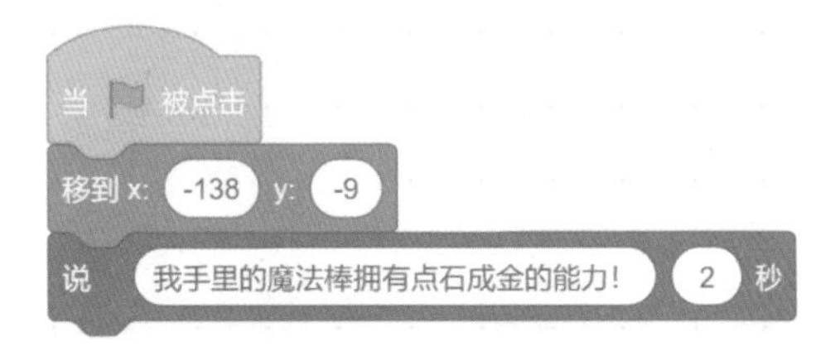

图4.21　Wizard的积木

功能讲解

Wizard 的积木用于初始化 Wizard 角色的位置，并通过对话框提示魔法棒拥有点石成金的能力。

（3）在魔法棒角色 Wand 的“造型”选项卡中拖动造型，使魔法棒角色 Wand 的中心点位于其左侧，如图 4.22 所示。

（4）为魔法棒角色 Wand 添加两组积木，如图 4.23 和图 4.24 所示。

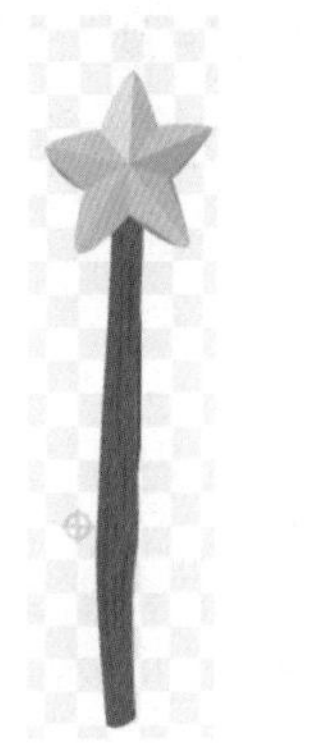

图4.22 设置魔法棒的中心点

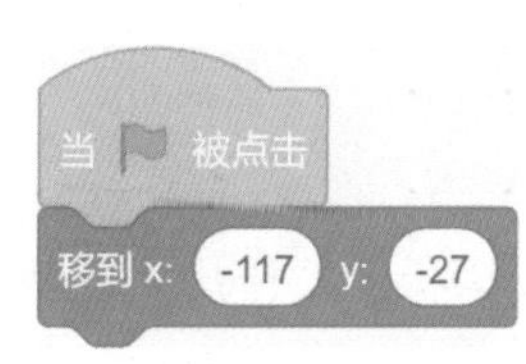

图4.23 Wand的第1组积木

图4.24 Wand的第2组积木

功能讲解

Wand 的第 1 组积木用于初始化 Wand 角色的位置；Wand 的第 2 组积木用于实现 Wand 角色跟随鼠标指针进行移动。当 Wand 角色被鼠标点击后，该角色会不间断地执行移动到鼠标指针的动作，这样 Wand 角色就会时刻跟随鼠标指针进行移动。

（5）在石头角色 Rocks 和 Rocks2 的“造型”选项卡中，均添加上钻石造型 Crystal-a（水晶-a），如图 4.25 所示。

（6）为石头角色 Rocks 添加两组积木，如图 4.26 和图 4.27 所示。

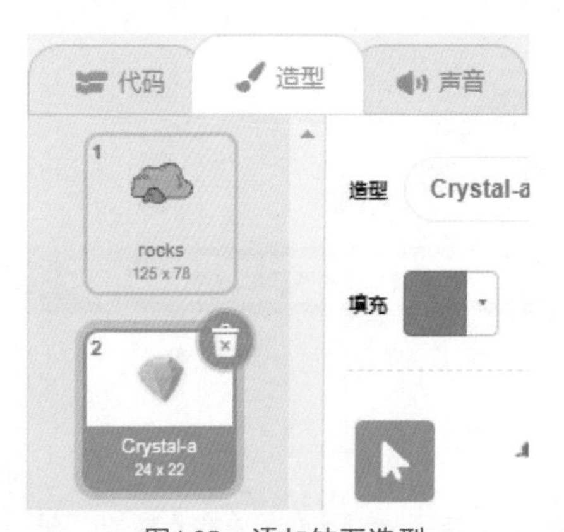

图4.25 添加钻石造型

图4.26 Rocks的第1组积木

图4.27 Rocks的第2组积木

功能讲解

Rocks 的第 1 组积木用于初始化 Rocks 角色的位置和造型；Rocks 的第 2 组积木用于实现 Rocks 角色变为钻石的效果。当 Rocks 角色被鼠标点击后，播放 Collect（收集）声音，Rocks 角色的造型就会变为钻石。

（7）为石头角色 Rocks2 添加两组积木，如图 4.28 和图 4.29 所示。

图4.28 Rocks2的第1组积木

图4.29 Rocks2的第2组积木

功能讲解

Rocks2 角色的功能与 Rocks 角色的功能相同，这里不再赘述。

（8）程序运行后，魔法师角色 Wizard 会提示用户魔法棒角色 Wand 拥有点石成金的能力。用鼠标点击魔法棒角色 Wand 后，魔法棒角色 Wand 就会跟随鼠标指针移动。当用户点击石头角色 Rocks 和 Rocks2 后，该角色就会变为钻石，如图 4.30 所示。

图4.30 点石成金

4.5 抓蝴蝶："如果（…）那么"选择执行

扫一扫，看视频

蝴蝶被誉为"会飞的花朵"，是一种非常美丽的昆虫。它们的一生需要经历卵、幼虫、蛹和成虫4个发育阶段。每年的春天，成百上千只蝴蝶会在山谷中翩翩起舞。在本课程中，将使用手套捕捉几只蝴蝶。

基础知识

本课程要新学习到以下积木。

- 【如果（…）那么】积木：该积木用于判断条件是否成立。如果条件成立，就执行其包含的积木；如果条件不成立，则不执行其包含的积木。该积木的条件为六边形积木，它为程序提供了一条分支路线，该路线是否执行由条件的值决定。如果条件的值为 true（真），则执行该分支；否则，不执行该分支。例如，判断当前角色是否碰到了鼠标指针，如果碰到了，条件为 true，执行相应的积木；如果没有碰到，则条件为 false（假），相应的积木不会被执行。

课程实现

下面将分步讲解如何实现"抓蝴蝶"。

（1）设置舞台背景为 Jungle（丛林），并在舞台中添加蝴蝶角色 Butterfly2（蝴蝶 2）和手套角色 Goalie（守门员），效果如图 4.31 所示。

（2）为蝴蝶角色 Butterfly2 添加一组积木，如图 4.32 所示。

图4.31　背景和角色

图4.32　Butterfly2的积木

功能讲解

Butterfly2 的积木用于让 Butterfly2 角色不断移动，并判断是否碰到了 Goalie 角色。当程序运行后，Butterfly2 角色首先初始化移动到指定位置，然后重复 20 次移动到随机位置的动作。在移动的过程中，程序会持续判断 Butterfly2 角色是否碰到了 Goalie 角色。如果 Butterfly2 角色碰到了 Goalie 角色，就播放声音 High Whoosh（嗖嗖嗖的声音），并通过对话框显示“恭喜你，抓到我了！”。

（3）为手套角色 Goalie 添加一组积木，如图 4.33 所示。

图4.33　Goalie的积木

功能讲解

Goalie 的积木用于让 Goalie 角色不断地跟随鼠标指针进行移动。

（4）程序运行后，手套角色 Goalie 会跟随鼠标指针不断移动，蝴蝶角色 Butterfly2 会移动到随机位置。当使用手套角色 Goalie 触碰到蝴蝶角色 Butterfly2 后，蝴蝶角色 Butterfly2 会暂停移动并通过对话框显示“恭喜你，抓到我了！”，效果如图 4.34 所示。

图4.34　抓蝴蝶

4.6 寻宝的小狗："如果（…）那么（…）否则"选择执行

扫一扫，看视频

野外寻宝是许多户外爱好者热衷的活动，不仅能够锻炼人们的身体，增强意志力，更能让人在探索未知的过程中获得乐趣。在本课程中，将会使一只小狗参加到野外寻宝的活动中。

基础知识

本课程要新学习到以下积木。

- 【如果（…）那么（…）否则】：该积木用于判断条件是否成立。如果条件成立，就执行"那么"后面所包含的所有积木；如果条件不成立，则会执行"否则"后面所包含的所有积木。该积木的条件为六边形积木，它为程序提供了两条分支，程序必须根据条件是否成立选择执行其中的一条分支。

课程实现

下面将分步讲解如何实现"寻宝的小狗"。

（1）设置舞台背景为 Blue Sky（蓝色的天空），并在舞台中添加小狗角色 Dot（小不点）和钻石角色 Crystal（水晶），效果如图 4.35 所示。

（2）为小狗角色 Dot 添加两组积木，如图 4.36 和图 4.37 所示。

图4.35　背景和角色

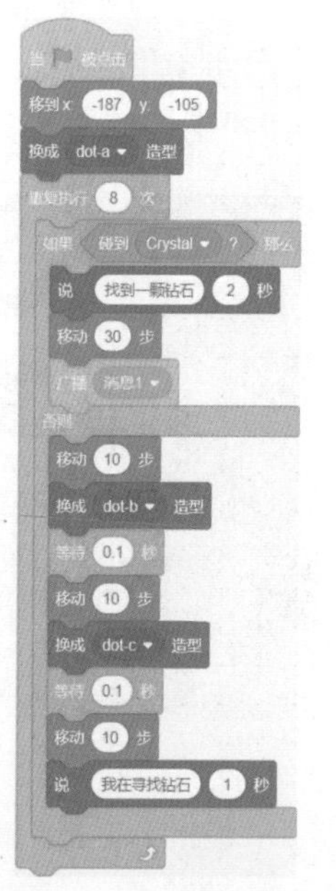

图4.36　Dot的第1组积木

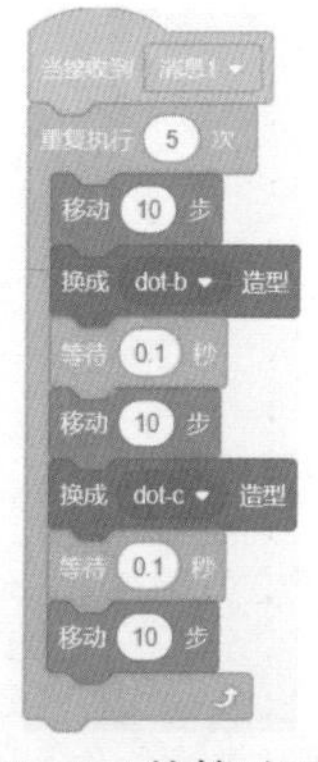

图4.37　Dot的第2组积木

功能讲解

Dot 的第 1 组积木用于让 Dot 角色不断向舞台右侧移动。首先，积木会初始化 Dot 角色的位置和造型，然后通过循环 8 次的方式实现 Dot 角色向右移动的动画效果。在移动的同时，积木会不停地判断是否碰到了 Crystal 角色。如果碰到了 Crystal 角色，就通过对话框表示找到一颗钻石，然后广播“消息 1”；如果没有碰到 Crystal 角色，就继续向右移动寻找。Dot 的第 2 组积木用于实现在 Dot 角色找到 Crystal 角色后向右继续移动的过程。当 Dot 角色接收到“消息 1”后，表示 Dot 角色已经找到了 Crystal 角色，Dot 角色继续向右移动。

（3）程序运行后，小狗角色 Dot 会向右不断地寻找钻石角色 Crystal。当小狗角色 Dot 找到钻石角色 Crystal 后，程序通过对话框显示“找到一颗钻石”，效果如图 4.38 所示。

图4.38　寻宝的小狗

4.7 躲避鲨鱼：重复执行直到条件成立

鲨鱼拥有锋利的牙齿和强大的咬合力，可捕食软体动物、甲壳类、大型鱼类及海洋哺乳动物，甚至可能会袭击小船和人类。在海洋生态系统中，鲨鱼处于生物链的顶端，对维护生态平衡起着重要作用。在本课程中，将控制小鱼躲避鲨鱼的追捕。

扫一扫，看视频

基础知识

本课程要新学习到以下积木。

- 【重复执行直到】：该积木的作用是重复执行其包含的所有积木，直到条件成立。一旦条件成立，它将停止循环，然后继续执行后续的积木。该积木的条件为六边形积木。它的特点是为循环添加一个停止条件，具体循环次数由条件是否成立决定。

课程实现

下面将分步讲解如何实现“躲避鲨鱼”。

（1）设置舞台背景为 Underwater2（水下世界 2），并在舞台中添加鲨鱼角色 Shark（鲨鱼）和小鱼角色 Fish（小鱼），效果如图 4.39 所示。

（2）为鲨鱼角色 Shark 添加一组积木，如图 4.40 所示。

图4.39　背景和角色

图4.40　Shark的积木

功能讲解

Shark 的积木用于让 Shark 角色不断地移动以追捕 Fish 角色。首先，该组积木会初始化 Shark 角色的位置，然后通过重复执行的方式实现 Shark 角色不断地移动到随机位置，并朝向 Fish 角色。当 Shark 角色碰到 Fish 角色后，Shark 角色停止移动。

（3）为小鱼角色 Fish 添加一组积木，如图 4.41 所示。

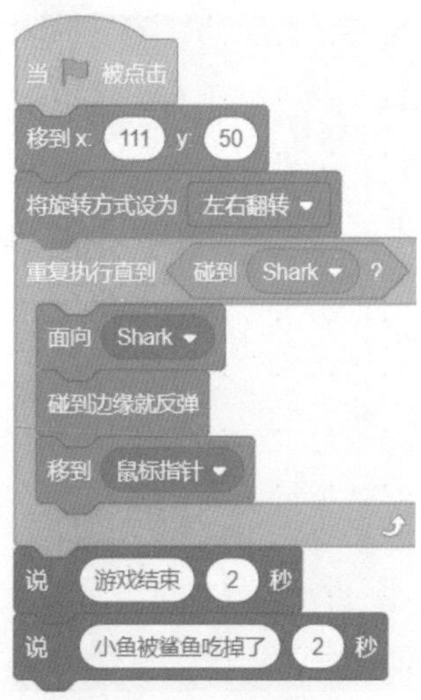

图4.41　Fish的积木

功能讲解

Fish 的积木用于让 Fish 角色跟随鼠标指针躲避 Shark 角色的捕获。首先，该组积木会初始化 Fish 角色的位置和旋转方式，然后通过重复执行的方式实现 Fish 角色不断地跟随鼠标指针移动，碰到舞台边缘会反弹的动作。Fish 角色需要不断地面向 Shark 角色。当 Fish 角色被 Shark 角色捕获后，停止【重复执行直到】积木，同时 Fish 角色停止移动，并通过对话框显示“游戏结束”，2 秒后显示“小鱼被鲨鱼吃掉了”。

（4）程序运行后，鲨鱼角色 Shark 会不断地移动，小鱼角色 Fish 会跟随鼠标指针移动躲避鲨鱼角色 Shark。当鲨鱼角色 Shark 碰到小鱼角色 Fish 后游戏结束，效果如图 4.42 所示。

图4.42　躲避鲨鱼

4.8 下蛋的母鸡：克隆指定角色

母鸡一般会将蛋下在窝里，但是有一些母鸡会选择在野外下蛋。因此，当小朋友在草丛中玩耍时，有时会捡到鸡蛋。母鸡随处下蛋的行为让母鸡的主人十分难过，因为他们辛辛苦苦养了母鸡却很难收到母鸡下的蛋。在本课程中，将演示一只“不听话”的母鸡四处下蛋。

扫一扫，看视频

基础知识

本课程要新学习到以下积木。

- 【克隆（自己）】：该积木的作用是克隆指定的角色，默认情况下，克隆角色为“自己”。克隆的角色会完全覆盖角色本身。当将角色移动后，就会看到克隆体。该积木最多可以克隆 8 个克隆体，当克隆到第 9 个克隆体时，第 1 个克隆体会自动消失。

课程实现

下面将分步讲解如何实现“下蛋的母鸡”。

（1）设置舞台背景为 Forest（树林），并在舞台中添加母鸡角色 Hen（母鸡）和鸡蛋角色 Henapple（鸡蛋）。使用 Hen 角色覆盖到 Henapple 角色上，效果如图 4.43 所示。

（2）为母鸡角色 Hen 添加一组积木，如图 4.44 所示。

图4.43　背景和角色

图4.44　Hen的积木

功能讲解

Hen 的积木用于实现 Hen 角色边吃边走的效果。首先，该组积木会初始化 Hen 角色的位置和造型，然后重复执行 8 次 Hen 角色移动并吃东西的动画效果。每次移动都需要广播“下蛋”的消息，重复执行完成后，切换为造型 hen–a。

（3）为鸡蛋角色 Henapple 添加两组积木，如图 4.45 和图 4.46 所示。

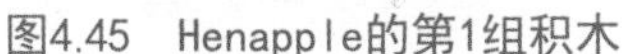

图4.45　Henapple的第1组积木

图4.46　Henapple的第2组积木

功能讲解

Henapple 的第 1 组积木用于初始化 Henapple 角色的位置，让 Henapple 角色能够保持被 Hen 角色遮挡的效果；Henapple 的第 2 组积木用于克隆 Henapple 角色。当 Henapple 角色接收到“下蛋”的消息后，会在当前位置克隆一个自己，即克隆一个 Henapple 角色。然后，通过【移动（30）步】积木将 Henapple 角色本体向右移动 30 步。这样，重复 8 次就会让母鸡下 8 个鸡蛋。需要注意的是，这里移动的是 Henapple 角色本体，并不会移动 Henapple 的克隆体，克隆体会被留在原地。

（4）程序运行后，母鸡角色 Hen 会伴随着叫声一边吃东西一边下蛋，效果如图 4.47 所示。

图4.47　下蛋的母鸡

4.9 闪电猫：启动克隆体和删除克隆体

闪电猫的速度快到可以超越光速、逆转时空，也能够穿透物体，甚至穿越平行宇宙间的屏障。在本课程中，将展示闪电猫在移动时所产生的残影。

扫一扫，看视频

基础知识

本课程要新学习到以下积木。

- 【当作为克隆体启动时】：该积木的作用是控制克隆体。通过该积木，可以让克隆体运行指定的积木，从而实现特定的功能。
- 【删除此克隆体】：该积木可以删除生成的克隆体。每运行一次该积木，就会删除一个克隆体。删除的规则是从第 1 个克隆体开始依次删除。

课程实现

下面将分步讲解如何实现“闪电猫”。

（1）设置舞台背景为 Galaxy（星系），并在舞台中添加闪电猫角色 Cat Flying（飞翔的猫），效果如图 4.48 所示。

（2）为闪电猫角色 Cat Flying 添加 5 组积木，如图 4.49~ 图 4.53 所示。

图4.48　背景和角色

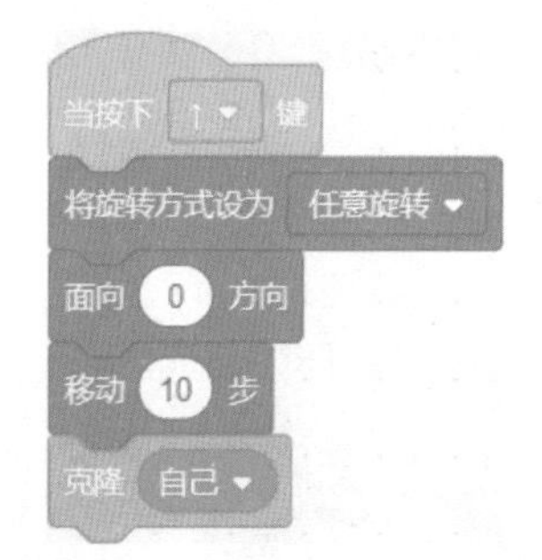

图4.49　Cat Flying的第1组积木

图4.50　Cat Flying的第2组积木

图4.51　Cat Flying的第3组积木

图4.52　Cat Flying的第4组积木

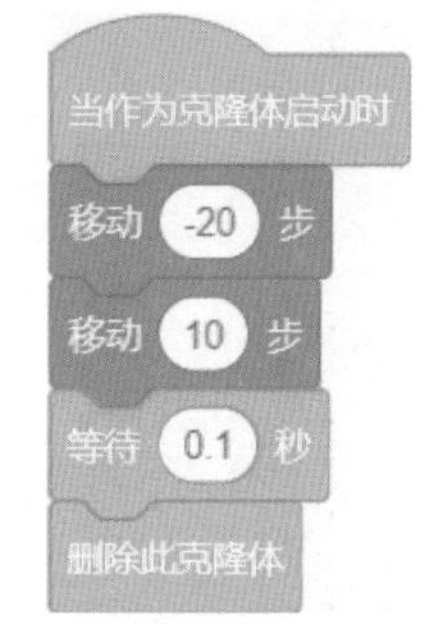

图4.53　Cat Flying的第5组积木

功能讲解

Cat Flying 的第 1 组积木用于控制 Cat Flying 角色向上移动。当按下向上键时，Cat Flying 角色的旋转方式为任意旋转，面向 0° 方向，然后向上移动 10 步，并且会克隆一只 Cat Flying 角色。

Cat Flying 的第 2 组积木用于控制 Cat Flying 角色向下移动。当按下向下键时，Cat

Flying 角色的旋转方式为任意旋转，面向 180° 方向，然后向下移动 10 步，并且会克隆一只 Cat Flying 角色。

Cat Flying 的第 3 组积木用于控制 Cat Flying 角色向右移动。当按下向右键时，Cat Flying 角色的旋转方式为左右翻转，面向 90° 方向，然后向右移动 10 步，并且会克隆一只 Cat Flying 角色。

Cat Flying 的第 4 组积木用于控制 Cat Flying 角色向左移动。当按下向左键时，Cat Flying 角色的旋转方式为左右翻转，面向 –90° 方向，然后向左移动 10 步，并且会克隆一只 Cat Flying 角色。

Cat Flying 的第 5 组积木用于控制 Cat Flying 角色的克隆体跟随 Cat Flying 角色移动。当按下任意方向键之后都会产生克隆体，克隆体会先向反方向移动 20 步，然后向正方向移动 10 步，这样就能够保证克隆体成为 Cat Flying 角色的残影，然后等待 0.1 秒后把第 1 个克隆体删除，这样当 Cat Flying 角色停止移动后，残影会被全部删除。

（3）程序运行后。当按下方向键之后，闪电猫角色 Cat Flying 会朝对应的方向进行移动，并且会伴有残影，效果如图 4.54 所示。

图4.54　闪电猫

4.10 幸运大抽奖：停止指定脚本

很多商店在周年庆或促销活动中会举办十分有趣的抽奖活动。每个参加抽奖的顾客都会被分配一个幸运号码，而抽奖机会不断地切换号码。当抽奖机停止运转时，显示的号码就是中奖号码。在本课程中，将制作一个抽奖机。

扫一扫，看视频

基础知识

本课程要新学习到以下积木。

- 停止 全部脚本 【停止（全部脚本）】：该积木可以停止程序中的指定脚本，该脚本是指积木组。这个积木有 3 个选项：第 1 个选项为“全部脚本”（默认选项），其功能为中止所有角色的所有积木的运行；第 2 个选项为“这个脚本积木”，其功能是中止该积木所在的积木组；第 3 个选项为“该角色的其他脚本积木”，其作用是中止当前角色中除了该积木所在的积木组之外的所有其他积木。

课程实现

下面将分步讲解如何实现“幸运大抽奖”。

（1）设置舞台背景为 Party（聚会），并在舞台中添加数字 1 角色 Glow-1（发光的 1）、开始按钮角色 Button2（按钮 2）和结束按钮角色 Button3（按钮 3）。其中，开始按钮角色和结束按钮角色在角色库中都叫作 Button2，添加到程序中后会自动改名为 Button3。

（2）在数字 1 角色 Glow-1 的造型中添加数字 2 ~ 9 以及数字 0 的造型，使数字 1 角色 Glow-1 拥有 10 个数字造型，如图 4.55 所示。

（3）在角色区选中数字 1 角色 Glow-1，右击，在弹出的快捷菜单中选择“复制”选项，复制数字 1 角色，并命名为 Glow-2（发光的 2）。重复该动作再复制一个数字 1 角色，命名为 Glow-3（发光的 3），如图 4.56 所示。

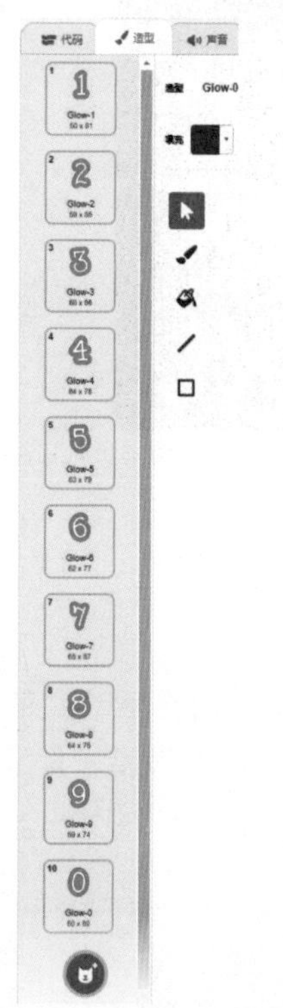

图4.55　添加多个造型

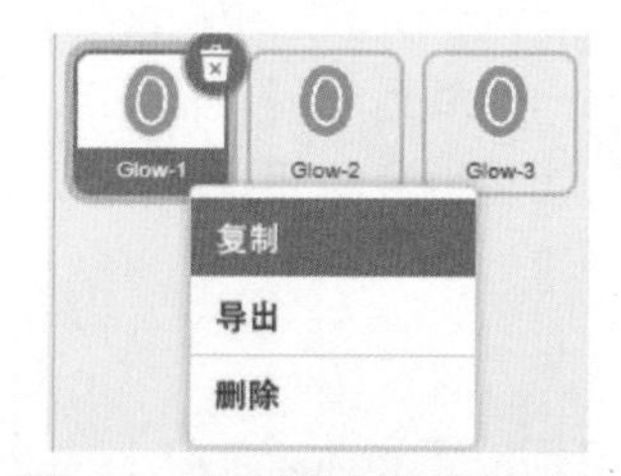

图4.56　复制两个数字1角色

（4）在开始按钮角色 Button2 的“造型”选项卡中，使用“文本”工具T添加“开始”文本；在结束按钮角色 Button3 的“造型”选项卡中，使用“文本”工具T添加“结束”文本。修改后的背景和角色效果如图 4.57 所示。

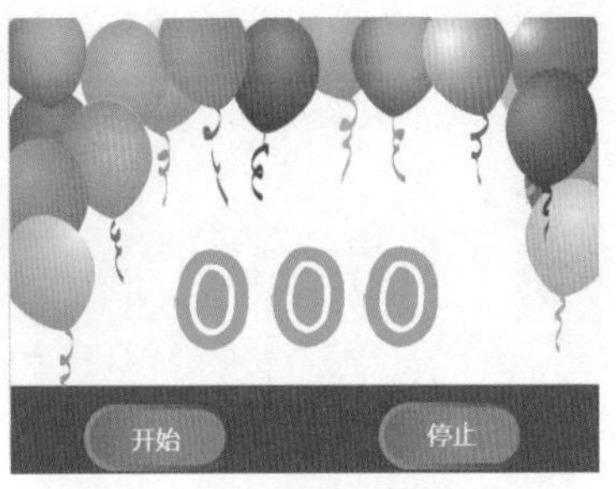

图4.57　修改后的背景和角色

（5）为第 1 个数字角色 Glow-1 添加 3 组积木，如图 4.58~ 图 4.60 所示。

当 被点击
移到 x: -78 y: -39
换成 Glow-0 造型

图4.58　Glow-1的第1组积木

图4.59　Glow-1的第2组积木

图4.60　Glow-1的第3组积木

（6）为第 2 个数字角色 Glow-2 添加 3 组积木，如图 4.61~ 图 4.63 所示。

图4.61　Glow-2的第1组积木

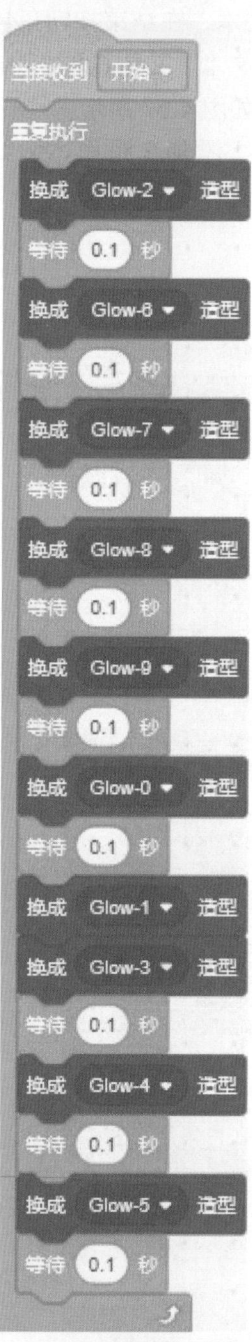

图4.62　Glow-2的第2组积木

图4.63　Glow-2的第3组积木

（7）为第 3 个数字角色 Glow-3 添加 3 组积木，如图 4.64~ 图 4.66 所示。

图4.64　Glow-3的第1组积木

图4.65　Glow-3的第2组积木

图4.66　Glow-3的第3组积木

📍 功能讲解

这 3 个数字角色的 3 组积木功能基本相同。第 1 组积木的作用是初始化每个数字的位置和初始造型。其中，初始的位置不同，但是造型相同。第 2 组积木的作用是让数字不断地切换造型。其中，造型出现的顺序不同。当接收到“开始”的消息后，3 个数字就会开始不断地切换造型，模拟号码滚动的效果。第 3 组积木的作用是停止该角色的其他积木，即停止不断地切换数字造型，表示选出中奖的号码。

（8）为开始按钮角色 Button2 添加两组积木，如图 4.67 和图 4.68 所示。

图4.67 Button2的第1组积木

图4.68 Button2的第2组积木

📍 功能讲解

Button2 的第 1 组积木用于初始化 Button2 角色的位置，并通过对话框提示“点击开始，开始抽奖！”；Button2 的第 2 组积木用于在 Button2 角色被点击后广播“开始”的消息，让数字开始切换造型，模拟号码不断滚动的效果。

（9）为结束按钮角色 Button3 添加两组积木，如图 4.69 和图 4.70 所示。

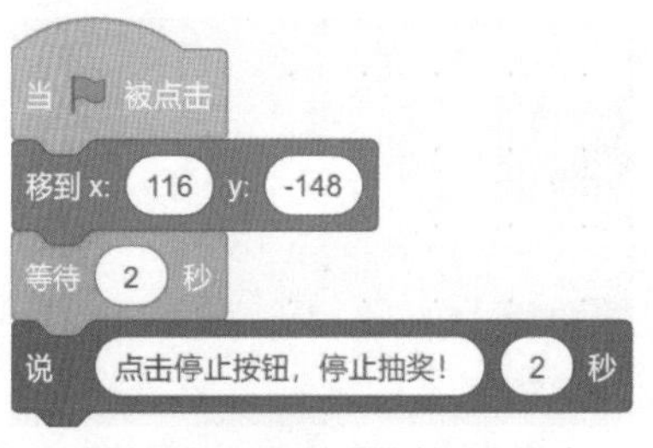

图4.69 Button3的第1组积木

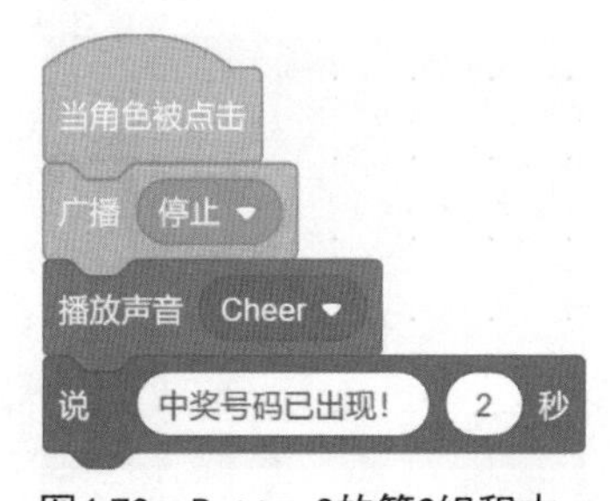

图4.70 Button3的第2组积木

📍 功能讲解

Button3 的第 1 组积木用于初始化 Button3 角色的位置，在等待 2 秒后通过对话框提示“点击停止按钮，停止抽奖！”；Button3 的第 2 组积木用于在 Button3 角色被点击后广播“停止”的消息，让数字停止切换造型，模拟抽出了中奖号码的效果，最后在欢呼声中通过对话框提示“中奖号码已出现！”。

（10）程序运行后，“开始”按钮会主动提示点击它开始抽奖，“结束”按钮会提示点击它停止抽奖。单击“开始”按钮，3个数字开始不断切换，点击“停止”按钮，选出中奖号码，效果如图4.71所示。

图4.71 幸运大抽奖

第5章

角色的外观

角色外观的改变可以给用户带来更加直观的视觉冲击，让用户在使用程序时有更好的体验。本章将详细讲解关于改变角色外观的相关积木。

5.1 风驰电掣的汽车：显示与隐藏

扫一扫，看视频

坐在飞驰的车上，车窗外的风景会呈现倒退的效果，这是因为我们选取的参照物不同。对于车内的乘客来说，是以车为参照物，以乘客的角度来看车是静止的，而窗外的风景是向后退的。但是，如果在车外，以景色为参照物，那么景色是静止的，而车则是不断向前行驶的。在本课程中，将利用这个效果模拟一辆飞驰的汽车。

基础知识

本课程要新学习到以下积木。

- 显示【显示】：该积木让角色在舞台中处于显示状态，从而模拟新增角色或显示角色的效果。例如，在程序的"出生点"，通过【显示】积木产生新的 NPC（非玩家角色）。
- 隐藏【隐藏】：该积木让角色在舞台中处于隐藏状态，从而模拟角色消失的效果。例如，在角色发生碰撞或者被消灭时，通过【隐藏】积木实现。

课程实现

下面将分步讲解如何实现"风驰电掣的汽车"。

（1）设置舞台背景为 Night City With Street 3（城市街道的夜晚 3），并在舞台中添加 3 个绿色小车角色 Convertible 2（敞篷车 2）、Convertible 3（敞篷车 3）和 Convertible 4（敞篷车 4），再添加紫色小车角色 Convertible（敞篷车）及绿树角色 Trees（绿树）。

（2）在第 2 个绿色小车角色 Convertible 3 和第 3 个绿色小车角色 Convertible 4 的"造型"选项卡中，删除车身只保留一个轮子，并且将造型中心点放在轮子的中心，效果如图 5.1 所示。修改后，将第 2 个绿色小车角色 Convertible 3 称为前轮角色，将第 3 个绿色小车角色 Convertible 4 称为后轮角色。

（3）在背景的"造型"选项卡中，使用"矩形"工具■覆盖城市的高楼部分和马路的黄色车道线，修改后的背景如图 5.2 所示。

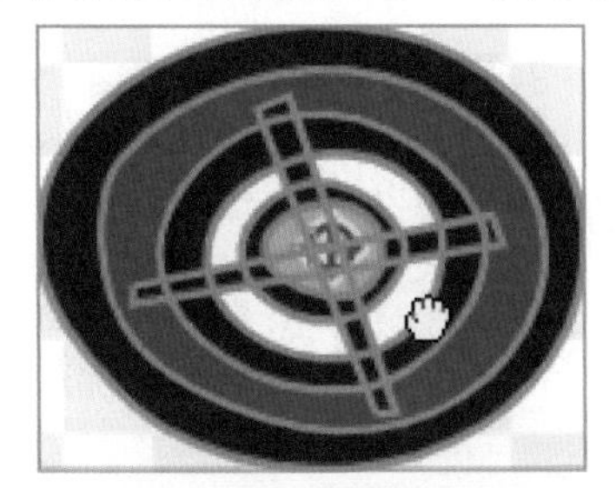
图5.1　轮子中心点为造型的中心点

图5.2　修改后的背景

（4）在角色区中，选择“绘制角色”功能，在“造型”选项卡中绘制一段黄线，用于模拟马路中的一段车道线，效果如图 5.3 所示。

（5）调整所有角色的位置，并让两个轮子角色分别覆盖绿色小车角色 Convertible 2 的前轮和后轮，效果如图 5.4 所示。

图5.3　黄色车道线（角色1）角色

图5.4　背景和角色

（6）为绿色小车角色 Convertible 2、前轮角色 Convertible 3 和后轮角色 Convertible 4 分别添加一组积木，如图 5.5~ 图 5.7 所示。

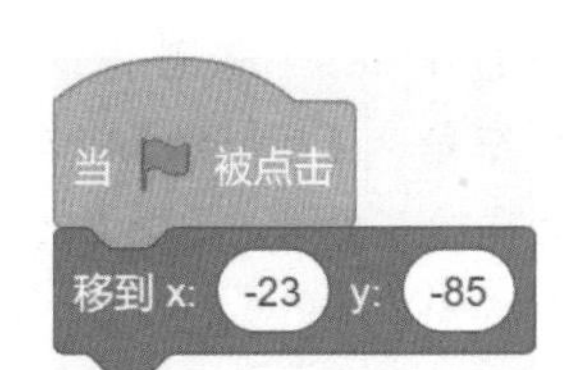

图5.5　Convertible 2的积木　图5.6　Convertible 3的积木

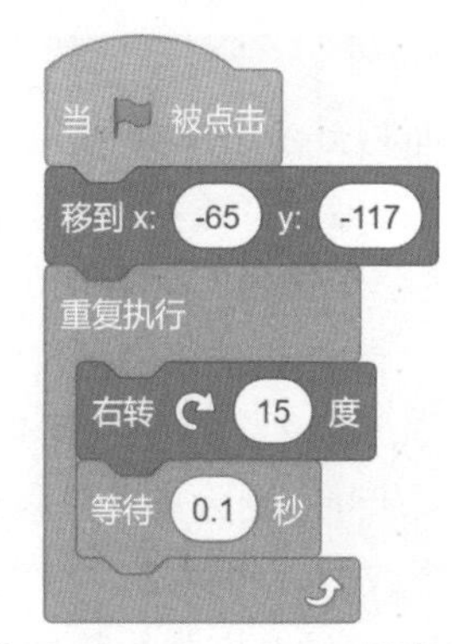

图5.7　Convertible 4的积木

功能讲解

Convertible 2 的积木用于初始化 Convertible 2 角色的位置；Convertible 3 和 Convertible 4 这两组积木都用于让车轮旋转。这 3 组积木首先均会初始化车轮的位置，然后重复执行向右旋转 15°，用于模拟车轮旋转的效果。

（7）为紫色小车角色 Convertible 添加两组积木，如图 5.8 和图 5.9 所示。

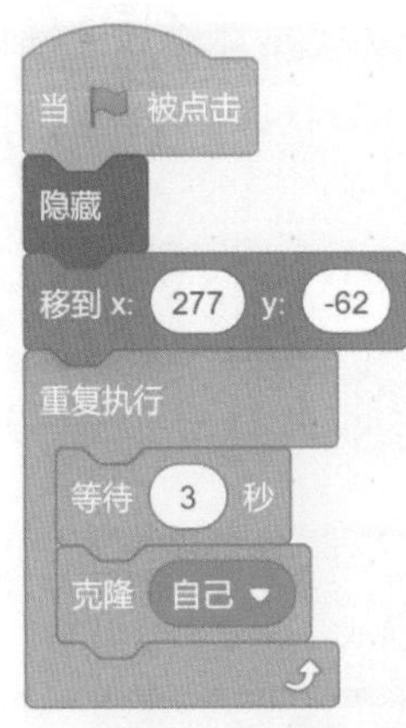

图5.8　Convertible的第1组积木

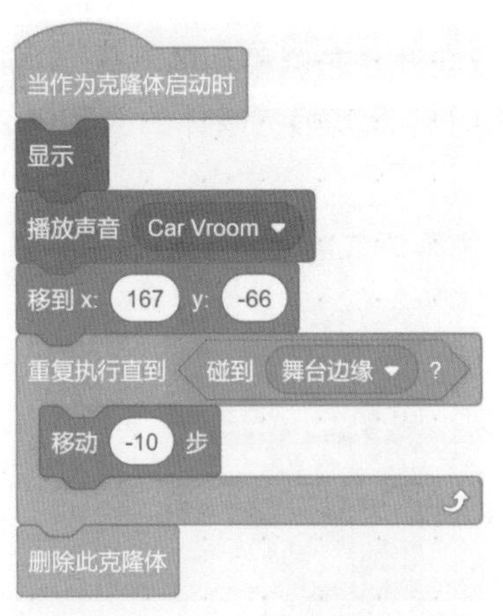

图5.9　Convertible的第2组积木

功能讲解

Convertible 的第 1 组积木用于“隐藏” Convertible 角色并初始化 Convertible 角色的位置，然后每 3 秒克隆一个 Convertible 角色；Convertible 的第 2 组积木的作用是首先“显示”克隆体，并播放超车的声音，同时移动到起始位置；然后重复执行向舞台左侧移动的动作，当碰到舞台左侧边缘后删除该克隆体。

（8）为绿树角色 Trees 添加 3 组积木，如图 5.10~ 图 5.12 所示。

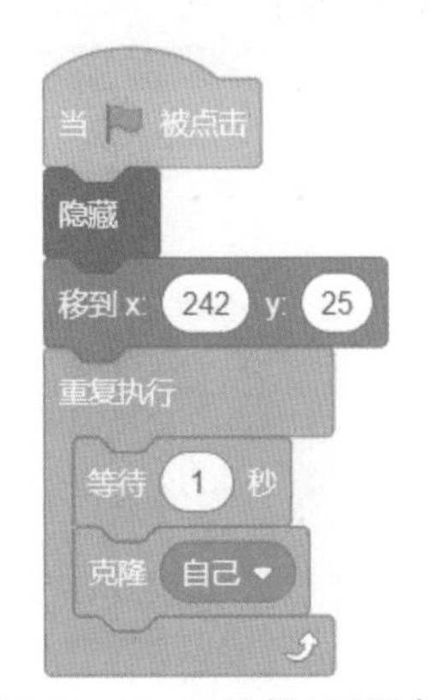

图5.10　Trees的第1组积木

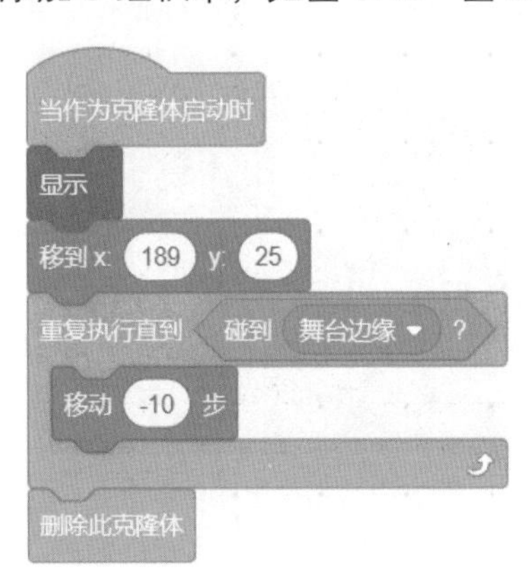

图5.11　Trees的第2组积木

图5.12　Trees的第3组积木

功能讲解

Trees 的第 1 组积木用于隐藏 Trees 角色并初始化 Trees 角色的位置，然后每 1 秒克隆一个 Trees 角色；Trees 的第 2 组积木用于让克隆体显示出来后移动到起始位置，然后重复执行向舞台左侧移动的动作，当碰到舞台左侧边缘后删除该克隆体；Trees 的第 3 组积木用于不断切换克隆体的造型。

（9）为黄色车道线角色 1 添加两组积木，如图 5.13 和图 5.14 所示。

图5.13　角色1的第1组积木

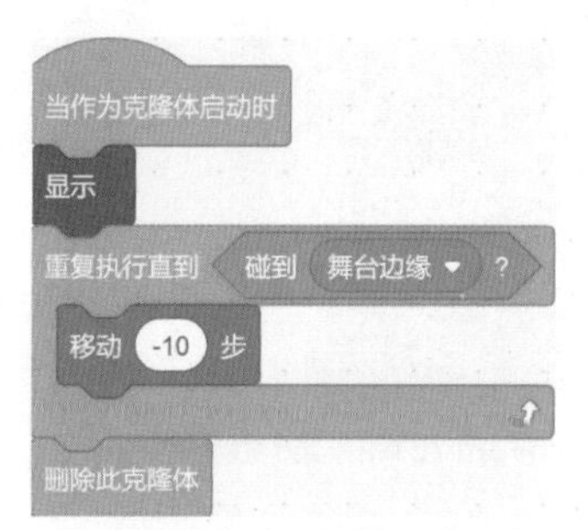

图5.14　角色1的第2组积木

功能讲解

角色 1 的第 1 组积木用于隐藏角色 1 并初始化角色 1 的位置，然后每 0.1 秒克隆一个黄色车道线；角色 1 的第 2 组积木用于"显示"克隆体，并重复执行向舞台左侧移动的动作，当碰到舞台左侧边缘后删除该克隆体。

（10）程序运行后，在舞台中会出现一个不断飞驰的汽车，效果如图 5.15 所示。

图5.15　风驰电掣的汽车

5.2 破壳的小鸡：下一个造型

扫一扫，看视频

当母鸡下的鸡蛋达到一定数量后，母鸡就会停止下蛋，进入孵蛋环节。人类为了能够让母鸡一直下蛋，就会不断地拿走母鸡下的鸡蛋，防止它们达到孵化标准。在本课程中，将实现一个母鸡下蛋及小鸡破壳而出的效果。

基础知识

本课程要新学习到以下积木。

- 【下一个造型】：该积木的作用是将角色切换为下一个造型。当需要依次切换角色的造型时，就可以使用该积木。

课程实现

下面将分步讲解如何实现“破壳的小鸡”。

（1）设置舞台背景为 Forest（树林），并在舞台中添加母鸡角色 Hen（母鸡）和鸡蛋角色 Hatchling（刚出壳的雏鸟），让母鸡角色 Hen 覆盖鸡蛋角色 Hatchling，效果如图 5.16 所示。

（2）为母鸡角色 Hen 添加两组积木，如图 5.17 和图 5.18 所示。

图5.16　背景和角色

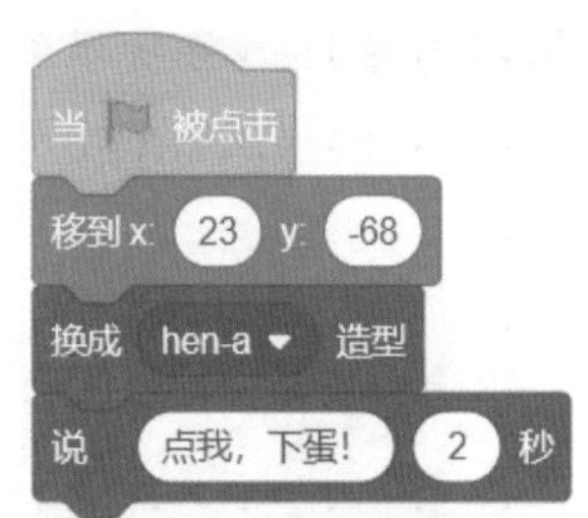

图5.17　Hen的第1组积木

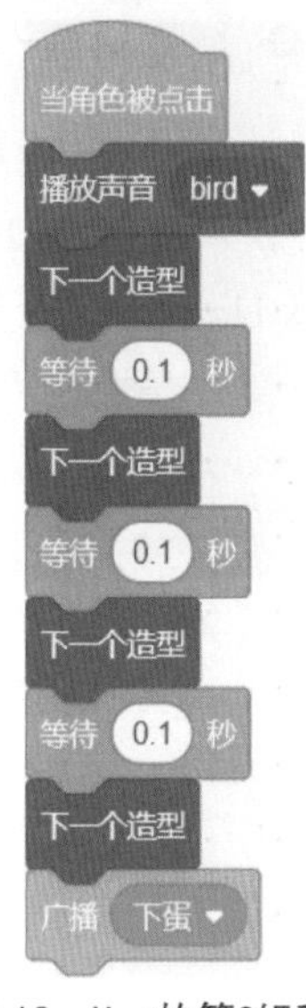

图5.18　Hen的第2组积木

功能讲解

Hen 的第 1 组积木用于初始化 Hen 角色的位置和造型，并使用对话框提示用户点击该角色可以下蛋；Hen 的第 2 组积木用于模拟 Hen 角色下蛋。当 Hen 角色被点击后，该角色发出叫声，并通过依次切换造型实现一个低头的动画效果，最后发送“下蛋”的消息。

（3）为鸡蛋角色 Hatchling 添加两组积木，如图 5.19 和图 5.20 所示。

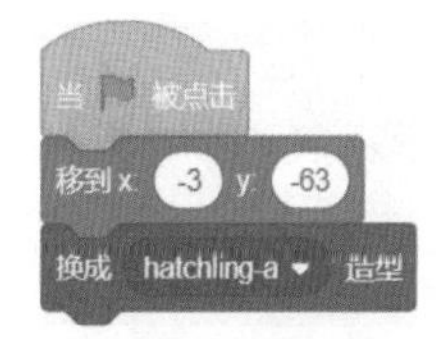

图5.19　Hatchling的第1组积木

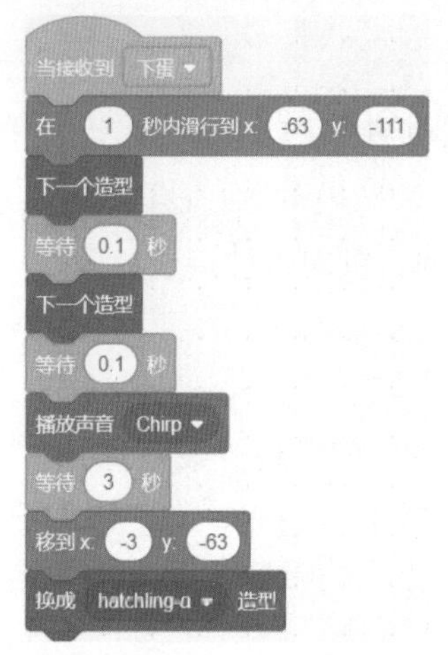

图5.20　Hatchling的第2组积木

功能讲解

Hatchling 的第 1 组积木用于初始化 Hatchling 角色的位置和造型；Hatchling 的第 2 组积木用于模拟一只破壳而出的小鸡。当 Hatchling 角色接收到“下蛋”的消息后，就会从 Hen 角色身上掉落，模拟出下蛋的效果；然后，依次切换造型，实现小鸡破壳而出的效果；最后，小鸡移动到起始位置并恢复成 Hatchling 角色的造型。

（4）程序运行后，母鸡角色 Hen 会提示用户点击它开始下蛋。当用户点击母鸡角色 Hen 后，该角色会下一个鸡蛋，而鸡蛋中的小鸡会破壳而出，效果如图 5.21 所示。

图5.21　破壳的小鸡

5.3 认识四季：换成指定背景

我国传统将四季划分为春、夏、秋、冬 4 个季节，以二十四节气中的四立作为四季的起始点，以二分和二至作为四季的中点。具体来说，立春是春天的开始，立夏是夏天的开始，立秋是秋天的开始，立冬是冬天的开始。而春分是春天的中点，秋分是秋天的中点，夏至是夏天的中点（夏天最热的时候），冬至是冬天的中点（冬天最冷的时候）。在本课程中，将通过按钮切换背景来认识四季。

扫一扫，看视频

基础知识

本课程要新学习到以下积木。

- 换成 背景1 ▾ 背景【换成（背景 1）背景】：该积木的作用是将舞台的背景切换为指定的背景，默认情况下，切换为“背景 1”背景。当在一个舞台中插入多个背景后，使用该积木就可以直接切换为指定的背景。该积木还默认提供“下一个背景”“上一个背景”和“随机背景”3 个备用选项。“下一个背景”选项会将舞台的背景切换为“背景”选项卡中当前背景的下一个背景；“上一个背景”选项会将舞台的背景切换为“背景”选项卡中当前背景的上一个背景；“随机背景”选项会从“背景”选项卡中随机选择一个背景添加到舞台。

课程实现

下面将分步讲解如何实现“认识四季”。

（1）依次添加舞台背景 Wetland（湿地）、Desert（沙漠）、Farm（农场）和 Slopes（山坡）。在背景的“背景”选项卡中使用“文本”工具T在背景 1 中添加“认识四季”文本内容。此时舞台的背景选项中有 5 个背景，效果如图 5.22 所示。

（2）在舞台中添加 4 个按钮角色 Button3，依次命名为 Button2（按钮 2）、Button3（按钮 3）、Button4（按钮 4）和 Button5（按钮 5）。在 4 个按钮的“造型”界面的 button3-b 造型中，使用“文本”工具T依次添加“春天”“夏天”“秋天”和“冬天”4 个文本内容，并且让这 4 个按钮的默认造型为 button3-b。此时，背景和角色的效果如图 5.23 所示。

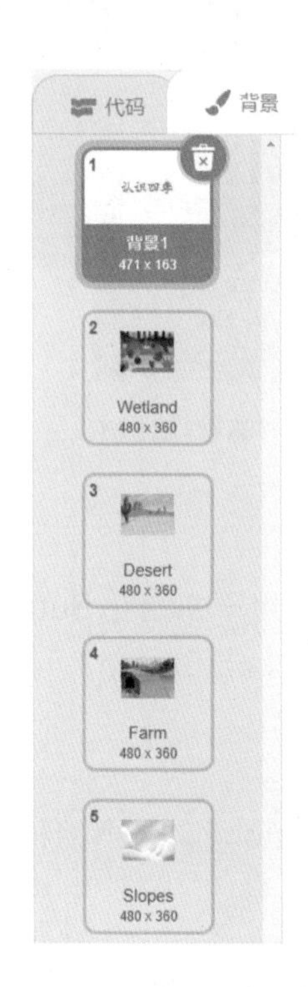

图5.22　舞台的所有背景

图5.23　背景和角色

（3）为春天按钮角色 Button2 添加两组积木，如图 5.24 和图 5.25 所示。

图5.24　Button2的第1组积木

图5.25　Button2的第2组积木

📍 功能讲解

Button2 的第 1 组积木用于初始化 Button2 角色的位置和造型，并设置背景为“背景 1”；Button2 的第 2 组积木用于将背景切换为春天。当 Button2 角色被点击后，舞台的背景会被切换为表示春天的背景 Wetland。

（4）为夏天按钮角色 Button3 添加两组积木，如图 5.26 和图 5.27 所示。

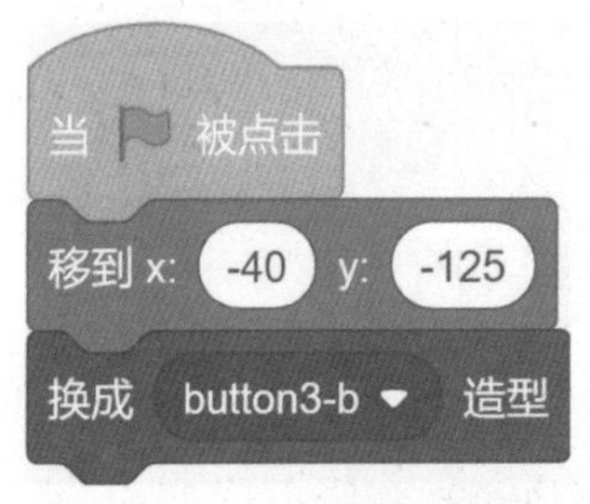

图5.26　Button3的第1组积木

图5.27　Button3的第2组积木

📍 功能讲解

Button3 的第 1 组积木用于初始化 Button3 角色的位置和造型；Button3 的第 2 组积木用于将背景切换为夏天。当 Button3 角色被点击后，舞台的背景会被切换为表示夏天的背景 Desert。

（5）为秋天按钮角色 Button4 添加两组积木，如图 5.28 和图 5.29 所示。

图5.28 Button4的第1组积木

图5.29 Button4的第2组积木

功能讲解

Button4 的第 1 组积木用于初始化 Button4 角色的位置和造型；Button4 的第 2 组积木用于将背景切换为秋天。当 Button4 角色被点击后，舞台的背景会被切换为表示秋天的背景 Farm。

（6）为冬天按钮角色 Button5 添加两组积木，如图 5.30 和图 5.31 所示。

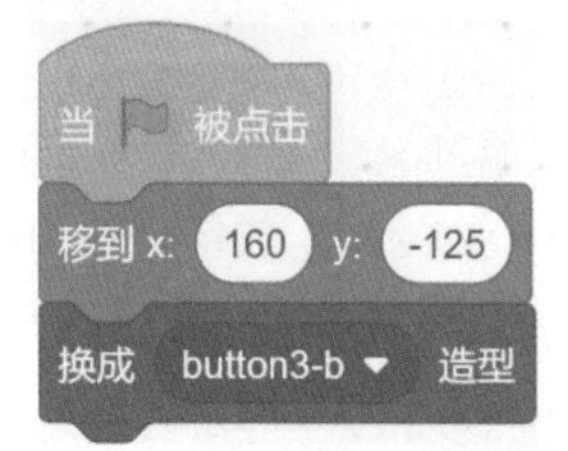

图5.30 Button5的第1组积木

图5.31 Button5的第2组积木

功能讲解

Button5 的第 1 组积木用于初始化 Button5 角色的位置和造型；Button5 的第 2 组积木用于将背景切换为冬天。当 Button5 角色被点击后，舞台的背景会被切换为表示冬天的背景 Slopes。

（7）程序运行后，舞台默认显示的为“背景 1”，当使用鼠标点击季节按钮之后，背景会切换为相对应季节的背景。例如，当点击“秋天”按钮之后，效果如图 5.32 所示。

图5.32 认识四季

5.4 开车去旅行：下一个背景

扫一扫，看视频

自驾游是自助旅游中的一种全新形式，与传统的集体参团旅游截然不同。自驾游在选择目的地、行程安排和自由度等方面给旅游者提供了伸缩空间，其本身具有自由化与个性化、灵活性与舒适性及选择性与季节性等内在特点。与传统的参团方式相比，它具有自身独有的特点和魅力。在本课程中，我们将开始一场自驾游。

基础知识

本课程要新学习到以下积木。

- 下一个背景【下一个背景】：该积木的作用是将舞台的背景切换为下一个背景。在需要顺序切换舞台背景时可使用该积木。

课程实现

下面将分步讲解如何实现“开车去旅行”。

（1）删除舞台中的“背景 1”角色，然后依次添加背景 Beach Malibu（马布里海滩）、Hay Field（干草田）、Boardwalk（木板人行道）、Castle 4（城堡 4）和 Desert（沙漠）。

（2）在舞台中添加汽车角色 Convertible 2（敞篷车 2），效果如图 5.33 所示。

（3）为汽车角色 Convertible 2 添加一组积木，如图 5.34 所示。

图5.33　背景和角色

图5.34　Convertible 2的积木

功能讲解

Convertible 2 的积木用于让 Convertible 2 角色不断地移动并切换背景。该积木首先会初始化 Convertible 2 角色的位置和舞台的背景；然后通过重复执行的方式移动积木，使 Convertible 2 角色从舞台左侧移动到舞台右侧。当 Convertible 2 角色移动到起始位置时，切换为下一个背景，从而模拟 Convertible 2 角色游览不同景点的效果。

（4）程序运行后，汽车角色 Convertible 2 会不断地向右移动，舞台的背景也会不断地切换，效果如图 5.35 所示。

图5.35 开车去旅行

5.5 勇闯森林：设置角色为指定大小

扫一扫，看视频

在未知的森林中，生活着众多陌生的动植物。面对这些动植物，我们必须小心辨认，避免随意触摸或摄入。特别是颜色鲜艳的动植物，它们往往都带有剧毒。在本课程中，我们将见证一个探险家的惊险经历——他不小心碰到一颗看似营养丰富的苹果后变得巨大，但在碰到一只五彩斑斓的虫子后变小了。

基础知识

本课程要新学习到以下积木。

- 将大小设为 100 【将大小设为（100）】：该积木的作用是将角色的大小设置为指定值，默认值为 100。100 表示角色本身的大小，该值越大，角色尺寸就越大；反之，该值越小，角色尺寸就越小。

课程实现

下面将分步讲解如何实现“勇闯森林”。

（1）设置舞台背景为 Blue Sky（蓝色的天空），并在舞台中添加探险家角色 Giga Walking（行走的千兆）、苹果角色 Apple（苹果）和彩色虫子角色 Ladybug2（瓢虫 2），效果如图 5.36 所示。

图5.36　背景和角色

（2）为探险家角色 Giga Walking 添加 5 组积木，如图 5.37~ 图 5.41 所示。

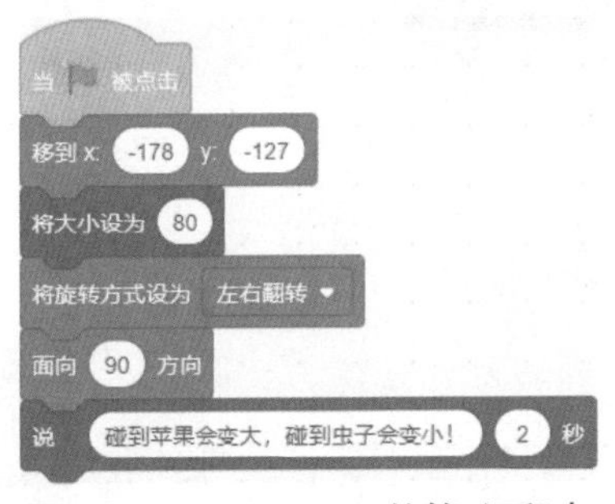

图5.37　Giga Walking的第1组积木

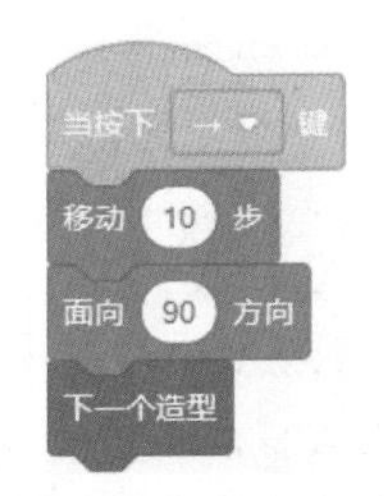

图5.38　Giga Walking的第2组积木

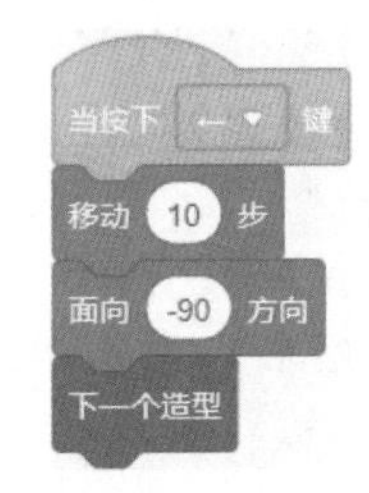

图5.39　Giga Walking的第3组积木

图5.40　Giga Walking的第4组积木

图5.41　Giga Walking的第5组积木

功能讲解

Giga Walking 的第 1 组积木用于初始化 Giga Walking 角色的位置、大小、旋转方式、方向及规则提示；Giga Walking 的第 2 组积木用于控制 Giga Walking 角色向右移动，当按下向右的方向键后，Giga Walking 角色会向右移动；Giga Walking 的第 3 组积木用于控制 Giga Walking 角色向左移动，当按下向左的方向键后，Giga Walking 角色会向左移动；Giga Walking 的第 4 组积木用于将 Giga Walking 角色变大，当接收到“变大”的消息后，Giga Walking 角色会变大为指定尺寸；Giga Walking 的第 5 组积木用于将 Giga Walking 角色缩小，当接收到“缩小”的消息之后，Giga Walking 角色会缩小为指定尺寸。

（3）为苹果角色 Apple 和彩色虫子角色 Ladybug2 分别添加一组积木，如图 5.42 和图 5.43 所示。

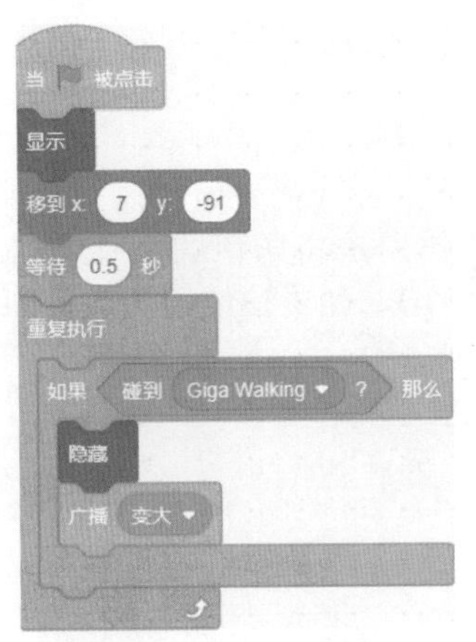

图5.42　Apple的积木

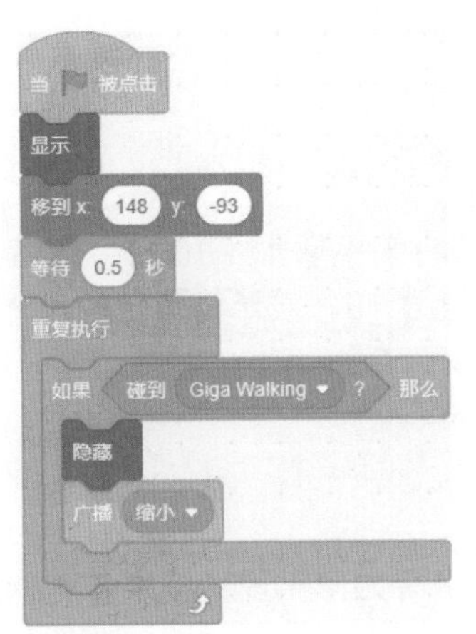

图5.43　Ladybug2的积木

功能讲解

Apple 的积木用于检测 Apple 角色是否碰到 Giga Walking 角色。首先，该组积木会初始化 Apple 角色的状态和位置，然后在等待 0.5 秒后，重复执行侦测积木，判断是否碰到了 Giga Walking 角色。如果碰到 Giga Walking 角色，则“隐藏”苹果，并广播“变大”的消息。Ladybug2 的积木与 Apple 的积木功能相同，区别在于初始化位置的不同以及广播的消息为“缩小”。

（4）程序运行后，探险家角色 Giga Walking 会通过对话框提示游戏的规则。当按下向右的方向键后，探险家角色 Giga Walking 会向右移动；当探险家角色 Giga Walking 碰到苹果角色 Apple 后，苹果角色 Apple 消失，探险家角色 Giga Walking 变大；当碰到彩色虫子角色 Ladybug2 后，彩色虫子角色 Ladybug2 消失，探险家角色 Giga Walking 缩小，效果如图 5.44 所示。

图5.44　勇闯森林

5.6 接果酱的狗熊：增大或缩小指定值

扫一扫，看视频

熊广泛分布于北美、欧洲和亚洲的北温带地区。大部分的熊具备爬树和游泳的技能，虽然它们的视觉不佳，但嗅觉却十分灵敏，常常依靠嗅觉觅食。熊偏爱甜食，尤其是果酱、蜂蜜等食物。在本课程中，将控制一只狗熊，试图让其接住从天而降的果酱。

基础知识

本课程要新学习到以下积木。

- 将大小增加 10【将大小增加（10）】：该积木的作用是将角色的尺寸增加或减小指定的大小。默认值为10，表示将角色的尺寸增加10。如果该值为负数，则表示将角色的尺寸减小。

课程实现

下面将分步讲解如何实现“接果酱的狗熊”。

（1）设置舞台背景为Blue Sky（蓝色的天空），并在舞台中添加狗熊角色Bear-walking（行走的狗熊）、果酱角色Jar（罐子）和甲壳虫角色Beetle（甲虫）。修改角色的大小和位置，效果如图5.45所示。

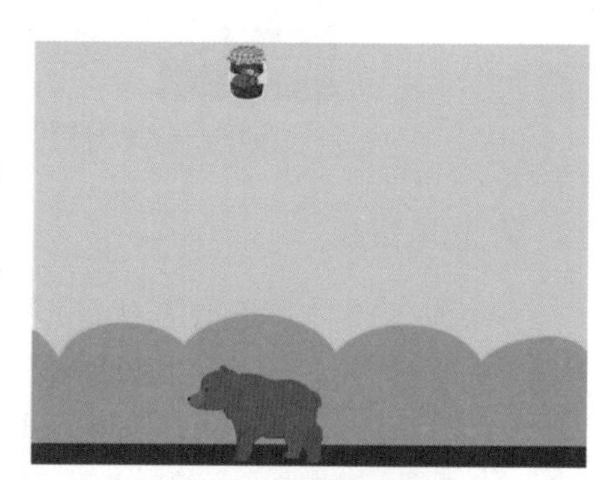
图5.45　背景和角色

（2）为狗熊角色Bear-walking添加5组积木，如图5.46~图5.50所示。

图5.46　Bear-walking的第1组积木

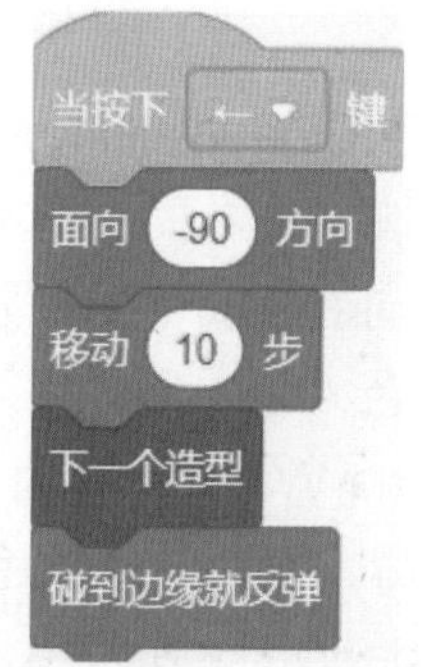

图5.47　Bear-walking的第2组积木

图5.48　Bear-walking的第3组积木

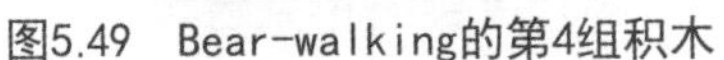

图5.49　Bear-walking的第4组积木　　图5.50　Bear-walking的第5组积木

功能讲解

Bear-walking 的第 1 组积木用于初始化 Bear-walking 角色的位置、大小、造型及旋转方式。Bear-walking 的第 2 组积木用于实现通过按下向左的方向键控制 Bear-walking 角色向左移动。Bear-walking 的第 3 组积木用于实现通过按下向右的方向键控制 Bear-walking 角色向右移动。Bear-walking 的第 4 组积木用于实现当接收到“加 1”的消息后让 Bear-walking 角色的尺寸加 1，并使其在 y 轴上向上移动 1，以确保 Bear-walking 角色的水平位置不变。然后播放得分的声音，并通过对话框显示“+1”的信息。Bear-walking 的第 5 组积木用于实现当接收到“失败”的消息后，播放游戏失败的声音，并通过对话框显示“游戏结束！”。

（3）为果酱角色 Jar 添加 3 组积木，如图 5.51~ 图 5.53 所示。

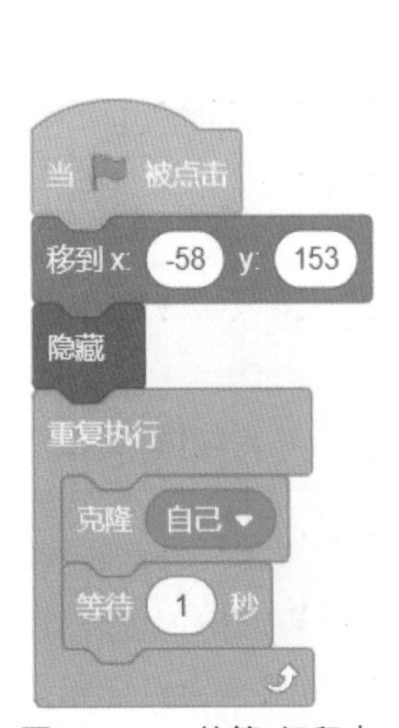

图5.51　Jar的第1组积木

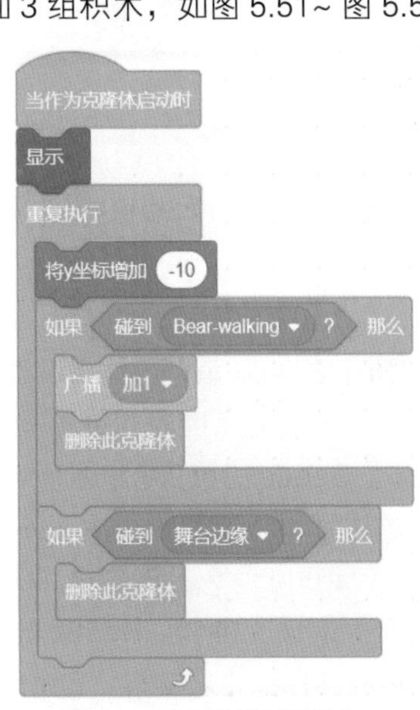

图5.52　Jar的第2组积木

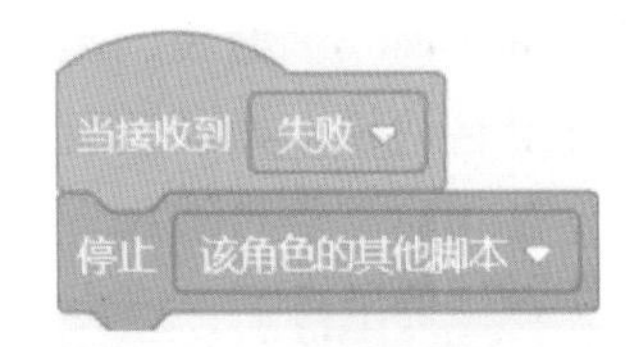

图5.53　Jar的第3组积木

功能讲解

Jar 的第 1 组积木用于初始化 Jar 角色的位置，并将状态设置为“隐藏”，然后重复执行每 1 秒克隆 1 个 Jar 角色这一操作。Jar 的第 2 组积木用于“显示”克隆体，并且实现克隆件向下坠落的效果。在坠落的过程中，该组积木会不断地检测是否碰到 Bear-walking 角色或舞台边缘。如果碰到 Bear-walking 角色，就广播“加 1”的消息，并删除当前克隆体；如果碰到舞台边缘，则直接删除该克隆体。Jar 的第 3 组积木用于实现当接收到“失败”的消息后，停止该角色的其他积木。这样，Jar 角色就会停止克隆和掉落。

（4）为甲壳虫角色 Beetle 添加 3 组积木，如图 5.54~ 图 5.56 所示。

图5.54 Beetle的第1组积木

当作为克隆体启动时
显示
重复执行
将y坐标增加 -10
等待 0.1 秒
如果 碰到 Bear-walking ? 那么
广播 失败
删除此克隆体
如果 碰到 舞台边缘 ? 那么
删除此克隆体

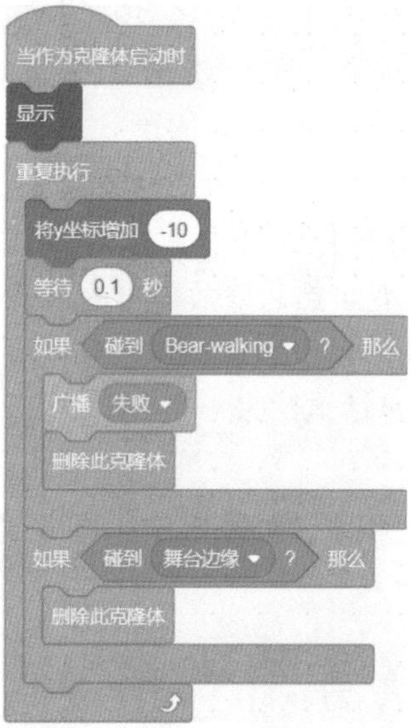

图5.55 Beetle的第2组积木

图5.56 Beetle的第3组积木

功能讲解

Beetle 的第 1 组积木用于初始化 Beetle 角色的位置，并将状态设置为“隐藏”后等待 0.5 秒。这样，Beetle 角色与 Jar 角色的克隆时机就产生时间差。同时，它还会重复执行每5秒克隆一个自己这一操作。Beetle 的第 2 组积木用于“显示”克隆体，并且实现克隆体向下坠落的效果。在坠落的过程中，该组积木会不断检测是否碰到 Bear-walking 角色或舞台边缘。如果碰到 Bear-walking 角色，就广播“失败”的消息，并删除当前克隆体；如果碰到舞台边缘，则直接删除该克隆体。Beetle 的第 3 组积木用于实现当接收到“失败”的消息后，停止该角色的其他积木。这样，Beetle 角色就会停止克隆和掉落。

（5）程序运行后，果酱角色 Jar 会不断掉落，狗熊角色 Bear-walking 接到果酱角色 Jar 后就会显示“+1”。当甲壳虫角色 Beetle 掉落时，用户需要通过按下向左或向右的方向键让狗熊角色 Bear-walking 躲避甲壳虫角色 Beetle。如果狗熊角色 Bear-walking 与甲壳虫角色 Beetle 发生碰撞，那么会播放失败音乐并显示“游戏结束！”，效果如图 5.57 所示。

图5.57　接果酱的狗熊

5.7 五彩缤纷的舞台：增加特效

扫一扫，看视频

在演出时，舞台的布置、灯光、音响、道具等元素扮演着至关重要的角色，它们共同营造出特定的舞台氛围和视听感受。这些元素的组合能够帮助观众更好地理解剧情、情绪和主题，从而提升整个演出的视听效果和艺术感染力。在本课程中，将制作一个五彩缤纷的舞台。

基础知识

本课程要新学习到以下积木：

- 将 颜色▾ 特效增加 25 【将（颜色）特效增加（25）】：该积木的作用是为角色的颜色值增加指定的值，默认值为 25。该积木会让角色的颜色发生改变，其下拉菜单中还包括“鱼眼”“旋涡”“像素化”“马赛克”“亮度”和“虚像”等多种特效。

课程实现

下面将分步讲解如何实现“五彩缤纷的舞台”。

（1）设置舞台背景为 Concert（音乐会），并在舞台中添加舞者角色 Anina Dance（跳舞的阿妮娜）。设置舞者角色 Anina Dance 的大小为 80，效果如图 5.58 所示。

图5.58　背景和角色

（2）为舞者角色 Anina Dance 添加两组积木，如图 5.59 和图 5.60 所示。

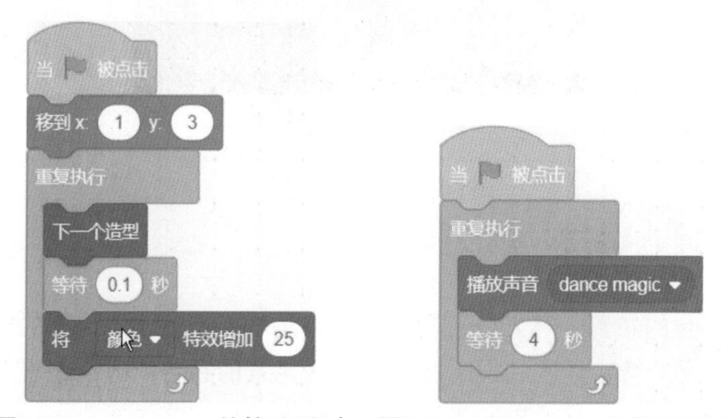

图5.59　Anina Dance的第1组积木　图5.60　Anina Dance的第2组积木

功能讲解

Anina Dance 的第 1 组积木用于初始化 Anina Dance 角色的位置，然后通过重复执行的方式改变 Anina Dance 角色的造型和颜色特效；Anina Dance 的第 2 组积木用于重复播放背景音乐。

（3）为背景 Concert 添加一组积木，如图 5.61 所示。

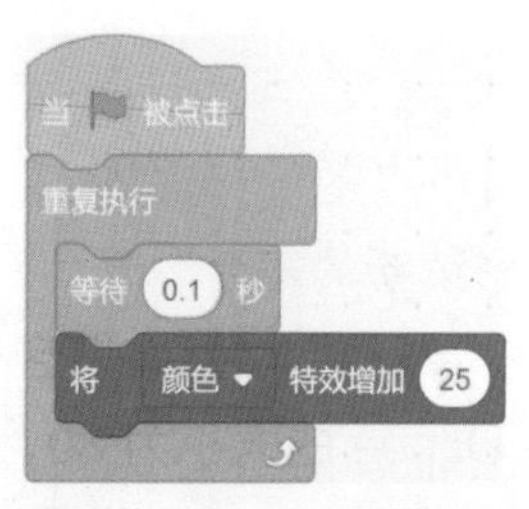

图5.61　Concert的积木

功能讲解

Concert 的积木通过重复执行的方式为背景添加颜色特效。

（4）程序运行后，舞者角色 Anina Dance 会跟随音乐不断跳舞，背景的灯光会不断闪烁，效果如图 5.62 所示。

图5.62 五彩缤纷的舞台

5.8 凸透镜的作用：设置特效和清除特效

凸透镜是一种透镜，其表面呈向外膨胀形成凸形。它对光线的作用是使其汇聚到一点，因此也称为汇聚透镜。凸透镜主要用于矫正远视眼，能够帮助远视者看清近处物体。当水杯装满水后，由于水是透明的且具有一定的折射率，光线穿过水杯时会发生折射。在某些情况下，装满水的水杯确实能够产生类似凸透镜效果的光学现象。在本课程中，将通过水杯为文字增加鱼眼特效。

扫一扫，看视频

基础知识

本课程要新学习到以下两个积木。

- 将 颜色 ▾ 特效设定为 0 【将（颜色）特效设定为（0）】：该积木的作用是将角色的颜色特效设置为指定值，默认值为 0。该积木的下拉菜单中还包括“鱼眼”“旋涡”“像素化”“马赛克”“亮度”和“虚像”等多种特效。其中，“鱼眼”特效是一种摄影或摄像技术，通过使用鱼眼镜头拍摄画面，呈现出一种弯曲、球面化的放大镜效果。
- 清除图形特效 【清除图形特效】：该积木的作用是清除所有为角色添加的图形特效，让角色恢复初始状态。

课程实现

下面将分步讲解如何实现“凸透镜的作用”。

（1）设置舞台背景为 Blue Sky 2（蓝色天空 2），并在舞台中添加水杯角色 Glass Water（水杯）和文字角色 Heart Candy（心形糖果）。在水杯角色的“造型”选项卡的 glass water-b 造型中，使用“选择”工具选中水杯中的灰色杯体并删除。此时背景和角色的效果如图 5.63 所示。

（2）为水杯角色 Glass Water 添加两组积木，如图 5.64 和图 5.65 所示。

图5.63 背景和角色

图5.64 Glass Water的第1组积木

图5.65 Glass Water的第2组积木

功能讲解

Glass Water 的第 1 组积木用于初始化 Glass Water 角色的位置；Glass Water 的第 2 组积木用于实现当 Glass Water 角色被点击后，让 Glass Water 角色跟随鼠标指针进行移动的操作。

（3）为文字角色 Heart Candy 添加一组积木，如图 5.66 所示。

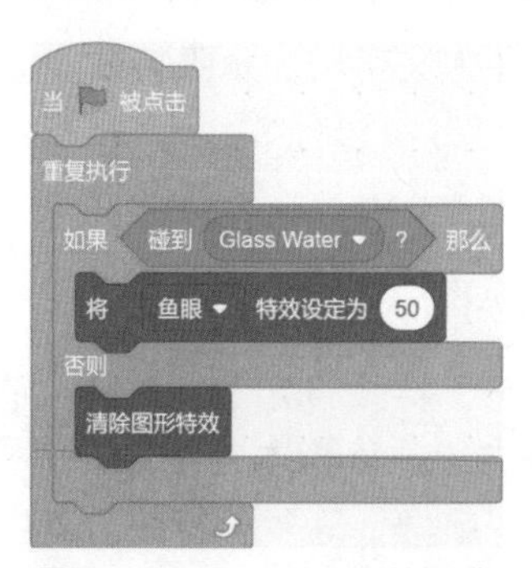

图5.66 Heart Candy的积木

功能讲解

Heart Candy 的积木用于检测 Heart Candy 角色是否碰到了 Glass Water 角色。如

果碰到了，就为 Heart Candy 角色添加“鱼眼”特效；如果没有碰到，则清除文字角色的所有图形特效。

（4）程序运行后，使用鼠标点击水杯角色 Glass Water 的头部，该角色就会跟随鼠标指针移动。当水杯角色 Glass Water 碰到文字角色 Heart Candy 后，文字呈现“鱼眼”特效，如图 5.67 所示；当水杯角色 Glass Water 移出文字角色 Heart Candy 后，“鱼眼”特效消失。

图5.67　凸透镜的作用

5.9 击飞的棒球：旋涡特效

在棒球比赛中，全垒打（又称本垒打）是一场比赛中非常精彩的部分。它是指棒球被击球手击飞到场外，击球员依次跑过一、二、三垒，并安全回到本垒的进攻方法。在本课程中，将实现一个精彩的全垒打击球场景——将棒球击飞。

扫一扫，看视频

基础知识

本课程要新学习到以下积木。

- 将 旋涡 ▾ 特效增加 25 【将（旋涡）特效增加（25）】：该积木是【将（颜色）特效增加（25）】积木的备用选项，通过下拉菜单选择。其作用是为角色增加指定值的“旋涡”特效，默认值为 25。“旋涡”特效能够将角色转化为旋转的形状，给人一种旋转或旋风的感觉。

课程实现

下面将分步讲解如何实现“击飞的棒球”。

（1）设置舞台背景为 Blue Sky（蓝色的天空），并在舞台中添加棒球角色 Baseball（棒球）、投球手角色 Pitcher（投球手）和击球手角色 Batter（击球手），效果如图 5.68 所示。

图5.68　背景和角色

（2）为棒球角色 Baseball 添加 4 组积木，如图 5.69~ 图 5.72 所示。

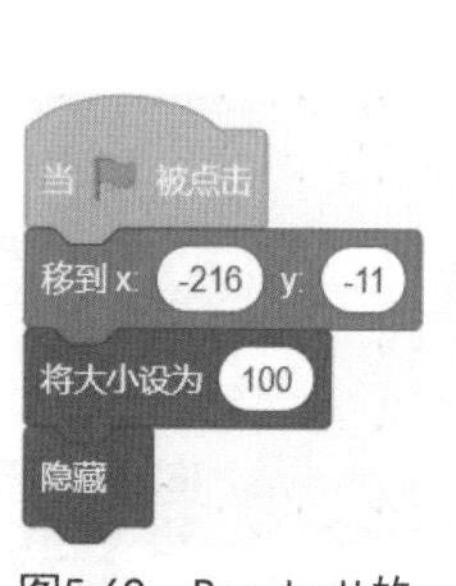

图5.69　Baseball的第1组积木

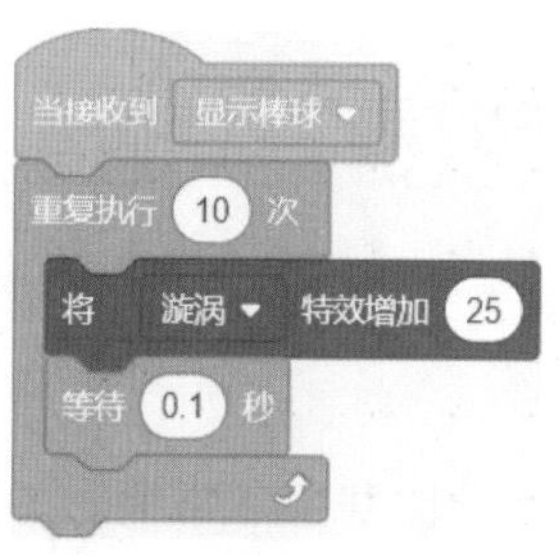

图5.70　Baseball的第2组积木

图5.71　Baseball的第3组积木

图5.72　Baseball的第4组积木

功能讲解

Baseball 的第 1 组积木用于初始化 Baseball 角色的位置和大小，让其位于 Pitcher 角色的上方并“隐藏”；Baseball 的第 2 组积木用于在接收到“显示棒球”的消息后为棒球添加“旋涡”特效；Baseball 的第 3 组积木用于在接收到“显示棒球”的消息后显示 Baseball 角色，并让该角色移动到 Batter 角色附近，然后再移动到天空，形成 Baseball 角色被击飞的效果；Baseball 的第 4 组积木用于在接收到“显示棒球”的消息后，让 Baseball 角色不断变小，用于模拟 Baseball 角色飞远后，尺寸随之变小的效果。

（3）为投球手角色 Pitcher 添加两组积木，如图 5.73 和图 5.74 所示。

图5.73 Pitcher的第1组积木

图5.74 Pitcher的第2组积木

功能讲解

Pitcher 的第 1 组积木用于初始化 Pitcher 角色的位置和造型，并通过对话框提示用户点击它；Pitcher 的第 2 组积木用于在 Pitcher 角色被点击后依次切换造型形成投球动作，并且广播“显示棒球”的消息。

（4）为击球手角色 Batter 添加两组积木，如图 5.75 和图 5.76 所示。

图5.75 Batter的第1组积木

图5.76 Batter的第2组积木

功能讲解

Batter 的第 1 组积木用于初始化 Batter 角色的位置和造型；Batter 的第 2 组积木用于在 Batter 角色被点击后依次切换造型形成击球动作。

（5）程序运行后，投球手角色 Pitcher 会提示用户点击它进行投球。点击投球手角色 Pitcher 后，他将做出投球动作，棒球角色 Baseball 飞向击球手角色 Batter。而击球手角色 Batter 会做出击球动作，让棒球角色 Baseball 飞远。在移动的过程中，棒球角色 Baseball 会伴随着旋转和“旋涡”特效，并且随着距离越来越远逐渐变小，效果如图 5.77 所示。

图5.77　击飞的棒球

5.10 我的世界：像素化特效

扫一扫，看视频

《我的世界》是一款描绘由许多方块组成的像素世界的游戏。在这个游戏中，玩家可以探索、交互并改变这个世界。他们需要采集矿石，与敌对生物战斗，以及收集游戏中的各种资源来合成新的方块与工具。在本课程中，将让小猫进入这个像素化的世界中，实现从现实世界进入像素世界的效果。

基础知识

本课程要新学习到以下积木。

- 将 像素化 特效增加 25 【将（像素化）特效增加（25）】：该积木是【将（颜色）特效增加（25）】积木的备用选项，通过下拉菜单选择。其作用是为角色增加指定值的“像素化”特效，默认值为 25。“像素化”特效能够将角色转化为由像素点组成的图像。

课程实现

下面将分步讲解如何实现“我的世界”。

（1）设置舞台背景为 Blue Sky（蓝色的天空）和 Neon Tunnel（银光色隧道），并在舞台中添加小猫角色 Cat（小猫）和通道角色 Button2（按钮 2）。在通道角色 Button2 的“造型”选项卡中，使用“文本”工具添加“我的世界”文本内容。选择背景为 Blue Sky 并调整角色位置，效果如图 5.78 所示。

图5.78　背景和角色

（2）为小猫角色 Cat（猫）添加 4 组积木，如图 5.79~ 图 5.82 所示。

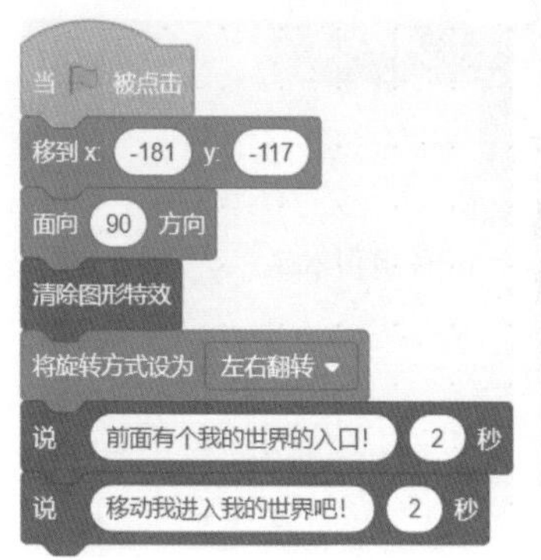

图5.79　Cat的第1组积木

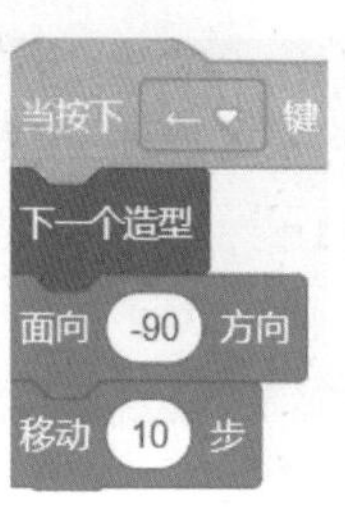

图5.80　Cat的第2组积木

图5.81　Cat的第3组积木

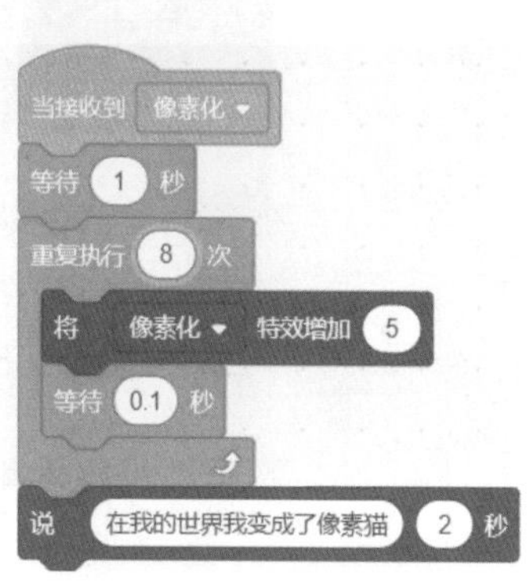

图5.82　Cat的第4组积木

功能讲解

Cat 的第 1 组积木用于初始化 Cat 角色的位置、方向、清除特效及旋转方式，并使用对话框显示“前面有个我的世界的入口！”和“移动我进入我的世界吧！”来提示如何进入“我的世界”；Cat 的第 2 组积木的作用是当按下向左的方向键后，控制 Cat 角色向左移动；Cat 的第 3 组积木的作用是当按下向右的方向键后，控制 Cat 角色向右移动；Cat 的第 4 组积木用于在接收到“像素化”的消息后等待 1 秒，然后重复执行 8 次“像素化”的操作，实现 Cat 角色在进入“我的世界”后逐步像素化的效果，并在最后通过对话框显示“在我的世界我变成了像素猫”。

（3）为通道角色 Button2 添加两组积木，如图 5.83 和图 5.84 所示。

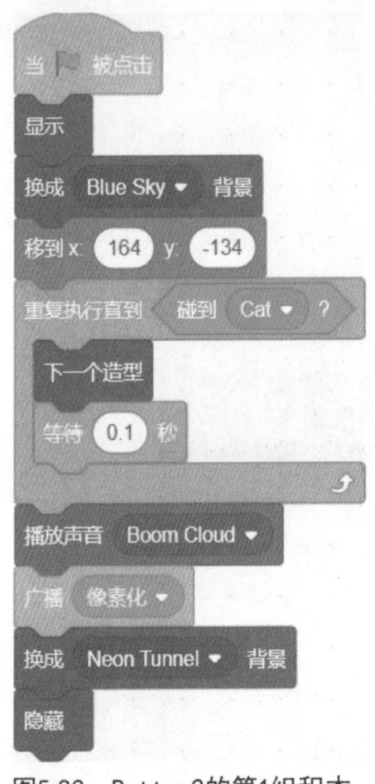

图5.83　Button2的第1组积木

图5.84　Button2的第2组积木

功能讲解

Button2 的第 1 组积木用于初始化 Button2 角色的显示状态、造型和位置，然后通过重复执行的方式检测是否碰到了 Cat 角色。如果没有碰到，就一直切换造型，形成闪烁的通道效果；如果碰到了 Cat 角色，就停止闪烁，播放声音并广播“像素化”的消息。最后，切换背景为 Neon Tunnel 后“隐藏”Button2 角色。Button2 的第 2 组积木用于通过重复执行的方式播放背景音乐，其等待的时长与播放声音的时长相同。

（4）为“我的世界”的背景 Neon Tunnel 添加一组积木，如图 5.85 所示。

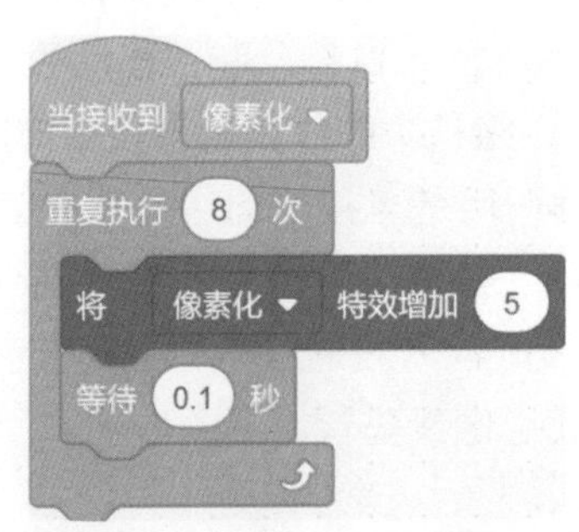

图5.85　Neon Tunnel的积木

功能讲解

Neon Tunnel 的积木用于在接收到“像素化”的消息后将背景逐渐像素化，用于模拟“我的世界”的像素环境。

（5）程序运行后，小猫角色 Cat 会发现一个闪烁的“我的世界”的入口，使用方向键控制小猫角色 Cat 进入“我的世界”，然后背景会变为“我的世界”的像素环境，小猫角色 Cat 也会逐步像素化，效果如图 5.86 所示。

图5.86　我的世界

5.11 美颜相机：亮度和虚像特效

在移动互联网时代，每个人的手机都配备了相机功能，使人们能够随时随地拍照。为了让照片更加美观，手机的相机还提供了美颜等功能。在本课程中，将实现相机的美白和虚化背景的美颜效果。

扫一扫，看视频

基础知识

本课程要新学习到以下两个积木。

- 将 亮度 特效增加 25 【将（亮度）特效增加（25）】：该积木是【将（颜色）特效增加（25）】积木的备用选项，通过下拉菜单选择。其作用是为角色增加指定值的“亮度”特效，默认值为 25。“亮度”特效能够提升角色的亮度，从而实现美白效果。
- 将 虚像 特效增加 25 【将“虚像”特效增加（25）】：该积木也是【将（颜色）特效增加（25）】积木的备用选项，通过下拉菜单选择。其作用是为角色增加指定值的“虚像”特效，默认值为 25。“虚像”特效能够虚化角色，当虚化到一定程度时，就会显示为纯白色。

课程实现

下面将分步讲解如何实现“美颜相机”。

（1）设置舞台背景为 Castle1（城堡 1），并在舞台中添加公主角色 Princess（公主）、美白按钮角色 Button2（按钮 2）和虚化背景按钮角色 Button3（按钮 3）。其中，这两个按钮来自角色库中的 Button2，只是重复添加两个按钮后自动改名为 Button3。在两个按钮的“造型”选项卡中，使用“文本”工具分别添加“美白”和“虚化背景”两个文本内容。调整角色位置后，背景和角色的效果如图 5.87 所示。

（2）为美白按钮角色 Button2 和虚化背景按钮角色 Button3 分别添加一组积木，如图 5.88 和图 5.89 所示。

图5.87 背景和角色

图5.88 Button2的积木

图5.89 Button3的积木

功能讲解

Button2 的积木用于在用户按下 Button2 角色后广播“美白”的消息；Button3 的积木用于在用户按下 Button3 角色后广播“虚化”的消息。

（3）为公主角色 Princess 添加两组积木，如图 5.90 和图 5.91 所示。

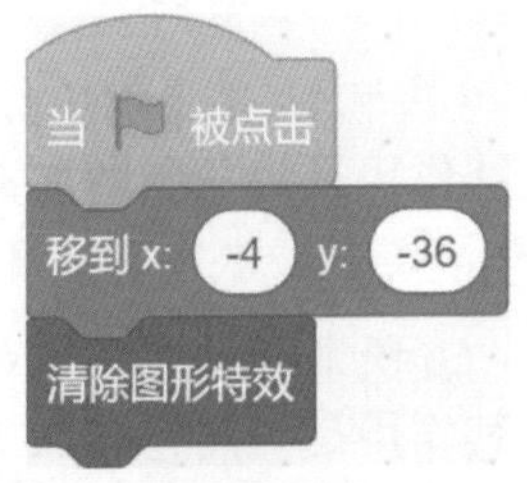

图5.90 Princess的第1组积木

图5.91 Princess的第2组积木

功能讲解

Princess 的第 1 组积木用于初始化 Princess 角色的位置，并清除角色的所有图形特效。Princess 的第 2 组积木用于在每接收到一次“美白”的消息后，为 Princess 角色的“亮度”增加 2，即为公主增加“美白”特效。

（4）为背景 Castle1 添加一组积木，如图 5.92 所示。

图5.92　Castle1的积木

功能讲解

Castle1 的积木用于在每接收到一次“虚化”的消息后，为背景的“虚像”特效增加 3，即虚化 Princess 角色的背景。

（5）程序运行后，单击“美白”按钮，提高公主角色 Princess 的亮度，使其看起来更白。单击“虚化背景”按钮，虚化公主角色 Princess 的背景，使背景看起来更模糊，效果如图 5.93 所示。

图5.93　美颜相机

5.12 排队购买冰激凌：设置角色的图层

冰激凌是以饮用水、牛奶、奶粉、奶油（或植物油脂）、食糖等为主要原料，再加入适量食品添加剂，经过混合、灭菌、均质、老化、凝冻、硬化等工艺制成的体积膨胀的冷冻食品。美味的冰激凌是夏天必不可少的消暑食物，在大街小巷

都能看到贩卖冰激凌的地方。在本课程中，将实现排队购买冰激凌的过程。

基础知识

本课程要新学习到以下积木。

- 移到最 前面▾【移到最（前面）】：该积木的作用是让角色移动到舞台图层的最前面或最后面，默认情况下，是将角色移动到最前面。通过下拉菜单，可以选择将角色移动到最后面的选项。该积木主要用于解决多个角色重合时的图层问题。在 Scratch 中，当角色重合之后，系统会按照角色重合的先后顺序为它们分配不同的图层。
- 前移▾ 1 层【（前移）（1）层】：该积木的作用是让角色前移或后移指定的层数，默认情况下，是将角色所在的图层前移 1 层。通过下拉菜单，可以选择将角色后移的选项。数值可以指定前移或后移的层数。该积木也用于解决多个角色重合时的图层问题。通过该积木，可以确定当角色重合时，哪个角色在前，哪个角色在后。

课程实现

下面将分步讲解如何实现“排队购买冰激凌”。

（1）设置舞台背景为 Urban（城市），并在舞台中添加冰激凌车角色 Food Truck（快餐车）、1 号小朋友角色 Dani、2 号小朋友角色 Fairy 和 3 号小朋友角色 Dee。将 Dani 角色的大小设置为 40，将 Fairy 角色和 Dee 角色的大小设置为 50，调整位置后的效果如图 5.94 所示。

（2）为冰激凌车角色 Food Truck 添加一组积木，如图 5.95 所示。

图5.94　背景和角色

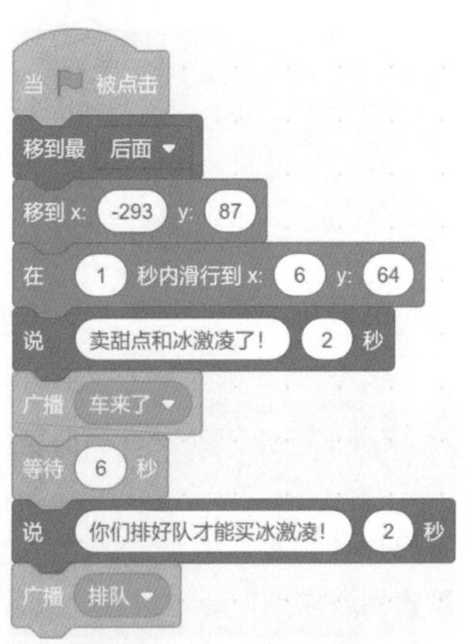

图5.95　Food Truck的积木

功能讲解

Food Truck 的积木用于设置 Food Truck 角色的图层，并初始化 Food Truck 角色的位置；然后，让 Food Truck 角色移动到街道旁并通过对话框显示“卖甜点和冰激凌了！”的消息；接着，广播“车来了”的消息，并等待 6 秒期待顾客上门买冰激凌；最后，通过对话框显示“你们排好队才能买冰激凌！”并广播“排队”的消息。

（3）为 1 号小朋友角色 Dani 添加 3 组积木，如图 5.96~ 图 5.98 所示。

图5.96 Dani的第1组积木

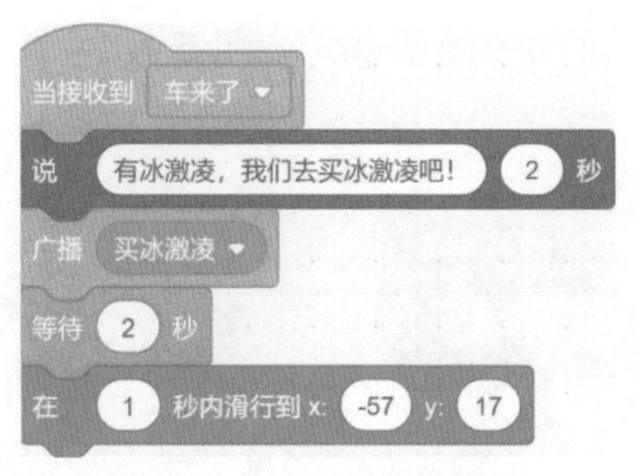

图5.97 Dani的第2组积木

图5.98 Dani的第3组积木

功能讲解

Dani 的第 1 组积木用于初始化 Dani 角色的旋转方式、方向、位置和所在图层。Dani 的第 2 组积木用于在接收到“车来了”的消息后，通过对话框显示“有冰激凌，我们去买冰激凌吧！”来招呼小朋友一起去买冰激凌，并广播“买冰激凌”的消息；等待 2 秒后移动到 Food Truck 角色前。此时，Dani 角色会和其他小朋友重合，并且 Dani 角色的图层为最外层。Dani 的第 3 组积木用于在接收到“排队”的消息后，移动到指定位置排队。由于 Dani 角色的图层为最外层，所以保持图层不变。

（4）为 2 号小朋友角色 Fairy 添加 3 组积木，如图 5.99~ 图 5.101 所示。

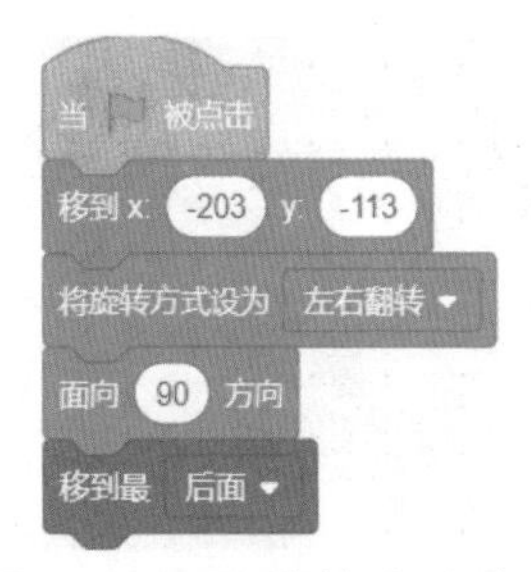

图5.99 Fairy的第1组积木

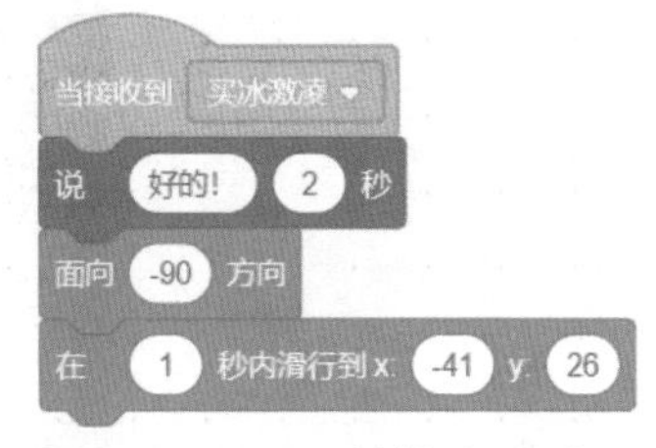

图5.100 Fairy的第2组积木

图5.101 Fairy的第3组积木

功能讲解

Fairy 的第 1 组积木用于初始化 Fairy 角色的位置、旋转方式、方向和所在图层。Fairy 的第 2 组积木用于在接收到“买冰激凌”的消息后，通过对话框显示“好的！”来答应小朋友的邀请，然后旋转方向移动到 Food Truck 角色前。此时，Fairy 角色会和其他小朋友重合，并且 Fairy 角色的图层为第 2 层，位于 Dani 角色身后。Fairy 的第 3 组积木用于在接收到“排队”的消息后移动到指定位置排队，此时 Fairy 角色的图层为第 2 层且保持图层不变。

（5）为 3 号小朋友角色 Dee 添加 3 组积木，如图 5.102~ 图 5.104 所示。

图5.102　Dee的第1组积木

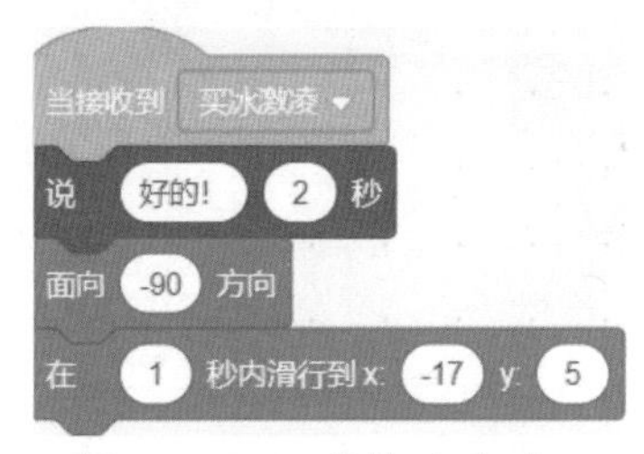

图5.103　Dee的第2组积木

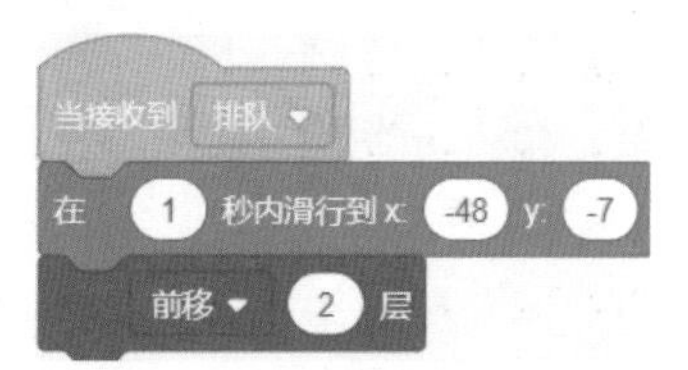

图5.104　Dee的第3组积木

功能讲解

Dee 的第 1 组积木用于初始化 Dee 角色的位置、旋转方式、方向和所在图层。Dee 的第 2 组积木用于在接收到“买冰激凌”的消息后，通过对话框显示“好的！”来答应小朋友的邀请，然后旋转方向移动到 Food Truck 角色前。此时，Dee 角色会和其他小朋友重合，并且 Dee 角色的图层为第 3 层，位于 Fairy 角色身后。Dee 的第 3 组积木用于在接收到“排队”的消息后移动到指定位置排队，由于 Dee 角色的身高最低，并且排在最后，所以需要通过设置图层的方式调整排队的位置，让 Dee 角色前移 2 层，使 Dee 角色位于队列的最前面。

（6）程序运行后，冰激凌车角色 Food Truck 驶入街道，小朋友一拥而上去买冰激凌。冰激凌车角色 Food Truck 的要求是排队才能买冰激凌，小朋友听到后按照身高进行了排队，效果如图 5.105 所示。

图5.105　排队购买冰激凌

第6章

角色与声音

在跳舞时，如果不播放音乐，那么舞蹈看起来会十分怪异。只有将合适的音乐作为背景，才能更好地展现舞蹈的魅力。声音可以刺激用户的听觉，增加用户的代入感。在Scratch程序中，同样如此。本章将详细讲解控制声音相关积木，使程序更加生动有趣。

6.1 举办生日派对：播放声音并等待播完

扫一扫，看视频

过生日就是庆祝一个人出生的日子，也是纪念日，纪念着一个人来到这个世界。在中国传统中，生日时吃长寿面和鸡蛋，而现在大多数人选择用蛋糕和蜡烛来庆祝。在本课程中，将实现过生日吹蜡烛的效果。

基础知识

本课程要新学习到以下积木。

- 播放声音 喵 ▾ 等待播完【播放声音（喵）等待播完】：该积木的作用是播放指定的声音，并且需要等待声音播放完成后才能执行后续的积木，默认情况下，播放的声音为“喵”。在不同的角色上使用该积木时，它会默认播放角色自带的声音。

课程实现

下面将分步讲解如何实现“举办生日派对”。

（1）设置舞台背景为 Party（派对），并在舞台中添加生日蛋糕角色 Cake（蛋糕）、妈妈角色 Avery（艾弗里）和小女孩角色 Ballerina（芭蕾舞女演员），效果如图 6.1 所示。

（2）为生日蛋糕角色 Cake 添加一组积木，如图 6.2 所示。

图6.1　背景和角色

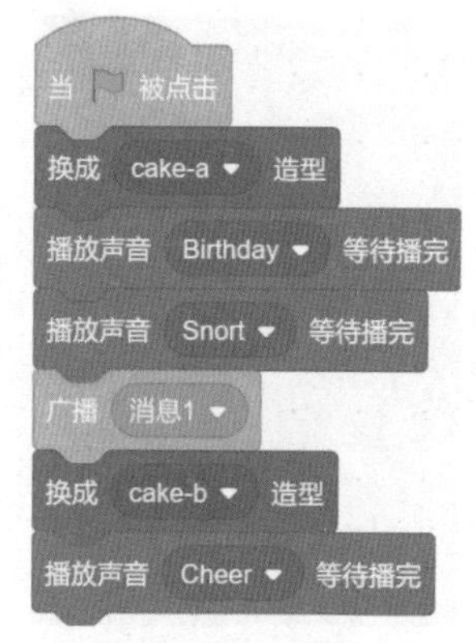

图6.2　Cake的积木

功能讲解

Cake 的积木首先初始化 Cake 角色的造型，模拟 Cake 角色的蜡烛被点燃的效果；然后播放声音 Birthday，播放完成后播放声音 Snort，用于模仿吹蜡烛的效果；接着广播“消息 1”，并切换 Cake 角色的造型，用于模拟蜡烛被吹灭的效果；最后播放欢呼声 Cheer。

（3）为妈妈角色 Avery 添加两组积木，如图 6.3 和图 6.4 所示。

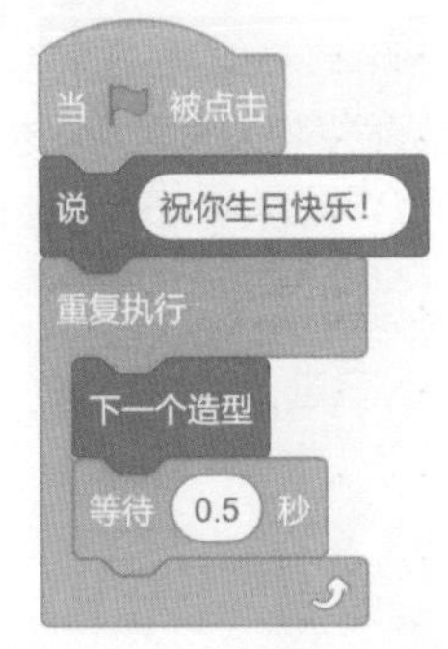

图6.3　Avery的第1组积木

图6.4　Avery的第2组积木

功能讲解

Avery 的第 1 组积木用于通过对话框显示“祝你生日快乐！”来展示 Avery 角色的祝福，并在播放生日歌的期间不断切换造型，用挥手的动作表示祝福；Avery 的第 2 组积木用于在接收到“消息 1”，即生日歌播放完成后，停止挥手的动作。

（4）为小女孩角色 Ballerina 添加一组积木，如图 6.5 所示。

图6.5　Ballerina的积木

功能讲解

Ballerina 的积木用于在接收到“消息 1”，即生日歌播放完成后，通过对话框显示“谢谢！”来表达对 Avery 角色的感谢。

（5）程序运行后，生日蛋糕角色 Cake 的蜡烛会被点燃并播放生日歌。生日歌播放完成后，蜡烛被吹灭。小女孩角色 Ballerina 感谢妈妈角色 Avery 的祝福，效果如图 6.6 所示。

图6.6　举办生日派对

6.2 等公交车：设置音量

扫一扫，看视频

公交是指服务于城市道路或乡村道路的公共交通。公交是以公共汽车线路和郊区线路为主，以快速公交、长途线路、定制公交和旅游线路为辅而运行的系统。在日常生活中，人们经常需要乘坐公交车出行。由于公交车是定点发车，所以需要在公交站等待公交车。在本课程中，将实现公交车进入站台时的声音效果。

基础知识

本课程要新学习到以下积木。

- 将音量设为 100 %【将音量设为（100）%】：该积木的作用是指定播放声音的音量百分比，默认情况下为 100%，表示最大的音量。它一般用于初始化声音的音量或直接设置播放声音的音量大小。
- 将音量增加 -10【将音量增加（–10）】：该积木的作用是增加或减少音量的百分比。默认情况下是减少 10 的音量。声音传播受距离影响，距离越远则声音越小，距离越近则声音越大。所以，通过该积木可以改变声音的大小，间接表达两个角色之间的距离发生了变化。

课程实现

下面将分步讲解如何实现“等公交车”。

（1）设置舞台背景为 Night City With Street（城市夜晚的街道），并在舞台中添加公交车角色 City Bus（城市巴士）和小女孩角色 Ballerina（芭蕾舞女演员）。设置公交车角色 City Bus 和小女孩角色 Ballerina 的大小为 50，调整角色位置，效果如图 6.7 所示。

图6.7　背景和角色

（2）为小女孩角色 Ballerina 添加两组积木，如图 6.8 和图 6.9 所示。

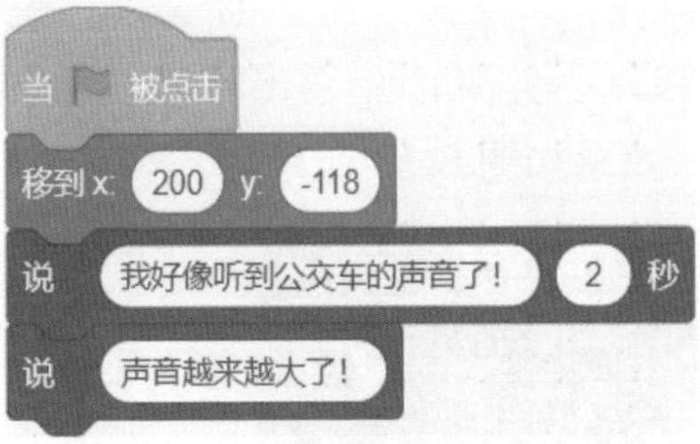

图6.8　Ballerina的第1组积木

图6.9　Ballerina的第2组积木

功能讲解

Ballerina 的第 1 组积木用于初始化 Ballerina 角色的位置，然后通过对话框显示“我好像听到公交车的声音了！”和“声音越来越大了！”来表示她听到了 City Bus 角色的声音，以及 City Bus 角色的声音慢慢变大了；Ballerina 的第 2 组积木用于在接收到“消息 1”后，通过对话框显示“公交车到了！”。

（3）为公交车角色 City Bus 添加 3 组积木，如图 6.10~ 图 6.12 所示。

图6.10　City Bus的第1组积木　　图6.11　City Bus的第2组积木

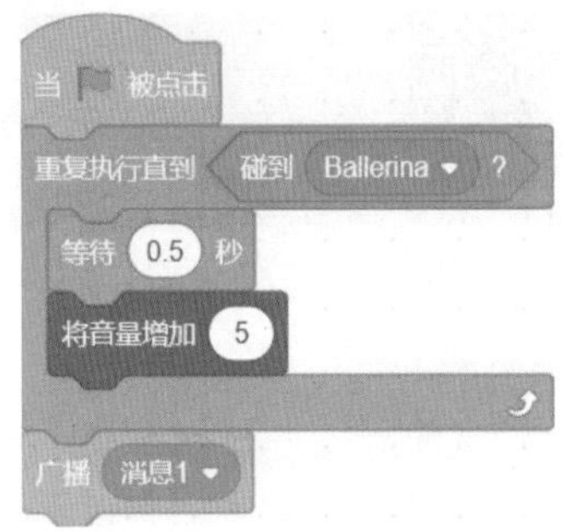

图6.12　City Bus的第3组积木

功能讲解

City Bus 的第 1 组积木用于设置 City Bus 角色发出的声音（car vroom）的音量为 0。然后重复播放 City Bus 角色的声音 car vroom，直到碰到 Ballerina 角色后结束循环。City Bus 的第 2 组积木用于初始化 City Bus 角色的位置，然后在 20 秒内滑行到公交车站（Ballerina 角色等车的位置）。City Bus 的第 3 组积木用于重复执行声音 car vroom 音量增加 5 的操作，直到碰到 Ballerina 角色后结束循环，最后广播“消息 1”。

（4）程序运行后，公交车角色 City Bus 会不断向右移动，并且发出声音。声音的音量会随着角色自身与小女孩角色 Ballerina 的距离变小而不断变大。当碰到小女孩角色 Ballerina 后，公交车角色 City Bus 停止移动，并且停止发出声音。此时，小女孩角色 Ballerina 通过对话框显示"公交车到了！"，效果如图 6.13 所示。

图6.13　等公交车

6.3 消除图书馆里的噪声：停止所有声音

扫一扫，看视频

图书馆是一个搜集、整理、收藏图书资料以供人阅览、参考的场所。早在公元前 3000 年，图书馆就开始存在了。在图书馆内，人们要严格遵守图书馆的管理条例。例如，入馆要保持室内安静，并将手机等电子设备关机或调为静音状态；在馆内要轻声交谈，以免影响他人阅读等。在本课程中，将解决图书馆里的噪声问题。

基础知识

本课程要新学习到以下积木。

- 停止所有声音【停止所有声音】：该积木的作用是停止当前播放的所有声音。需要注意的是，使用一次该积木只能停止一个正在播放的声音。如果有新的声音等待播放，当程序执行到对应的积木时会播放新的声音。

课程实现

下面将分步讲解如何实现"消除图书馆里的噪声"。

（1）设置舞台背景为 Room 1（房间 1），并在舞台中添加管理员角色 Avery Walking（正在走路的艾弗里）、舞者角色 Champ99（冠军 99）和收音机角色 Radio（收音机），效果如图 6.14 所示。

图6.14 背景和角色

（2）为管理员角色 Avery Walking 添加两组积木，如图 6.15 和图 6.16 所示。

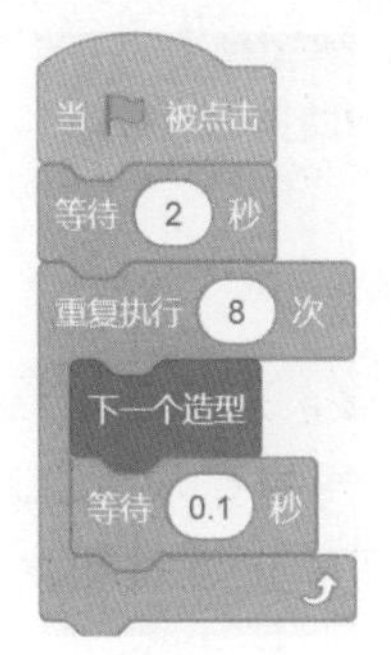

图6.15 Avery Walking的第1组积木

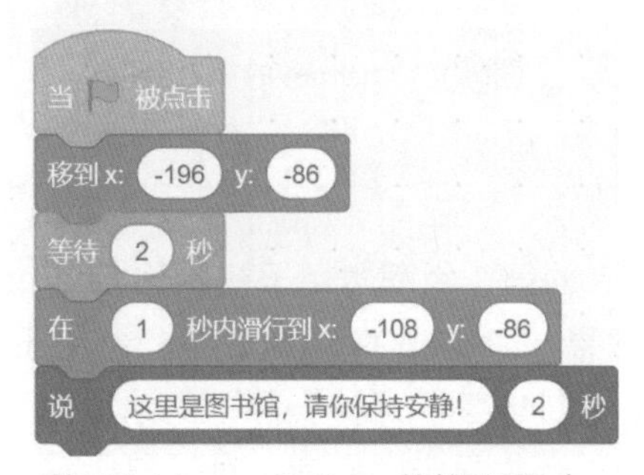

图6.16 Avery Walking的第2组积木

功能讲解

Avery Walking 的第 1 组积木用于在等待 2 秒后通过重复执行 8 次的方式模拟 Avery Walking 角色走路；Avery Walking 的第 2 组积木用于初始化 Avery Walking 角色的位置，等待 2 秒后移动到指定位置，并通过对话框显示“这里是图书馆，请你保持安静！”来告知 Champ99 角色要保持安静。

（3）为舞者角色 Champ99 添加 3 组积木，如图 6.17~图 6.19 所示。

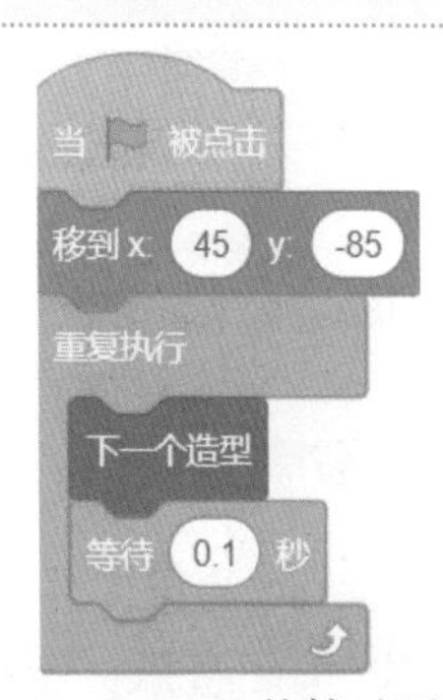

图6.17 Champ99的第1组积木

图6.18 Champ99的第2组积木

图6.19 Champ99的第3组积木

功能讲解

Champ99 的第 1 组积木用于初始化 Champ99 角色的位置，并通过重复执行的方式模拟跳舞的效果；Champ99 的第 2 组积木用于不断地播放跳舞的音乐；Champ99 的第 3 组积木用于在接收到“保持安静”的消息后切换造型，然后停止跳舞和跳舞音乐的播放，最后通过对话框显示“好吧！对不起！”来道歉。

（4）为收音机角色 Radio 添加 3 组积木，如图 6.20~ 图 6.22 所示。

图6.20 Radio的第1组积木

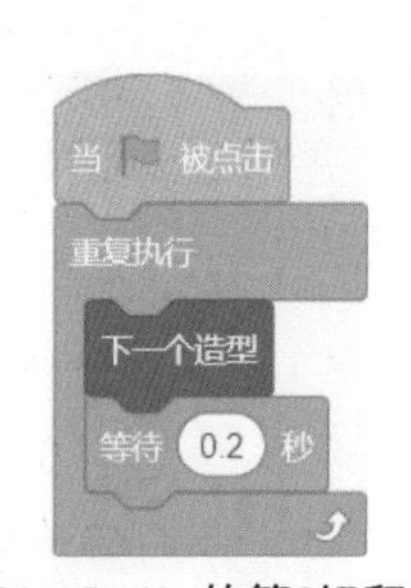

图6.21 Radio的第2组积木

图6.22 Radio的第3组积木

功能讲解

Radio 的第 1 组积木用于通过对话框显示“点我关闭音乐”提示用户点击 Radio 角色可以关闭音乐；Radio 的第 2 组积木用于通过重复执行的方式不断地切换造型，用于模拟 Radio 角色播放音乐；Radio 的第 3 组积木用于在 Radio 角色被点击后，重复执行停止所有播放的声音，然后停止该角色的其他脚本，最后广播“保持安静”的消息。

（5）程序运行后，舞者角色 Champ99 会在图书馆里跳舞，并发出巨大的噪声。管理员角色 Avery Walking 会出面进行干预，并告诉他应该保持安静。此时，用户可以使用鼠标点击收音机角色 Radio 关闭音乐，最后舞者角色 Champ99 会通过对话框显示“好吧！对不起！”来表示抱歉，效果如图 6.23 所示。

图6.23　消除图书馆里的噪声

6.4 歌唱家展示不同的音调：音调音效和清除音效

声音是通过振动产生的，振动的频率称为音调。振动频率越高，音调越高，声音越尖锐；相反，振动频率越低，音调越低，声音越浑厚。一般来说，小孩子的音调要比成年人的音调高，这是由于小孩子的声带相对成年人较小，因此在发声时声带的振动速度更快。在本课程中，将实现不同年龄的人唱歌的效果。

扫一扫，看视频

基础知识

本课程要新学习到以下积木。

- 将 音调 音效设为 100【将（音调）音效设为（100）】：该积木的作用是设置声音的“音调”，默认情况下设置为 100。当将音调设置为 0 时，声音会保持原本的音调。通过该积木的下拉菜单还可以调整声音的左右平衡，用于控制声音的“左右平衡”音效。当值为负数时偏向右声道，当值为正数时偏向左声道。
- 将 音调 音效增加 10【将（音调）音效增加（10）】：该积木的作用是增加或降低声音的音调。默认情况下将音调的音效增加 10。该积木的下拉菜单也包含“左右平衡”音效，选中该音效后可以通过正数或负数平衡声音的左右声道。

- 清除音效【清除音效】：该积木的作用是清除声音附加的所有音效，使声音保持原始状态。

课程实现

下面将分步讲解如何实现“歌唱家展示不同的音调”。

（1）设置舞台背景为 Theater（剧院），并在舞台中添加中年歌唱家角色 Singer1（歌唱家 1）、青年歌手角色 Ruby（红宝石）和儿童歌手角色 Ballerina（芭蕾舞女演员），效果如图 6.24 所示。

图6.24　背景和角色

（2）为中年歌唱家角色 Singer1 添加两组积木，如图 6.25 和图 6.26 所示。

图6.25　Singer1的第1组积木

图6.26　Singer1的第2组积木

功能讲解

Singer1 的第 1 组积木用于清除所有音效，然后通过对话框显示“我是成年人，音调较低，声音浑厚”来介绍 Singer1 角色的声音特色；接着设置“音调”音效为 0 并播放唱歌的声音，最后广播“消息 1”；Singer1 的第 2 组积木用于在 Singer1 角色被点击后，将声音的“音调”音效增加 10，然后播放声音。

（3）为青年歌手角色 Ruby 添加 3 组积木，如图 6.27~ 图 6.29 所示。

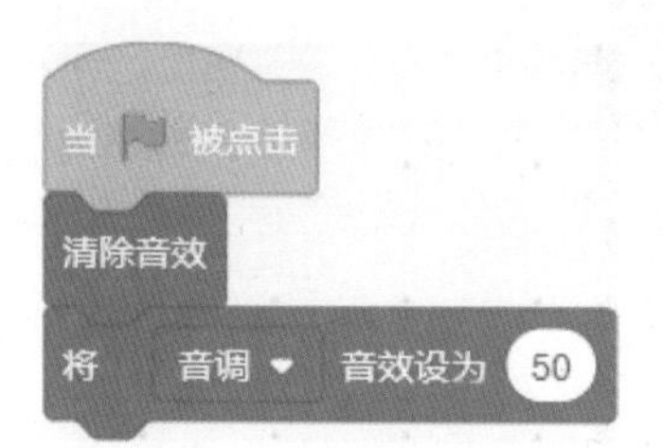

图6.27 Ruby的第1组积木

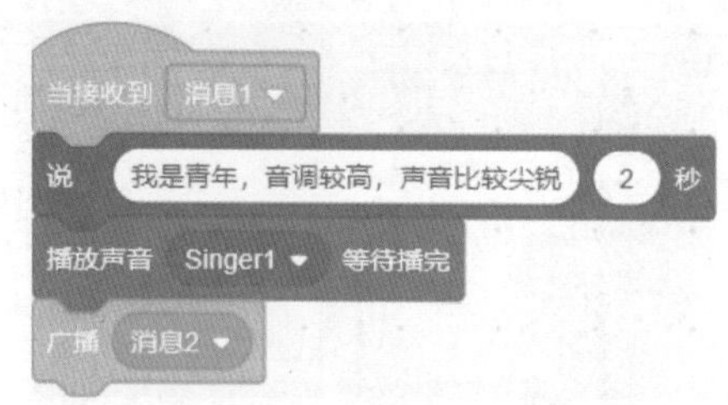

图6.28 Ruby的第2组积木

图6.29 Ruby的第3组积木

功能讲解

Ruby 的第 1 组积木用于清除所有音效，并设置“音调”音效为 50；Ruby 的第 2 组积木用于在接收到“消息 1”后，通过对话框显示“我是青年，音调较高，声音比较尖锐”来介绍 Ruby 角色的声音特色，然后播放声音，最后广播“消息 2”；Ruby 的第 3 组积木用于在 Ruby 角色被点击后，将声音的“音调”音效增加 10，然后播放声音。

（4）为儿童歌手角色 Ballerina 添加 3 组积木，如图 6.30~ 图 6.32 所示。

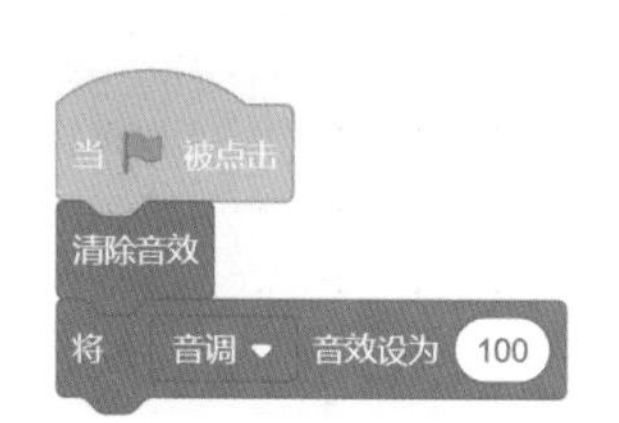

图6.30 Ballerina的第1组积木

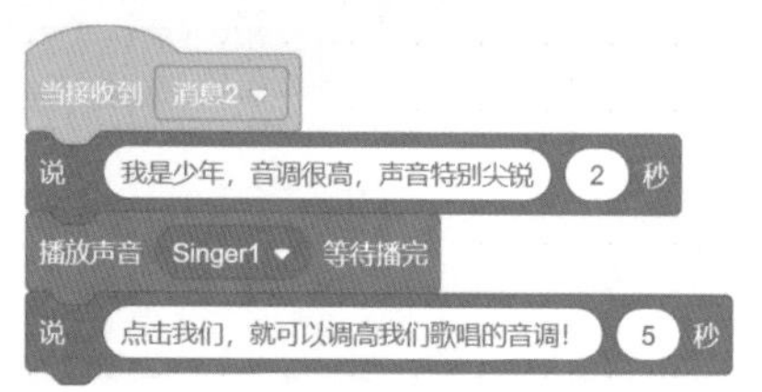

图6.31 Ballerina的第2组积木

图6.32 Ballerina的第3组积木

功能讲解

Ballerina 的第 1 组积木用于清除所有音效，并设置“音调”音效为 100。Ballerina 的第 2 组积木用于在接收到“消息 2”后，通过对话框显示“我是少年，音调很高，声音特别尖锐”来介绍 Ballerina 角色的声音特色，然后播放声音；最后通过对话框显示“点击我们，就可以调高我们歌唱的音调！”来提示用户可以点击每个角色为角色添加“音调”特效。Ballerina 的第 3 组积木用于在 Ballerina 角色被点击后，将声音的“音调”音效增加 10，然后播放声音。

（5）程序运行后，3 个角色可以依次介绍不同年龄人群的声音特色，并通过播放声音比较其中的不同。用户使用鼠标可以点击对应的角色为其声音增加“音调”音效，效果如图 6.33 所示。

图6.33　歌唱家展示不同的音调

6.5 受惊的兔子：当响度大于指定值

扫一扫，看视频

兔子在全球分布广泛，多见于荒漠、草原、干草原、森林及树林中。它们的性情温顺，喜欢在夜间活动，在白天却表现得十分安静。另外，兔子十分胆小，容易受到惊吓。在本课程中，将通过麦克风发出声音控制兔子的移动。

基础知识

本课程要新学习到以下积木。

- 当 响度 > 10【当（响度）>（10）】：该积木的作用是监听麦克风收到的声音响度。当响度大于指定值后，执行该积木后的所有积木，默认情况下监听的响度值为 10。利用该积木，用户可以通过发出声音的方式控制角色。

课程实现

下面将分步讲解如何通过声音控制“受惊的兔子”。

（1）设置舞台背景为 Savanna（热带稀树草原），并在舞台中添加兔子角色 Hare（野兔），效果如图 6.34 所示。

（2）为兔子角色 Hare 添加两组积木，如图 6.35 和图 6.36 所示。

图6.34　背景和角色

图6.35　Hare的第1组积木

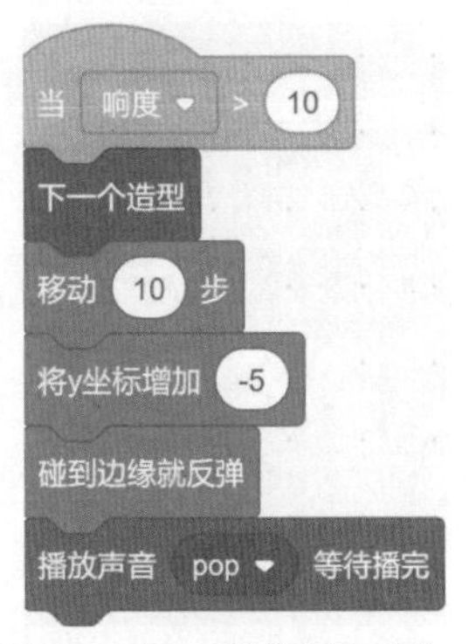

图6.36　Hare的第2组积木

功能讲解

Hare 的第 1 组积木用于初始化 Hare 角色的位置、造型、旋转方式和方向；Hare 的第 2 组积木的作用：首先，当麦克风收到的声音响度大于 10 时，让兔子切换为下一个造型并移动 10 步；然后，y 坐标减少 5，确保兔子在移动时显示在一条水平线上；接着，判断兔子是否碰到舞台边缘，如果碰到了就反弹；最后，在兔子每次移动时都发出声音。

（3）程序运行后，当用户发出的声音的响度大于 10 时，兔子就会以蹦跳的形式进行移动，效果如图 6.37 所示。

图6.37　受惊的兔子

注意：本节课程需要硬件设备自带麦克风，并且麦克风能正常使用。

第7章

侦测角色

侦测（也称为监听）的作用是观察一个目标的状态，并且根据其状态的变化做出相应反馈的行为。例如，老师上课期间会观察每名学生的状态，一般情况下是学生安静且认真地听讲。一旦发现有学生走神、打盹或说话，老师就会做出提醒学生的动作。在Scratch软件中，同样需要使用侦测功能，以判断角色状态是否发生了改变。本章将详细讲解与侦测角色状态相关的积木。

7.1 消灭虫子：碰到鼠标指针与随机数

当房间长时间没人居住或者长时间不打扫时，经常会出现很多虫子。这些虫子不仅会乱爬，还会咬人。我们需要尽早消灭它们。在本课程中，我们将学习如何使用鼠标消灭虫子。

扫一扫，看视频

基础知识

本课程要新学习到以下积木。

- 碰到 鼠标指针 ? 【碰到（鼠标指针）？】：该积木的作用是侦测当前对象是否碰到了鼠标指针、其他指定对象或者是舞台边缘。默认情况下，侦测的是当前对象是否碰到了鼠标指针。该积木为六边形的条件判断语句。
- 在 1 和 10 之间取随机数 【在（1）和（10）之间取随机数】：该积木的作用是在指定范围内产生一个随机数，默认情况下是在1~10中产生一个随机数。在使用该积木时，也可以设置产生随机数的范围。随机数可以让一切变得随机，不再具有明显的规律，如角色的移动、旋转和方向等。这样，程序会变得更加有趣。

课程实现

下面将分步讲解如何实现“消灭虫子”。

（1）设置舞台背景为 Bedroom3（卧室 3），并在舞台中添加虫子角色 Ladybug1（瓢虫 1），效果如图 7.1 所示。

图7.1　背景和角色

（2）为虫子角色 Ladybug1 添加 3 组积木，如图 7.2~ 图 7.4 所示。

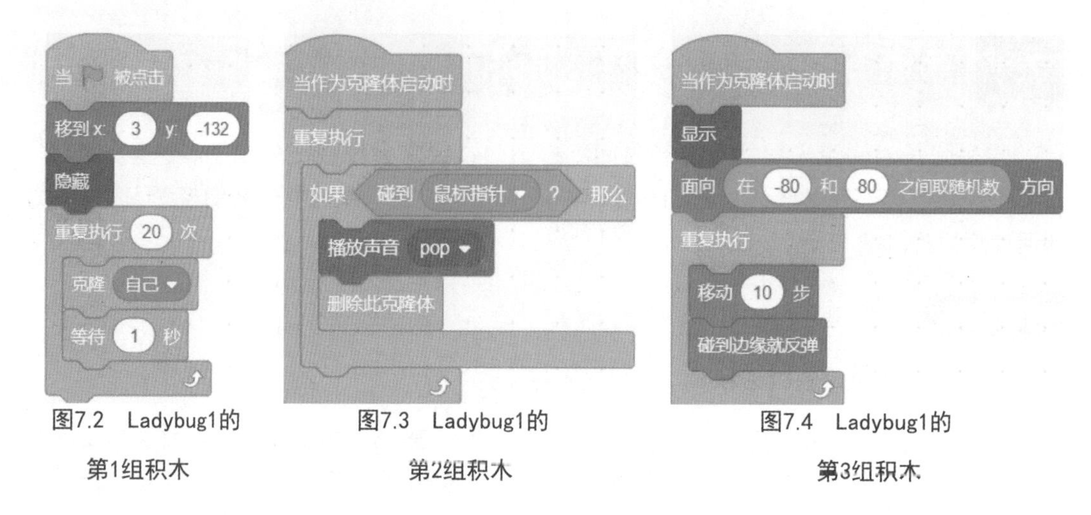

图7.2 Ladybug1的第1组积木　图7.3 Ladybug1的第2组积木　图7.4 Ladybug1的第3组积木

功能讲解

Ladybug1 的第 1 组积木用于初始化 Ladybug1 角色的位置，并隐藏 Ladybug1 角色，然后再克隆 20 只该角色；Ladybug1 的第 2 组积木用于判断克隆体角色是否碰到了鼠标指针，如果碰到了鼠标指针，就播放声音并删除克隆体角色；Ladybug1 的第 3 组积木用于显示克隆体角色，让克隆体角色面向舞台上方，然后通过重复执行的方式移动积木使克隆体角色移动。

（3）程序运行后，在舞台中会不断出现虫子角色 Ladybug1（包括克隆体角色），此时使用鼠标去触碰它就可以将对应的角色消灭，效果如图 7.5 所示。

图7.5 消灭虫子

7.2 消灭小球：碰到指定颜色

现在，空中悬浮着许多黄色小球。我们的任务是利用一个绿色小球，通过碰撞和反弹的方式，将空中的黄色小球全部消灭，同时确保绿色小球不会落到地面上。在本课程中，将实现这个有趣的小游戏。

扫一扫，看视频

基础知识

本课程要新学习到以下积木。

- 【碰到颜色 ? 】：该积木用于侦测当前角色是否碰到了指定的颜色。默认情况下，颜色为紫色，可以通过单击椭圆形的位置选择其他颜色。通过侦测颜色，可以实现精准侦测角色碰撞位置的效果。

课程实现

下面将分步讲解如何实现“消灭小球”。

（1）在舞台中添加黄色小球角色 Ball（球）、绿色小球角色 Ball2（球 2）、地面角色 Line（线）和反弹板角色 Paddle（船桨）。设置绿色小球角色 Ball2 的默认造型为 ball-d，效果如图 7.6 所示。

（2）为黄色小球角色 Ball 添加两组积木，如图 7.7 和图 7.8 所示。

图7.6　背景和角色

图7.7　Ball的第1组积木

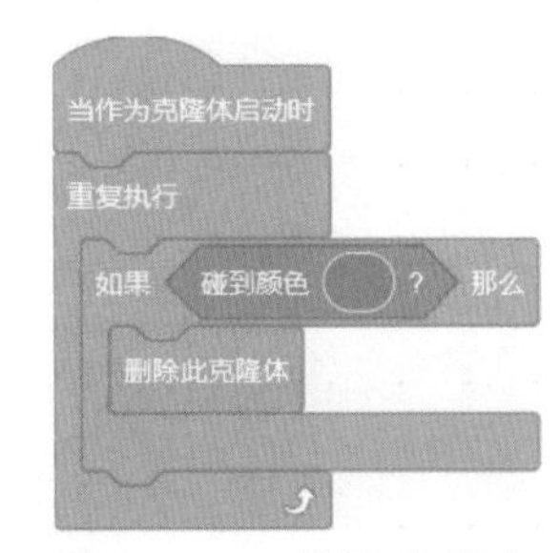

图7.8　Ball的第2组积木

功能讲解

Ball 的第 1 组积木用于初始化 Ball 角色的位置并显示该角色，然后通过重复执行的方式生成两行 Ball 角色（克隆体），最后隐藏 Ball 角色本体，效果如图 7.9 所示；Ball 的第 2 组积木用于判断当前 Ball 角色（克隆体）是否碰到绿色。如果碰到则表示 Ball 角色（克隆体）碰到了 Ball2 角色，那么就删除当前的 Ball 角色（黄色小球）克隆体。

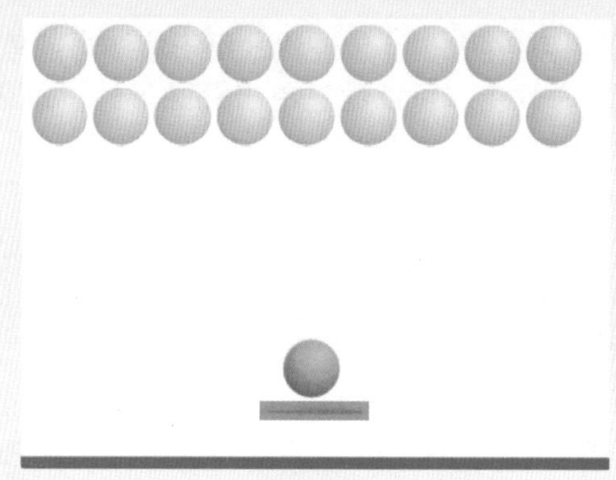

图 7.9　生成两行 Ball 角色

（3）为绿色小球角色 Ball2 添加两组积木，如图 7.10 和图 7.11 所示。

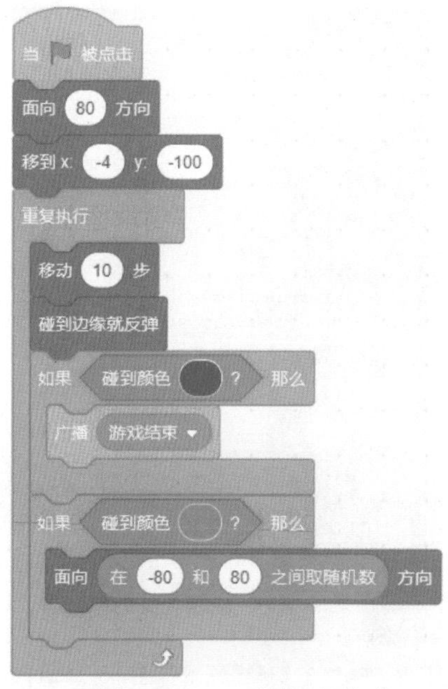

图7.10　Ball2的第1组积木

图7.11　Ball2的第2组积木

功能讲解

Ball2 的第 1 组积木用于初始化 Ball2 角色的方向和位置，然后通过重复执行的方式移动积木使 Ball2 角色向舞台上方移动。在移动的过程中，要不断侦测是否碰到红色，即判断 Ball2 角色是否碰到了 Line 角色。如果碰到了，就广播“游戏结束”的消息。同时，还要侦测 Ball2 角色是否碰到了绿色，即判断 Ball2 角色是否碰到了 Paddle 角色。如果碰到了，绿色就取一个随机方向（随机值的取值范围决定方向永远为舞台的上方）使 Ball2 角色进行反弹。Ball2 的第 2 组积木用于在接收到“游戏结束”的消息后，播放失败的声音，然后通过对话框显示“游戏结束！”来宣布游戏失败，并停止 Ball2 角色的移动。

（4）为反弹板角色 Paddle 添加两组积木，如图 7.12 和图 7.13 所示。

图7.12　Paddle的第1组积木

图7.13　Paddle的第2组积木

功能讲解

Paddle 的第 1 组积木用于在按下向左的方向键后，使 Paddle 角色向左移动；Paddle 的第 2 组积木用于在按下向右的方向键后，使 Paddle 角色向右移动。这样，用户就可以通过左、右方向键移动 Paddle 角色，以保证 Ball2 角色不会掉落到地面上。

（5）程序运行后，在舞台中会出现两行黄色小球角色 Ball，绿色小球角色 Ball2 会向黄色小球角色 Ball 移动，当碰到黄色小球角色 Ball 后，消灭对应的小球。然后，当绿色小球角色 Ball2 向下运动时，用户需要控制反弹板角色 Paddle 避免绿色小球角色 Ball2 掉落到地面上，否则会宣布游戏结束。效果如图 7.14 所示。

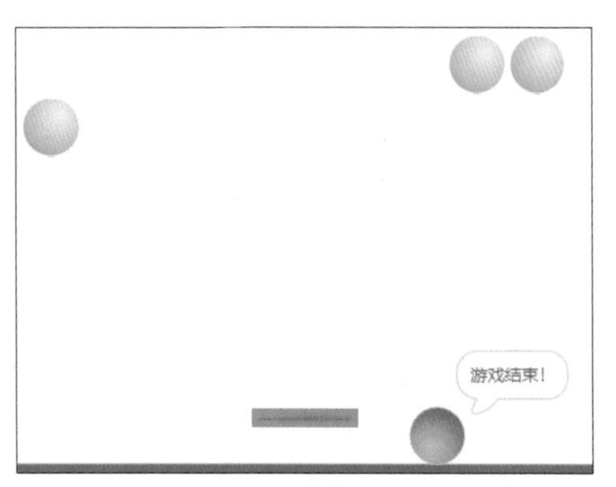

图7.14　消灭小球

7.3 百变小猫：指定颜色碰到指定颜色

扫一扫，看视频

在许多游戏中，存在角色与不同的道具碰撞后切换为不同的造型。例如，在“超级玛丽”中，当玛丽吃到黄色蘑菇时，就会变大，当吃到小花时，就会穿上白色衣服。在本课程中，将实现当小猫碰到不同颜色的小球时切换为不同造型的操作。

基础知识

本课程要新学习到以下积木。

- 颜色 碰到 ? 【颜色 碰到 ？】：该积木用于侦测指定的颜色是否碰到了另外一个指定的颜色。默认情况下侦检的是浅黄色是否碰到浅绿色。通过侦测颜色之间的碰撞，可以实现角色状态的切换。

课程实现

下面将分步讲解如何实现“百变小猫”。

（1）设置舞台背景为 Blue Sky（蓝色的天空），并在舞台中添加小猫角色 Cat（猫）、蓝色小球角色 Ball（球）和紫色小球角色 Ball2（球 2）。设置蓝色小球角色 Ball 的默认造型为 ball-b，设置紫色小球角色 Ball2 的默认造型为 ball-c，效果如图 7.15 所示。

图7.15　背景和角色

（2）在小猫角色 Cat 的“造型”选项卡中复制两对默认的造型，分别命名为 cat-a2 和 cat-a3。使用“填充”工具修改造型 cat-a2 为蓝色小猫，修改造型 cat-a3 为紫色小猫，效果如图 7.16 所示。

（3）为小猫角色 Cat 添加两组积木，如图 7.17 和图 7.18 所示。

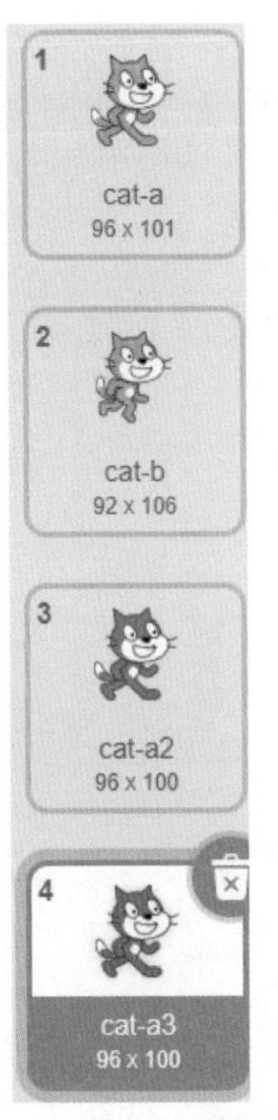

图7.16 添加并修改造型

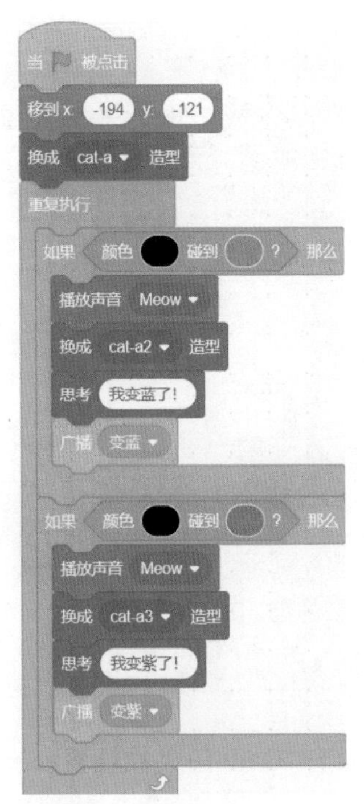

图7.17 Cat的第1组积木

图7.18 Cat的第2组积木

功能讲解

Cat 的第 1 组积木用于初始化 Cat 角色的位置和造型，然后通过重复执行的方式，侦测"黑色"是否碰到了"蓝色"和"紫色"。"黑色"来自 Cat 角色的胡子，"蓝色"来自 Ball 角色，"紫色"来自 Ball2 角色。当"黑色"碰到"蓝色"时，表示 Cat 角色碰到了 Ball 角色，播放声音后将 Cat 角色切换成蓝色造型，并广播"变蓝"的消息。当"黑色"碰到了"紫色"时，表示 Cat 角色碰到了 Ball2 角色，播放声音后将 Cat 角色切换成紫色造型，并广播"变紫"的消息。Cat 的第 2 组积木用于在按下向右的方向键后，让 Cat 角色向舞台右侧移动。

（4）为蓝色小球角色 Ball 添加两组积木，如图 7.19 和图 7.20 所示。

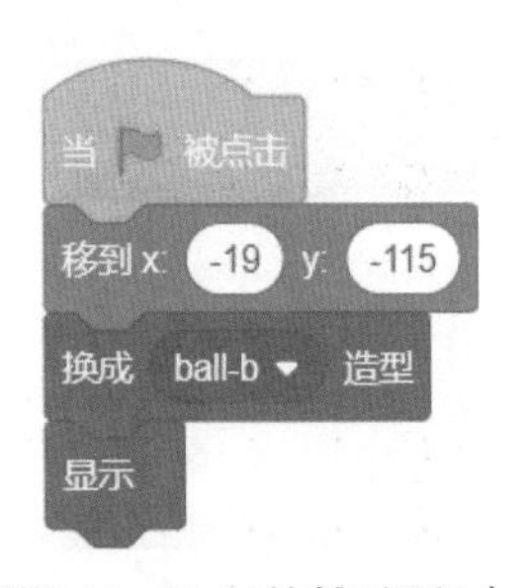

图7.19 Ball的第1组积木

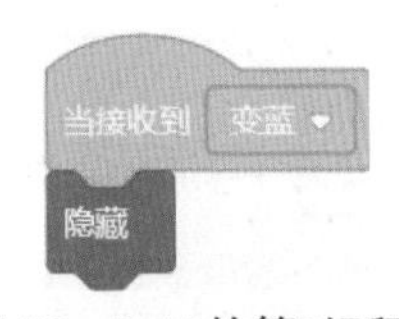

图7.20 Ball的第2组积木

功能讲解

Ball 的第 1 组积木用于初始化 Cat 角色的位置和造型，并设置 Ball 角色为“显示”状态；Ball 的第 2 组积木用于在接收到“变蓝”的消息后，“隐藏”蓝色小球。

（5）为紫色小球角色 Ball2 添加两组积木，如图 7.21 和图 7.22 所示。

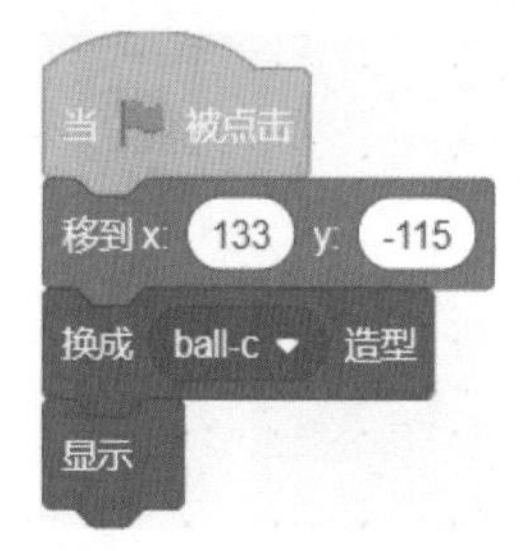

图7.21　Ball2的第1组积木

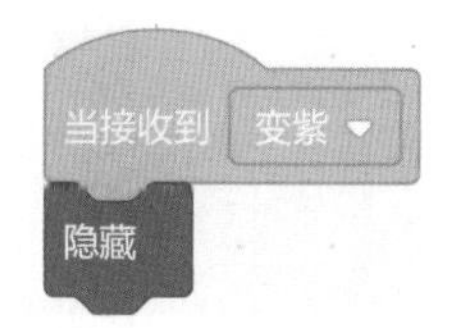

图7.22　Ball2的第2组积木

功能讲解

Ball2 的第 1 组积木用于初始化 Cat2 角色的位置和造型，并设置 Ball2 角色为“显示”状态；Ball2 的第 2 组积木用于在接收到“变紫”的消息后，“隐藏”紫色小球。

（6）程序运行后，按下向右的方向键，小猫角色 Cat 向右移动。当碰到蓝色小球角色 Ball2 后，小猫角色 Cat 变为蓝色；当碰到紫色小球角色 Ball2 后，小猫角色 Cat 变为紫色。效果如图 7.23 所示。

图7.23　百变小猫

7.4 紧急刹车：到鼠标指针的距离和小于运算

根据交通法规，驾驶员应保持注意力集中，并在驾驶车辆时注意观察路面情况。在遇到突发情况时，驾驶员应迅速做出反应，比如紧急制动以及时停车。在本课程中，将演示如果在发现路上突然冒出的小狗时，如何有效实施紧急制动程序（刹车）。

扫一扫，看视频

基础知识

本课程要新学习到以下积木。

- 到 鼠标指针 的距离【到（鼠标指针）的距离】：该积木用于计算当前角色到鼠标指针之间的距离。它能够获取并存放距离数据，其形状为椭圆形，表示它是一个变量类积木。当舞台中还有其他角色时，该积木的下拉菜单中还提供了计算当前角色和指定角色之间的距离的选项。

编程技巧

变量类的积木形状为椭圆形，可以用于存储动态数据，包括角色或背景的位置、距离、属性等信息。

- ( ) < 50【（指定值）<（50）】：该积木用于判断左侧指定的值是否小于50。指定值可以是数字，也可以嵌入其他椭圆形积木，如【到（鼠标指针）的距离】积木。数值50也可以修改为其他数字。

课程实现

下面将分步讲解如何实现“紧急刹车”。

（1）设置舞台背景为Night City With Street（城市夜晚的街道），并在舞台中添加小汽车角色Convertible（敞篷车）和小狗角色Puppy（小狗）。设置小汽车角色Convertible的大小为50，设置小狗角色Puppy的大小为30，效果如图7.24所示。

图7.24 背景和角色

（2）为小汽车角色 Convertible 添加两组积木，如图 7.25 和图 7.26 所示。

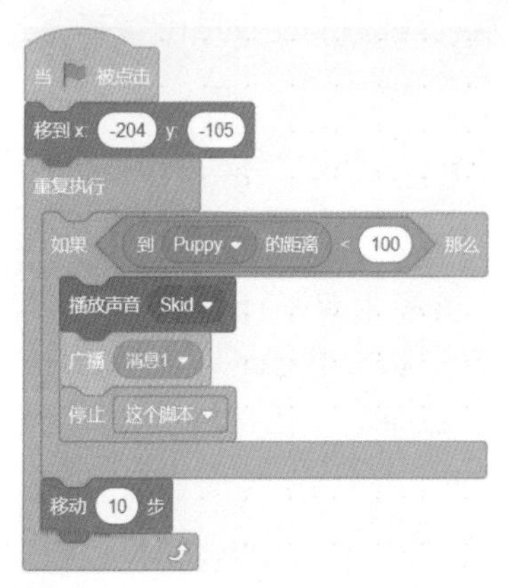

图7.25　Convertible的第1组积木

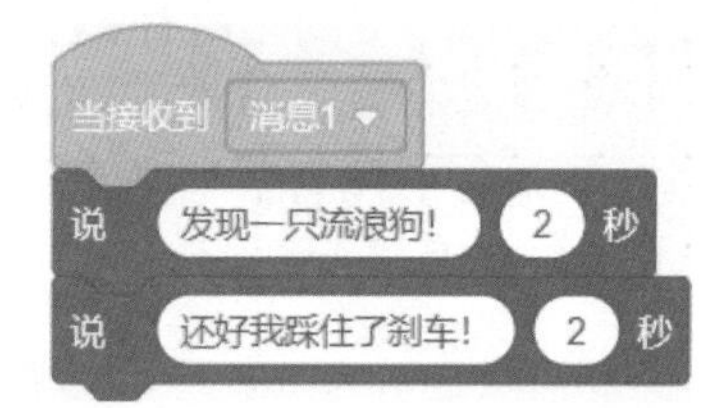

图7.26　Convertible的第2组积木

功能讲解

Convertible 的第 1 组积木用于初始化 Convertible 角色的位置，然后通过重复执行的方式使 Convertible 角色向右移动。在移动的过程中，不断地判断 Convertible 角色和 Puppy 角色之间的距离是否小于 100。如果小于 100，就播放紧急刹车的音效，然后广播“消息 1”，最后停止当前脚本，实现紧急刹车。Convertible 的第 2 组积木用于在接收到“消息 1”后，通过对话框显示“发现一只流浪狗！”和“还好我踩住了刹车！”提示信息。

（3）程序运行后，小汽车角色 Convertible 会向右不断地移动，当快碰到小狗角色 Puppy 时，小汽车角色 Convertible 会紧急刹车，效果如图 7.27 所示。

图7.27　紧急刹车

7.5 老师的提问：询问并等待

当小朋友第一次去学校报到时，老师都会询问小朋友一些问题。在本课程中，将实现老师询问学生问题，学生通过键盘回答的效果。

扫一扫，看视频

基础知识

本课程要新学习到以下积木。

- 询问 你叫什么名字？ 并等待【询问（你叫什么名字？）并等待】：该积木的作用是通过对话的方式询问用户问题，而用户也可以通过输入框来回答问题。

课程实现

下面将分步讲解如何实现“老师的提问”。

（1）设置舞台背景为 Chalkboard（黑板），并在舞台中添加老师角色 Abby（艾比），效果如图 7.28 所示。

（2）为老师角色 Abby 添加一组积木，如图 7.29 所示。

图7.28 背景和角色

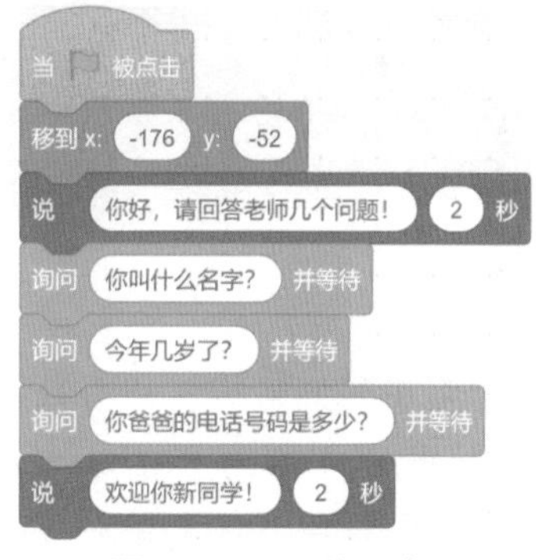

图7.29 Abby的积木

功能讲解

Abby 的积木用于初始化 Abby 角色的位置，然后通过对话框和询问框实现提问的效果。

（3）程序运行后，老师角色 Abby 首先会告诉新同学要提问他几个问题，然后依次询问新同学的名字、年龄以及父亲的电话号码，最后表示对新同学的欢迎，效果如图 7.30 所示。

图7.30　老师的提问

7.6 消除字母：是否按下指定按键

扫一扫，看视频

如果想要达到盲打（打字时不看键盘）的水平，使用打字练习软件进行指法练习和键位记忆是不错的选择。在本课程中，将实现一个消除字母的打字练习软件。

基础知识

本课程要新学习到以下积木。

- 按下 空格 键? 【按下（空格）键？】：该积木用于侦测键盘上是否按下指定的按键。默认情况下侦测是否按下空格键，在下拉菜单中还可以选择其他按键。

课程实现

下面将分步讲解如何实现“消除字母”。

（1）设置舞台背景为Chalkboard（黑板），并在舞台中添加字母A角色Block-A（块-A）、字母B角色Block-B（块-B）、字母C角色Block-C（块-C）、字母D角色Block-D（块-D）和字母E角色Block-E（块-E），效果如图7.31所示。

图7.31　背景和角色

（2）为字母 A 角色 Block–A 添加 3 组积木，如图 7.32~ 图 7.34 所示。

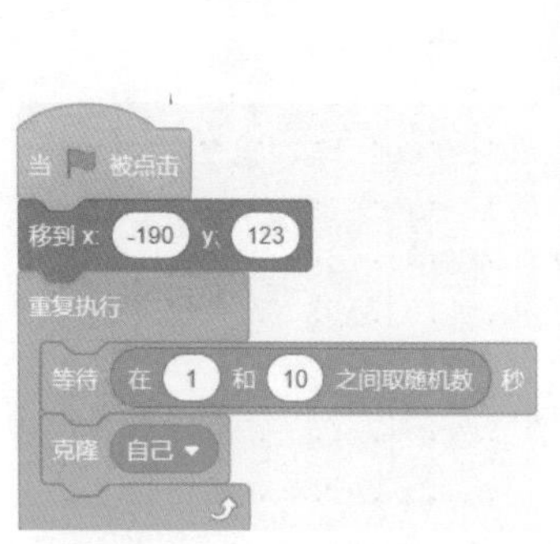

图7.32　Block-A的第1组积木

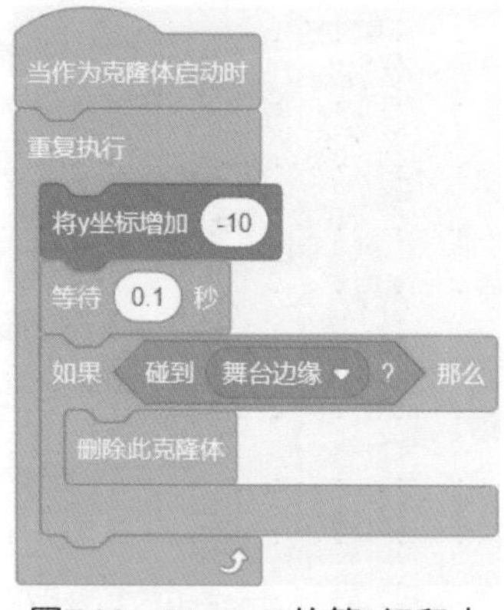

图7.33　Block-A的第2组积木

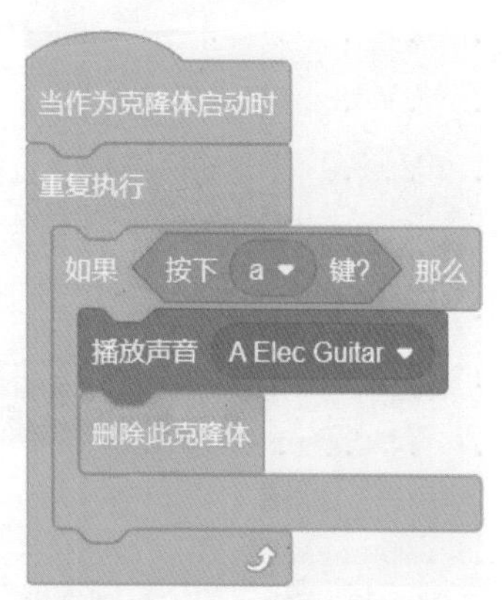

图7.34　Block-A的第3组积木

（3）为字母 B 角色 Block–B 添加 3 组积木，如图 7.35~ 图 7.37 所示。

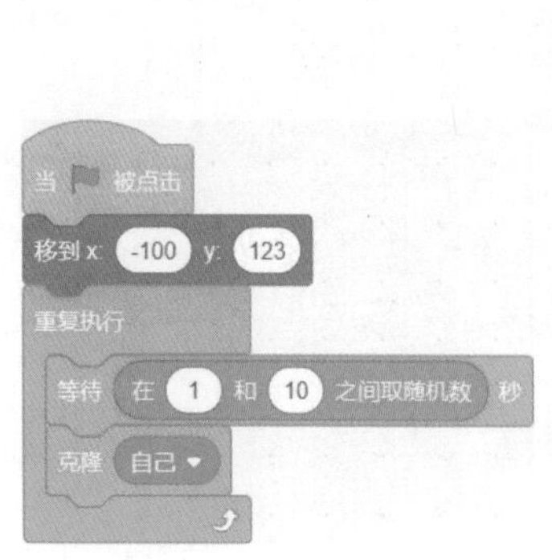

图7.35　Block-B的第1组积木

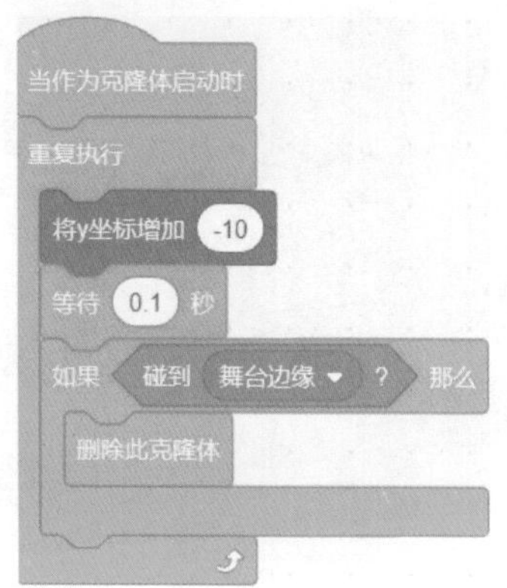

图7.36　Block-B的第2组积木

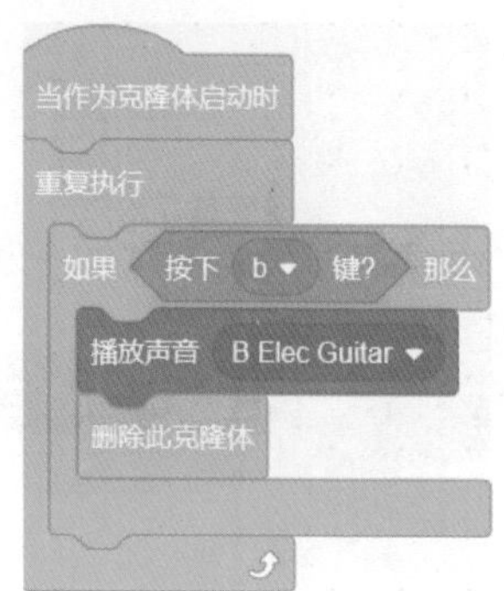

图7.37　Block-B的第3组积木

（4）为字母 C 角色 Block–C 添加 3 组积木，如图 7.38~ 图 7.40 所示。

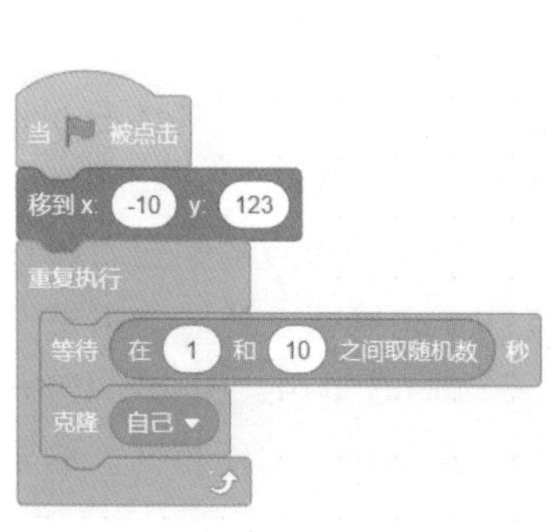

图7.38　Block-C的第1组积木

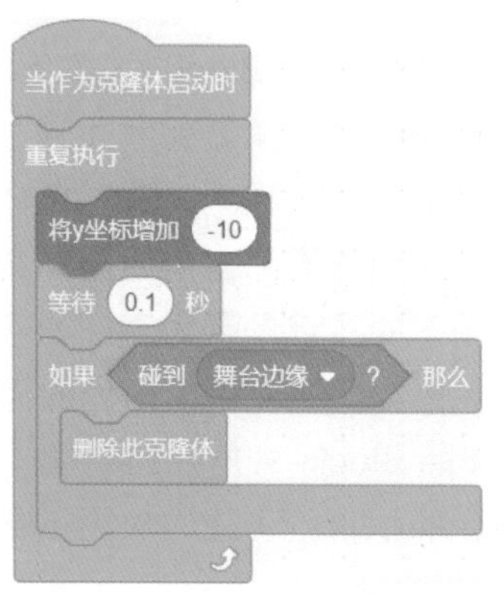

图7.39　Block-C的第2组积木

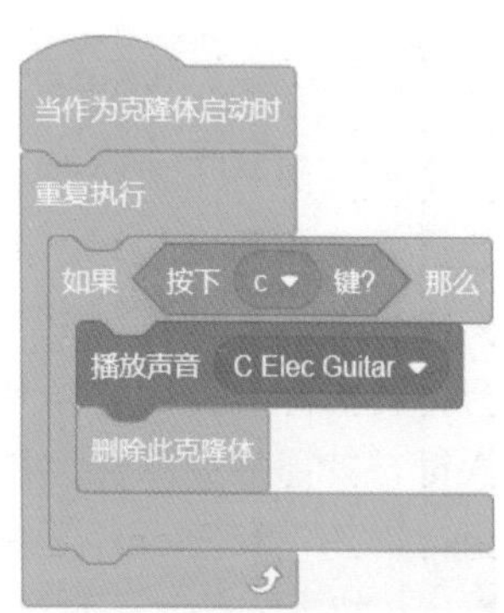

图7.40　Block-C的第3组积木

（5）为字母 D 角色 Block-D 添加 3 组积木，如图 7.41~ 图 7.43 所示。

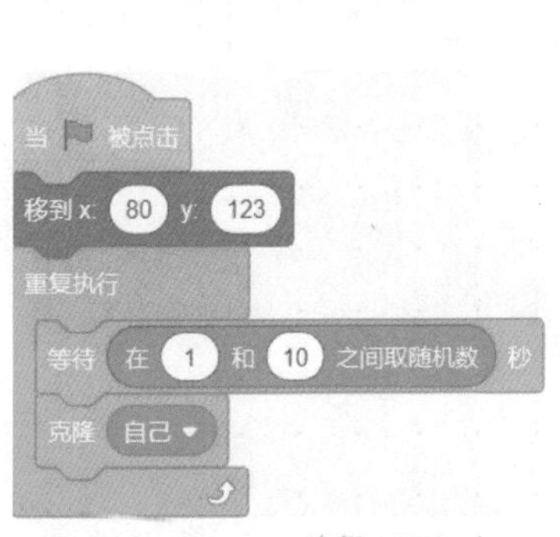

图7.41 Block-D的第1组积木　图7.42 Block-D的第2组积木　图7.43 Block-D的第3组积木

（6）为字母 E 角色 Block-E 添加 3 组积木，如图 7.44~ 图 7.46 所示。

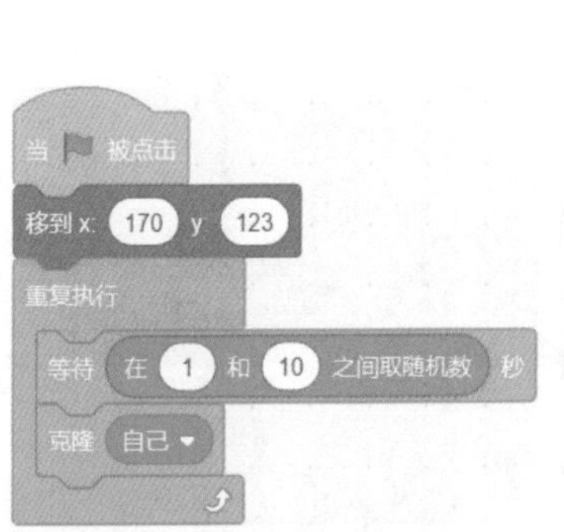

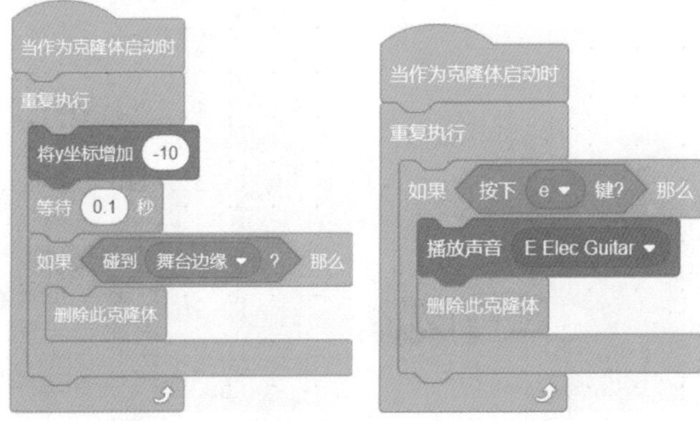

图7.44 Block-E的第1组积木　图7.45 Block-E的第2组积木　图7.46 Block-E的第3组积木

功能讲解

Block-A 的第 1 组积木用于初始化 Block-A 角色的位置，然后等待随机的时间后，克隆对应的 Block-A 角色。Block-A 的第 2 组积木通过不断地修改 y 坐标的方式，让克隆的字母向舞台下方坠落。在坠落的过程中，通过条件判断积木来判断克隆体 Block-A 角色是否碰到舞台边缘，如果碰到就删除当前克隆体角色。Block-A 的第 3 组积木通过重复执行的方式侦测键盘上按下的按键是否为对应的字母。如果是对应的字母，就播放声音，再删除此克隆体角色。例如，Block-A 角色的克隆体正在掉落，此时如果按下字母 A 键，就播放完声音，并删除 Block-A 角色的克隆体。Block-B 角色、Block-C 角色、Block-D 角色和 Block-E 角色的积木所讲述的功能与 Block-A 角色的功能相同，这里不再赘述。

（7）程序运行后，字母会不断掉落，在键盘上按下对应的按键，对应的字母就会被消除，效果如图 7.47 所示。

图7.47　消除字母

7.7 击落甲虫：是否按下鼠标按键

扫一扫，看视频

甲虫是昆虫纲鞘翅目昆虫的统称，俗称甲壳虫。它们广泛分布于世界各地，但不包括海洋。大部分甲虫生活在热带森林等腐殖质丰富的环境中。甲虫是一种远在恐龙时代之前就已存在的昆虫，那时甲虫的体长约为 3~4 米。在本课程中，将通过发射小球来消灭甲虫。

基础知识

本课程要新学习到以下积木。

- 按下鼠标?【按下鼠标？】：该积木用于侦测鼠标的按键是否被按下，包括鼠标上的所有按键，如左键、右键、滚轮等。当鼠标的按键被按下时，该积木就会触发监听。若想要持续监听鼠标按键状态，需要重复执行该积木并配合条件判断积木一起使用。由于该积木为六边形，因此可以用作判断语句的条件。

课程实现

下面将分步讲解如何实现“击落甲虫”。

（1）设置舞台背景为 Forest（森林），并在舞台中添加女生角色 Tatiana（塔蒂亚娜）、小球角色 Ball（球）和甲虫角色 Beetle（甲虫）。

（2）在女生角色 Tatiana 的“造型”选项卡中，添加一个黄色小球造型 Ball-a。然后，将小球造型复制到造型 Tatiana-a 中并调整位置，效果如图 7.48 所示。

（3）让小球角色 Ball 隐藏在女生角色 Tatiana 下方，调整角色位置后，背景和角色的效果如图 7.49 所示。

（4）为女生角色 Tatiana 添加一组积木，如图 7.50 所示。

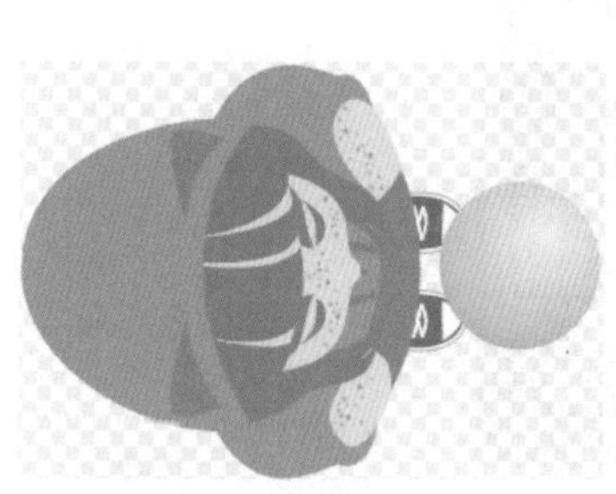

图7.48　造型Tatiana-a

图7.49　背景和角色

图7.50　Tatiana的积木

功能讲解

Tatiana 的积木用于初始化 Tatiana 角色的位置和方向，然后通过重复执行的方式使 Tatiana 角色永远面向鼠标指针。

（5）为小球角色 Ball 添加两组积木，如图 7.51 和图 7.52 所示。

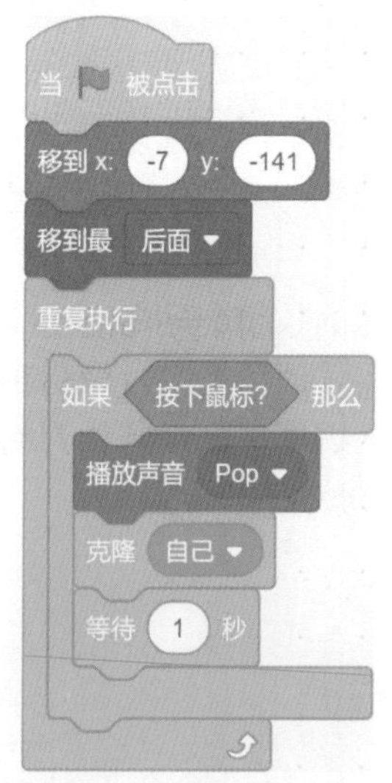

图7.51　Ball的第1组积木

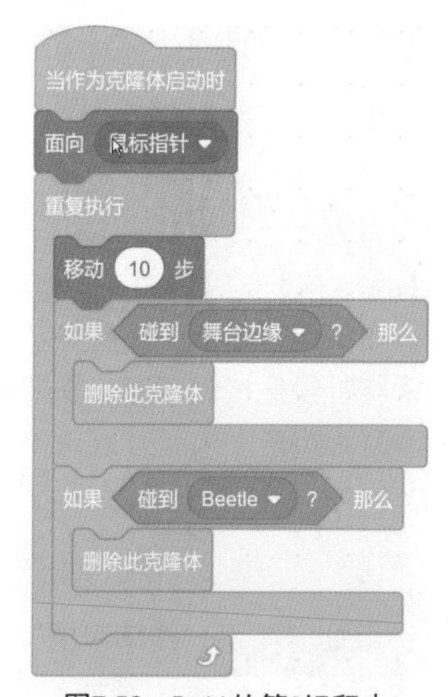

图7.52　Ball的第2组积木

功能讲解

Ball 的第 1 组积木用于初始化 Ball 角色的位置，并将其隐藏在 Tatiana 角色的下方，然后通过重复执行的方式，侦测鼠标按键是否被按下。如果鼠标按键被按下，就播放声音，并克隆 Ball 角色；最后等待 1 秒。Ball 的第 2 组积木用于让克隆体面向鼠标指针，然后通过重复执行的方式不断地向鼠标指针所在的方向移动。在移动的过程中，会不断地判断克隆体是否碰到了舞台边缘或 Beetle 角色。如果碰到 Beetle 角色，就删除当前克隆体。

（6）为甲虫角色 Beetle 添加 3 组积木，如图 7.53~ 图 7.55 所示。

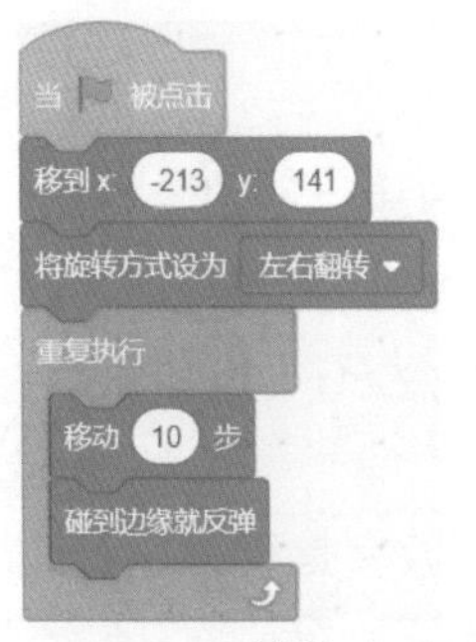

图7.53　Beetle的第1组积木

图7.54　Beetle的第2组积木

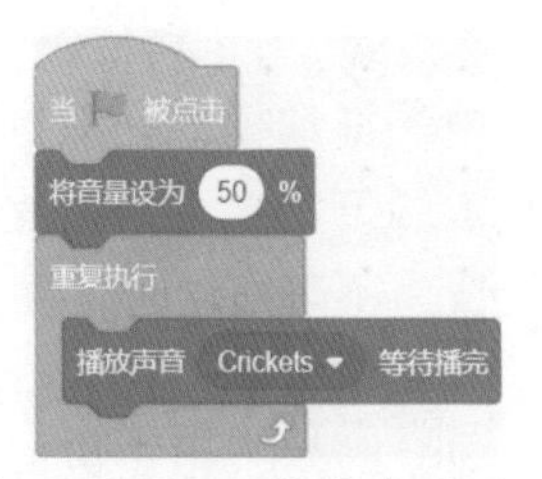

图7.55　Beetle的第3组积木

功能讲解

Beetle 的第 1 组积木用于初始化 Beetle 角色的位置和旋转方式，并通过重复执行的方式使 Beetle 角色连续移动。Beetle 的第 2 组积木用于通过重复执行的方式侦测 Beetle 角色是否碰到 Ball 角色。如果碰到，就播放得分音效，然后通过对话框显示“+1”，最后等待 1 秒。Beetle 的第 3 组积木用于重复播放虫鸣的背景音乐。

（7）程序运行后，甲虫角色 Beetle 会不断地移动。女生角色 Tatiana 会跟随鼠标指针的移动而改变方向。当按下鼠标按键后，女生角色 Tatiana 会发射小球角色 Ball，当小球角色 Ball 碰到甲虫角色 Beetle 后会产生得分效果，如图 7.56 所示。

图7.56　击落甲虫

7.8 有趣的拼图：设置拖动模式

扫一扫，看视频

拼图游戏是备受欢迎的一种智力游戏，具有多种不同的变化和难度。拼图的形式有很多种，包括单面拼图、双面拼图、立体拼图等。在本课程中，将实现拼图游戏的效果。

基础知识

本课程要新学习到以下积木。

- 将拖动模式设为 可拖动【将拖动模式设为（可拖动）】：该积木的作用是设置角色在程序运行过程中的拖动模式，即是否可以使用鼠标拖动角色。默认情况下，设置为可拖动。该积木的下拉菜单中所提供的“不可拖动”选项，表示角色为不可拖动状态。当角色设置为不可拖动时，需要在程序全屏模式下才能生效。
- > 50【（ ）>（50）】：该积木用于判断左侧指定的数字是否大于 50。指定值可以是数字，也可以嵌入其他椭圆形积木。如果左侧数字大于右侧数字，则该积木的运行结果为 1，表示该条件为真（true）；否则，该积木的运行结果为 0，表示该条件为假（false）。
- 与【（ ）与（ ）】：该积木的作用是对左右两侧的条件做逻辑与运算。逻辑与运算也称为与运算，是指当两个条件都为真（true）时，运算结果也为真（true）。当其中任意一个条件或两个条件为假（false）时，运算结果也为假（false）。例如，4 个数字两两比较的结果如图 7.57 所示。

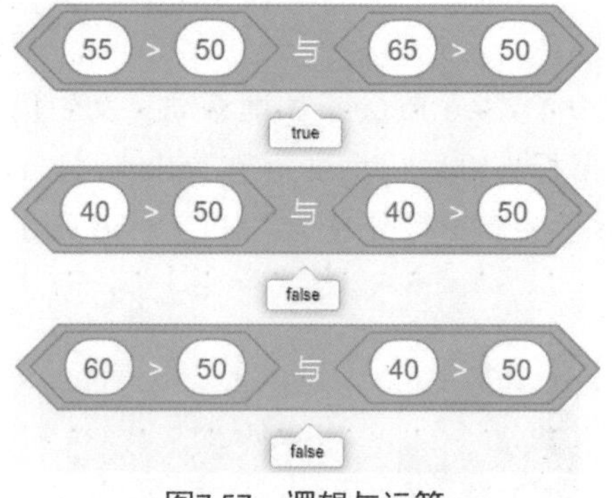

图7.57　逻辑与运算

功能讲解

55 大于 50 的结果为 true，65 大于 50 的结果为 true，所以与运算的结果为 true，即条件为真。

40 大于 50 的结果为 false，40 大于 50 的结果为 false，所以与运算的结果为 false，也就是条件为假。

60 大于 50 的结果为 true，40 大于 50 的结果为 false，所以，与运算的结果为 false，也就是条件为假。

编程技巧

控制角色积木会根据条件是否成立来决定是否执行相对应的积木。所以，条件类型积木（六边形积木）的运行结果将直接影响程序的执行过程。因此，在使用条件类型积木时，一定要明确条件的运行结果具体是 true 还是 false。

- x 坐标【x 坐标】：该积木用于获取并保存当前角色在舞台中的 x 坐标位置，其形状为椭圆形，所以属于数值类的变量积木。
- y 坐标【y 坐标】：该积木用于获取并保存当前角色在舞台中的 y 坐标位置，其形状为椭圆形，所以属于数值类的变量积木。

课程实现

下面将分步讲解如何实现“有趣的拼图”

（1）在舞台中添加小鱼角色 Fish（鱼），并在该角色的“造型”选项卡中选中造型 fish-a。单击“转换为位图”按钮，将造型转换为位图。然后，使用“位图选择”工具通过框选的方式将小鱼角色 Fish 分为 6 份，选中后拖动被选的部分即可将该角色分开，效果如图 7.58 所示。

图7.58　分割后的造型fish-a

（2）在角色区复制 5 个小鱼角色 Fish，并分别命名为 Fish2、Fish3、Fish4、Fish5、Fish6。在小鱼角色 Fish 中，只保留上半部分鱼尾，可使用“橡皮擦”工具擦除其他部分；

在小鱼角色 Fish2 中，只保留上半部分鱼身，可使用“橡皮擦”工具擦除其他部分；在小鱼角色 Fish3 中，只保留上半部分鱼头，使用“橡皮擦”工具擦除其他部分；在小鱼角色 Fish4 中，只保留上半部分鱼尾，使用“橡皮擦”工具擦除其他部分；在小鱼角色 Fish5 中，只保留下半部分鱼身，使用“橡皮擦”工具擦除其他部分；在小鱼角色 Fish6 中，只保留下半部分鱼头，使用“橡皮擦”工具擦除其他部分。此时，就可以获得 6 个拼图碎片，效果如图 7.59 所示。

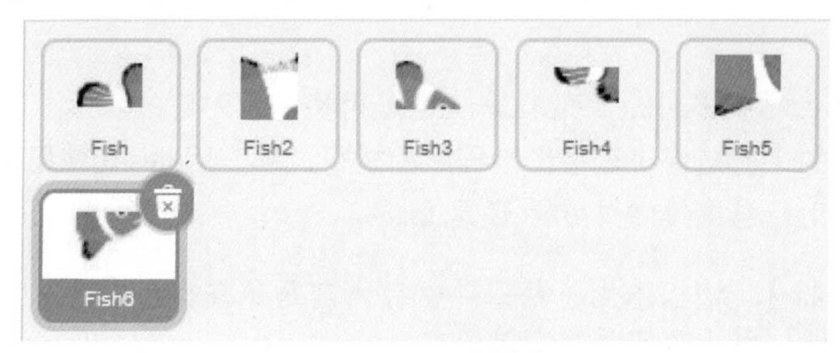

图7.59　拼图碎片

（3）在舞台中添加一个新的小鱼角色，命名为 Fish7，设置该角色大小为 300。在该角色的“造型”选项卡中，使用“填充”工具将造型 fish-a 填充为白色，效果如图 7.60 所示。

图7.60　将小鱼角色Fish7的背景填充为白色

（4）设置舞台为 Underwater 2（水下 2），并调整角色位置，效果如图 7.61 所示。

图7.61　背景和角色

（5）依次为 6 个拼图碎片，即为小鱼角色 Fish、Fish2、Fish3、Fish4、Fish5、Fish6 分别添加一组积木，如图 7.62~ 图 7.67 所示。

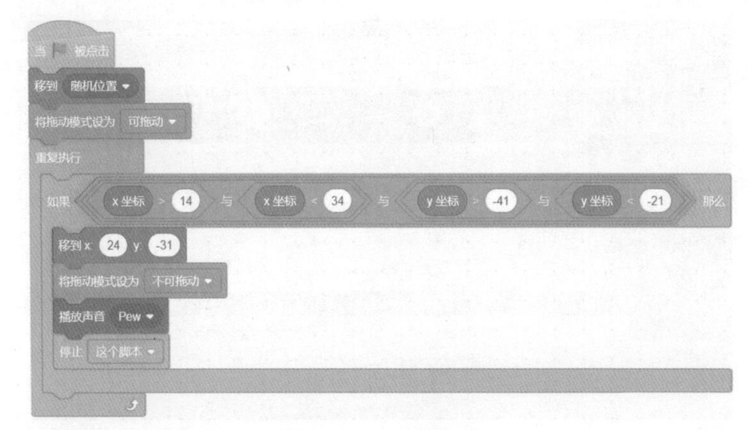

图7.62 Fish的积木

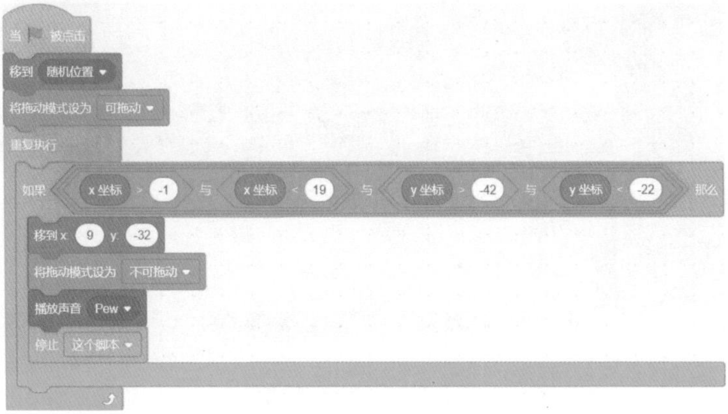

图7.63 Fish2的积木

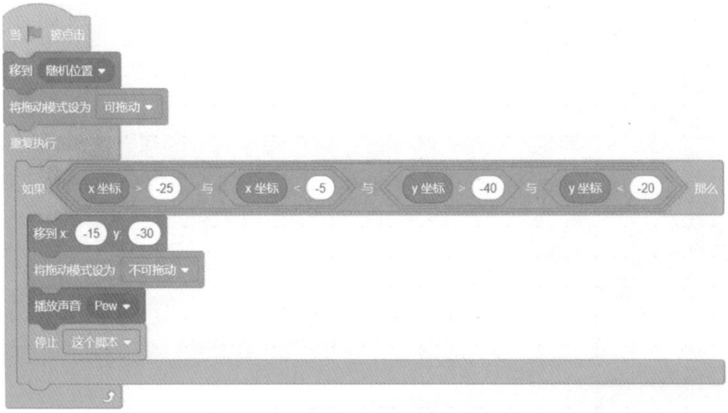

图7.64 Fish3的积木

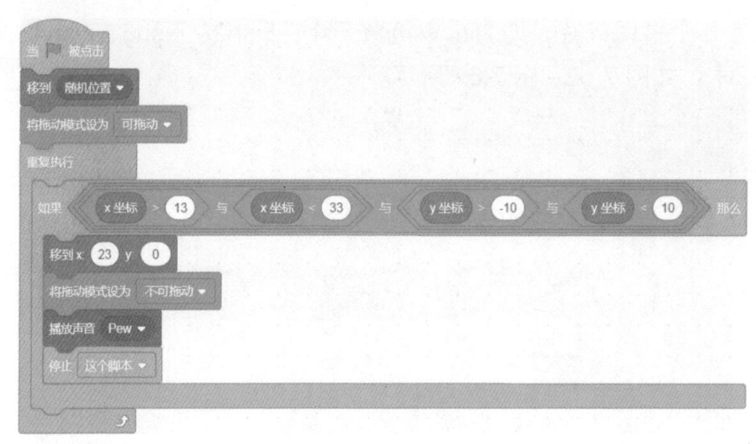

图7.65 Fish4的积木

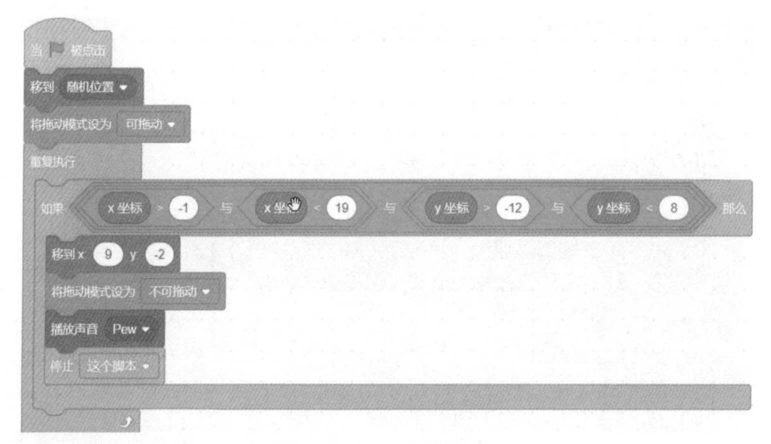

图7.66 Fish5的积木

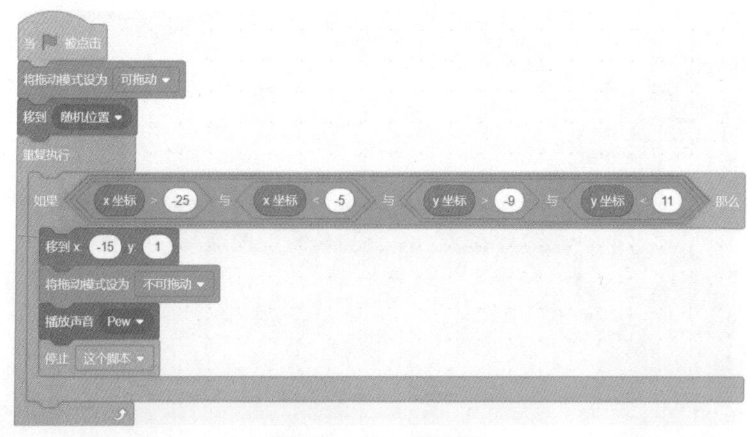

图7.67 Fish6的积木

功能讲解

Fish 的积木用于初始化 Fish 角色为“可拖动”状态，然后让 Fish 角色移动到随机位置，此时，拼图碎片的位置就会被打乱。然后，通过重复执行的方式来判断拼图碎片是否到达指定范围。如果到达指定范围，就将拼图碎片直接移动到指定位置，而每个拼图碎片的位置不同。接着，设置当前碎片为“不可拖动”状态，表示拼图碎片已经放到了正确位置，并播放提示声音。最后，停止执行这个脚本。Fish2 角色 ~ Fish6 角色的积木所讲述的功能与 Fish 角色的积木中除值不一样外，其他功能均相同，这里不再赘述。

编程技巧

在上面的课程中，用到了判断拼图碎片位置的条件，下面将以 Fish6 角色的位置判断条件为例进行讲解，如图 7.68 所示。

图7.68 Fish6角色的位置判断条件

在位置判断条件中，使用了3个与运算积木。运行时，程序首先判断x坐标是否大于−25，然后再判断 x 坐标是否小于 −5。只有在这两个判断条件的结果都为 true 时，才会判断 y 坐标是否大于 −9 和 y 坐标是否小于 11。当 y 坐标的这两个判断条件的结果也全部为 true 时，整个位置判断条件的结果才会为 true，这意味着当前拼图碎片的位置距离目标位置只有 20 像素，程序才会将该拼图碎片移动到指定位置。这 20 像素的差距就是程序在拼图时的容错值。如果未设置该容错值，想要将拼图碎片移动到指定位置则会十分困难。容错值的存在有助于提高用户的体验感，让用户感觉程序更加易用。

（6）程序运行后，拼图碎片会随机摆放，效果如图 7.69 所示。当使用鼠标将拼图碎片拖动到对应的位置后，就可以完成拼图，效果如图 7.70 所示。

图7.69 随机摆放的拼图碎片

图7.70 完成拼图

第8章

变量与运算

变量是指能够随着程序执行而变化的数据。在Scratch中，角色的位置、属性都属于这种可以变化的范畴。变量分为系统变量和自定义变量两种。而运算则是一种处理数据并根据某种规则建立起数据之间关系的过程。常见的数据运算包括算术运算、关系运算、逻辑运算等。通过使用变量与运算，程序可以实现更加复杂的功能。本章将详细讲解关于变量与运算的相关积木。

8.1 猜灯谜：回答变量

元宵节是中国的传统节日，时间为每年农历正月十五。就古代历法而言，正月称为农历的元月。元宵节历代以来都有观灯的习俗，故又称灯节或赏灯节，元宵节的传统项目有猜灯谜、耍龙灯、踩高跷等。在本课程中，将进行一次猜灯谜的游戏。

扫一扫，看视频

基础知识

本课程要新学习到以下积木。

- 回答【回答】：该积木的作用是存储用户使用键盘输入的文本内容，包括数字、字符或字母等，有助于产生更好的人机交互效果。该积木为椭圆形，是存储动态数据的系统变量。
- ( ) = (50)【( )=(50)】：该积木用于判断左侧指定的值是否等于50。指定值可以是数字，也可以嵌入其他椭圆形积木。如果左侧数字等于右侧数字，则该积木的运行结果为1，表示该条件为真(true)；否则，该积木的运行结果为0，表示该条件为假(false)。

课程实现

下面将分步讲解如何实现“猜灯谜”。

(1)设置舞台背景为Witch House(女巫的家)，并在舞台中添加老师角色Abby(艾比)，效果如图8.1所示。

图8.1　背景和角色

(2)为老师角色Abby添加一组积木，如图8.2所示。

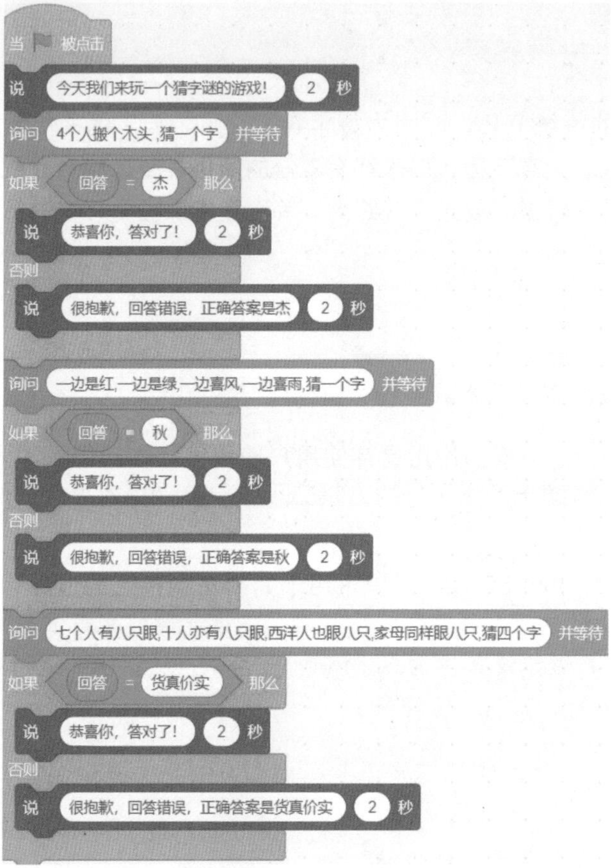

```
当 🏳 被点击
说 今天我们来玩一个猜字谜的游戏! 2 秒
询问 4个人搬个木头,猜一个字 并等待
如果 回答 = 杰 那么
    说 恭喜你，答对了! 2 秒
否则
    说 很抱歉，回答错误，正确答案是杰 2 秒
询问 一边是红,一边是绿,一边喜风,一边喜雨,猜一个字 并等待
如果 回答 = 秋 那么
    说 恭喜你，答对了! 2 秒
否则
    说 很抱歉，回答错误，正确答案是秋 2 秒
询问 七个人有八只眼,十人亦有八只眼,西洋人也眼八只,家母同样眼八只,猜四个字 并等待
如果 回答 = 货真价实 那么
    说 恭喜你，答对了! 2 秒
否则
    说 很抱歉，回答错误，正确答案是货真价实 2 秒
```

图8.2　Abby的积木

功能讲解

Abby 的积木用于让 Abby 角色通过对话框告知用户要玩猜字谜游戏；然后通过询问的方式出题，并等待用户回答；当用户回答之后，使用判断语句来判断答案是否正确。若回答正确就通过对话框显示“恭喜你，答对了！”；若回答错误就通过对话框提示用户回答错误并告知正确答案，接着询问下一道题。

编程技巧

系统变量是由 Scratch 软件提供的用于存储数据的积木变量。例如，之前使用过的【到（鼠标指针）的距离】积木以及本课程的【回答】积木，它们所存储的数据属于动态数据，是不断变化的。

（3）程序运行后，程序会出 3 道猜字谜的题让用户回答，效果如图 8.3 所示。

图8.3　猜字谜

8.2 高考倒计时：我的变量

在每年高考的前 3 个月，甚至前半年，教室后面的黑板上都会出现高考倒计时（距离高考的天数），班长每天都会更新该天数。在本课程中，将制作一个高考倒计时程序。

基础知识

本课程要新学习到以下积木。

- 我的变量【我的变量】积木：该积木的作用是存储任意数字。它可以参与数字的运算、程序的判断、重复执行等操作。
- 将 我的变量 设为 0【将（我的变量）设为（0）】：该积木的作用是将“我的变量”设置为指定值，默认情况下设置为 0。
- 将 我的变量 增加 1【将（我的变量）增加（1）】：该积木的作用是将“我的变量”增加指定值，默认情况下增加 1。它可以实现数据的依次递增或递减功能，也可以实现对指定数据的遍历操作。

编程技巧

遍历是一种常见的算法，其功能是按照指定线路依次访问每一个数据，经常用于查找、排序等操作。例如，编写一个从一群动物中找到小猫的程序，此时，就需要对每一个动物进行辨识，这种查找方式就是遍历。

课程实现

下面将分步讲解如何实现“高考倒计时”。

（1）设置舞台背景为 Chalkboard（黑板）和 Blue Sky 2（蓝色的天空 2），并在舞台中添加数字角色 Glow-1(发光的 1)。在数字角色 Glow-1 的造型中，添加数字 2~9 的数字造型，这样数字角色 Glow-1 就拥有了 9 个造型。然后在角色区绘制角色 1，添加文本内容为“距高考还有 天”，并将字体颜色设置为白色。最后在角色区绘制角色 2，添加文本内容为“祝您金榜题名”，并将字体颜色设置为红色，效果如图 8.4 所示。

（2）为角色 1 添加两组积木，如图 8.5 和图 8.6 所示。

图8.4 背景和角色

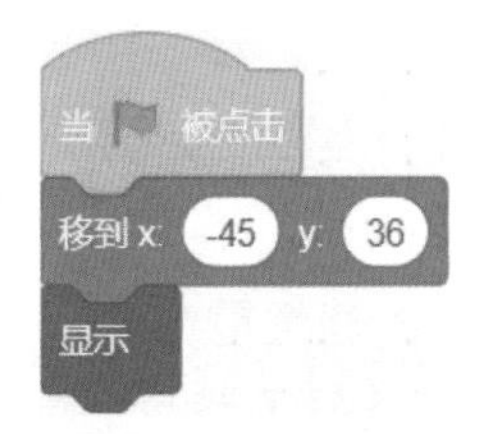

图8.5 角色1的第1组积木

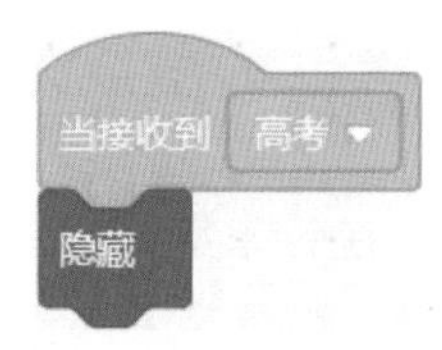

图8.6 角色1的第2组积木

功能讲解

角色 1 的第 1 组积木用于初始化角色 1 的位置并将该角色设置为“显示”状态；角色 1 的第 2 组积木用于在接收到“高考”的消息后，“隐藏”角色 1。

（3）为角色 2 添加两组积木，如图 8.7 和图 8.8 所示。

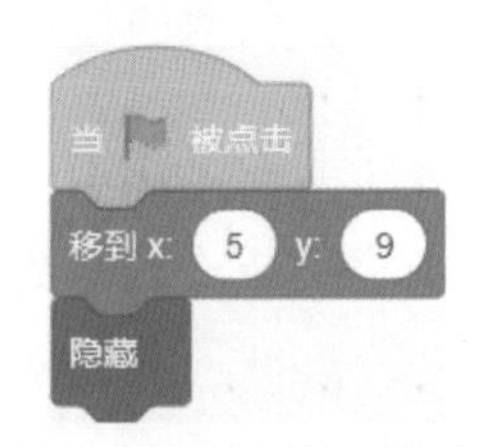

图8.7 角色2的第1组积木

图8.8 角色2的第2组积木

功能讲解

角色 2 的第 1 组积木用于初始化角色 2 的位置并将该角色设置为“隐藏”状态；角色 2 的第 2 组积木用于在接收到“高考”的消息后播放鼓掌的声音并“显示”角色 2。

（4）为数字角色 Glow-1 添加 3 组积木，如图 8.9~ 图 8.11 所示。

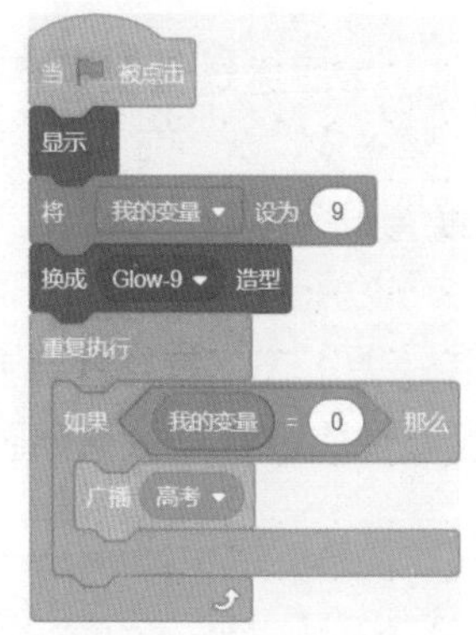

图8.9　Glow-1的第1组积木

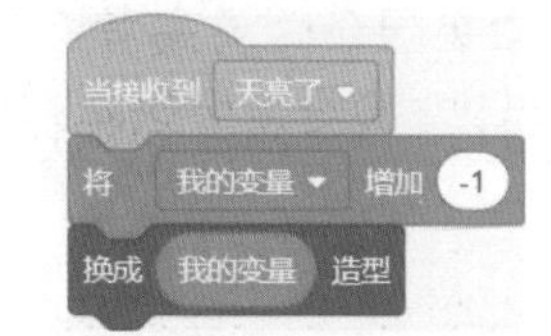

图8.10　Glow-1的第2组积木

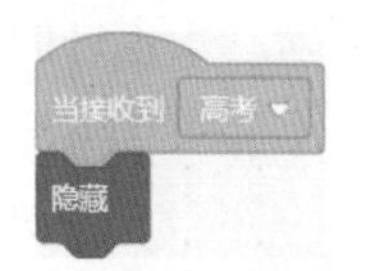

图8.11　Glow-1的第3组积木

功能讲解

Glow-1 的第 1 组积木的作用：首先，将该角色设置为“显示”状态，并初始化“我的变量”为 9，以及初始化 Glow-1 角色的造型；然后，通过重复执行的方式判断“我的变量”是否等于 0。如果等于 0，则表示倒计时结束，广播“高考”的消息。Glow-1 的第 2 组积木用于在接收到“天亮了”的消息后，将“我的变量”减少 1，并将造型切换成对应的造型（值为 1 时对应造型 1）。Glow-1 的第 3 组积木用于在接收到“高考”的消息后“隐藏”Glow-1 角色。

（5）为背景 Chalkboard 添加两组积木，如图 8.12 和图 8.13 所示。

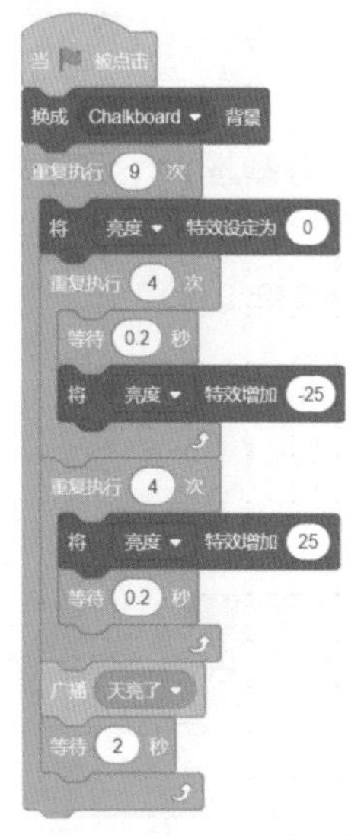

图8.12　Chalkboard的第1组积木

图8.13　Chalkboard的第2组积木

功能讲解

Chalkboard 的第 1 组积木用于初始化背景为 Chalkboard，然后通过重复执行的方式将舞台逐渐变暗，模拟过去 9 天的时间。每过 1 天，就广播一次“天亮了”的消息。Chalkboard 的第 2 组积木用于在接收到“高考”的消息后切换背景为 Blue sky2。

（6）程序运行后，在黑板上会显示距离高考还有 9 天。每过去 1 天，舞台就会变暗再变亮一次。当倒计时过去 9 天后，背景会发生切换，并显示“祝您金榜题名”，效果如图 8.14 所示。

祝您金榜题名

图8.14　高考倒计时

8.3 疯狂的足球：自定义共有变量

扫一扫，看视频

足球是一项十分有趣的运动。踢球时，力量越大，足球移动的速度就越快。在历史记录中，足球的最高时速是 222 千米 / 小时，这个时速相当于飞机起飞的速度。在本课程中，将操控一个足球的移动速度。

基础知识

本课程要新学习到以下按钮。

- 建立一个变量【建立一个变量】按钮：该按钮用于创建一个自定义变量。由于自定义变量是用户自己创建的，因此其具体用途由用户决定。在本课程中，将使用该按钮创建一个共有变量。

课程实现

下面将分步讲解如何实现“疯狂的足球”。

（1）在积木区的变量分类中，单击“建立一个变量”按钮，打开“新建变量”对话框，并在“新变量名”输入框中设置变量名为“速度”。选中“适用于所有角色”单选按钮，然后单击“确定”按钮，关闭此对话框。此时，变量积木区就会出现一个名为“速度”的变量，该变量前的单选框默认为被选中状态，并会显示在舞台中。创建“速度”变量的过程如图 8.15 所示。

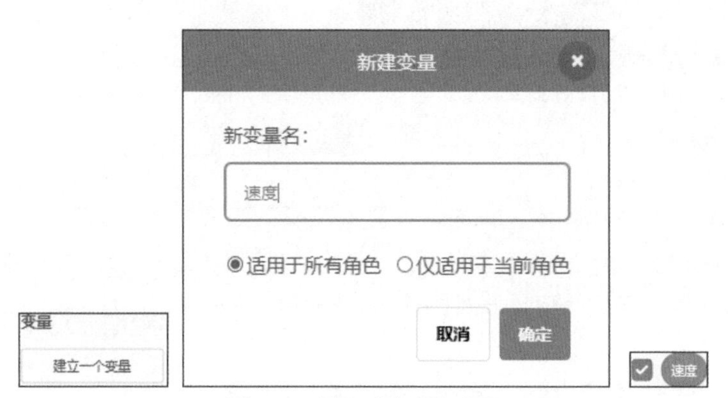

图8.15　创建“速度”变量

编程技巧

在 Scratch 中，自定义的变量分为共有变量和私有变量两种。共有变量对所有角色和背景可见，即所有的背景和角色都能使用该变量；私有变量只对创建它时所在的角色或背景可见，其他角色和背景不能使用该变量。这就相当于共享单车与私人单车的区别。共享单车是所有人都可以扫码使用，而私人单车只能被车的主人使用。在本课程中，创建变量时选择“适用于所有角色”就是表明该变量属于共有变量，可以被所有的角色和背景使用。

（2）设置舞台背景为 Soccer（足球），并在舞台中添加足球角色 Soccer Ball（足球）。然后，添加加速按钮角色 Button2（按钮 2），并在该角色的“造型”选项卡中输入“加速”的文本内容；添加减速按钮角色 Button2（按钮 2）（由于名称重复，该角色名自动被修改为 Button3），并在该角色的“造型”选项卡中输入“减速”的文本内容，效果如图 8.16 所示。

（3）为足球角色 Soccer Ball 添加一组积木，如图 8.17 所示。

图8.16　背景和角色

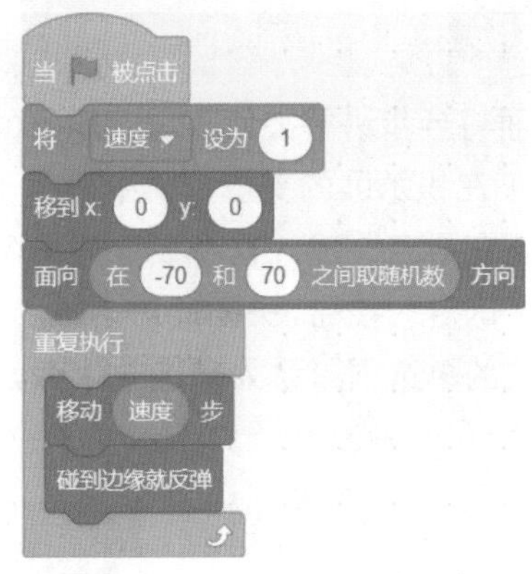

图8.17　Soccer Ball的积木

📍 功能讲解

Soccer Ball 的积木的作用：首先，设置“速度”变量为 1，并初始化 Soccer Ball 角色的位置；然后，让 Soccer Ball 角色面向一个随机位置；最后，通过重复执行的方式使 Soccer Ball 角色以“速度”变量设置的值进行移动，并在碰到舞台边缘后进行反弹。

（4）为加速按钮角色 Button2 添加一组积木，如图 8.18 所示。

📍 功能讲解

Button2 的积木用于在点击“加速”按钮后，使“速度”变量的值增加 10，从而让 Soccer Ball 角色移动得更快。

（5）为减速按钮角色 Button3 添加一组积木，如图 8.19 所示。

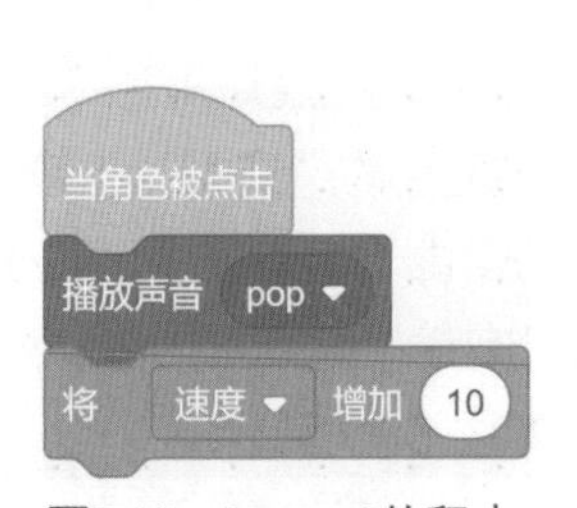

图8.18　Button2的积木

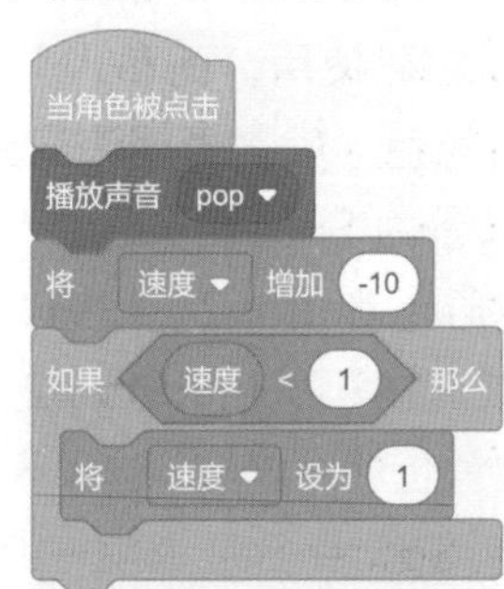

图8.19　Button3的积木

📍 功能讲解

Button3 的积木用于在点击“减速”按钮后，使“速度”变量的值减少 10，从而让

Soccer Ball 角色移动得更慢。为了避免“速度”变为负数，需要使用判断条件来判断“速度”变量的值是否小于 1。如果小于 1，则将“速度”变量设置为 1，以保证足球的最低移动速度为 1。

（6）程序运行后，足球角色 Soccer Ball 会缓慢地移动。当点击“加速”按钮后，足球角色 Soccer Ball 的移动速度变快；当点击“减速”按钮后，足球角色 Soccer Ball 的移动速度变慢，效果如图 8.20 所示。

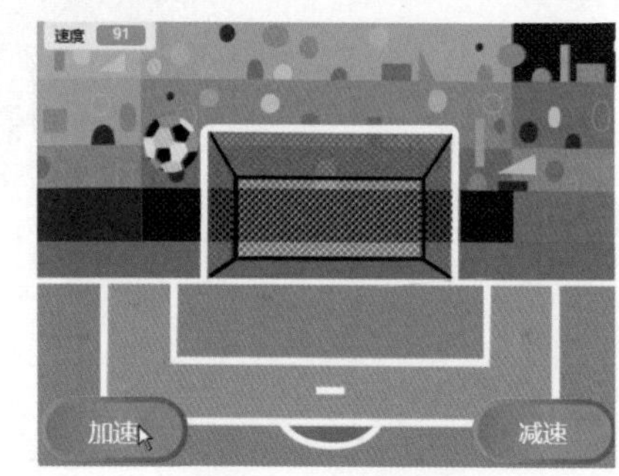

图8.20　疯狂的足球

8.4 海里的小鱼：自定义私有变量

在海洋深处，生存着各种各样的鱼类。它们色彩斑斓，每日都在大海里尽情畅游，展现着自由的姿态。在本课程中，将创造出一群小鱼，让它们具有各种颜色，并四处游动。

扫一扫，看视频

基础知识

本课程要学习到以下按钮。

- 建立一个变量【建立一个变量】按钮：该按钮的详细介绍见 8.3 节。在本课程中，将使用该按钮创建一个私有变量。

课程实现

下面将分步讲解如何实现“海里的小鱼”。

（1）设置舞台背景为 Underwater 1（水下 1），并在舞台中添加小鱼角色 Fish（鱼）。在积木区的变量分类中，单击“建立一个变量”按钮，打开“新建变量”对话框，并在“新变量名”输入框中设置变量名为“编号”。选中“仅适用于当前角色”单选按钮，然后单击“确定”按钮，关闭此对话框。此时，变量积木区就会出现一个名为“编号”的变量，该变量前的单选框默认为被选中状态，并会显示在舞台中。由于该变量为私有变量，所以在舞台中会显示为“Fish：编号 0”，其含义依次为变量所属角色名、变量名和变量的值，效果如图 8.21 所示。

图8.21　背景、角色和私有变量

（2）为小鱼角色 Fish 添加 3 组积木，如图 8.22~ 图 8.24 所示。

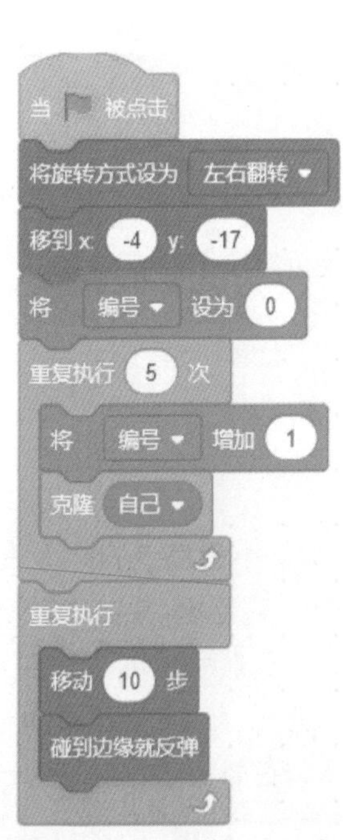

图8.22　Fish的第1组积木

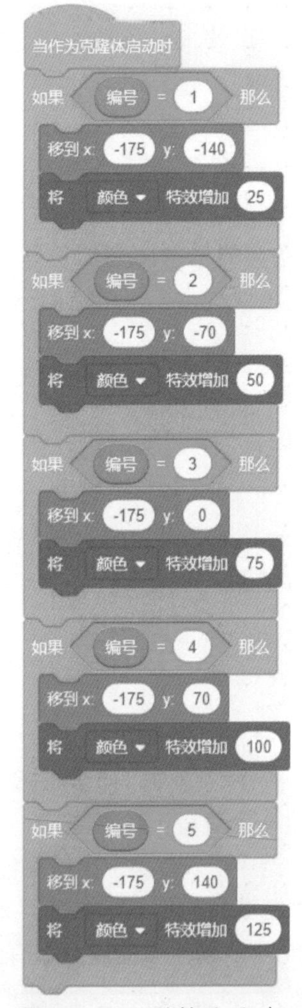

图8.23　Fish的第2组积木

图8.24　Fish的第3组积木

功能讲解

Fish 的第 1 组积木用于初始化 Fish 角色的旋转方式和位置；然后设置“编号”为 0，并通过重复执行的方式克隆 5 个 Fish 角色，为每个 Fish 角色添加一个编号；最后再次通过重复执行的方式让小鱼来回游动。Fish 的第 2 组积木的作用是根据 Fish 角色（克隆体）的编号不同，使 Fish 角色（克隆体）移动到指定位置，并增加不同值的“颜色”特效。Fish 的第 3 组积木用于让所有 Fish 角色（克隆体）都来回游动。

编程技巧

在 Scratch 中，每创建一个克隆体，该克隆体就是一个全新的角色。此时，设置“编号”变量为唯一的数值，就像为克隆体添加了唯一的编号。通过该数值，可以控制对应的克隆体。

就像工厂生产汽车，同一品牌同一型号的汽车外观是相同的。将一辆新车 A 和其他新车停放在一起，人们无法通过外观找出新车 A。所以，工厂每生产一辆汽车，就会为其添加一个唯一的编号。人们通过编号就可以从众多的新车中找到新车 A。

（3）程序运行后，舞台中会出现 6 条来回游动的小鱼角色 Fish。其中，黄色小鱼是本体，其他小鱼都是克隆体，效果如图 8.25 所示。

图8.25　海里的小鱼

8.5 聪明的机器人：加法运算

在宇宙飞船中，存在一个非常智能的机器人。只要你告诉它两个数字，它就能计算出这两个数字的和。在本课程中，将制造这样一个机器人。

扫一扫，看视频

基础知识

本课程要新学习到以下积木。

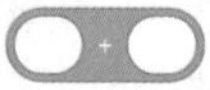

- 【( ) + ( )】：该积木用于计算两个数字或变量积木的和。在需要使用加法运算的地方，都可以使用该积木，并且可以将它嵌套使用，实现多个数字的求和计算。

课程实现

下面将分步讲解如何实现“聪明的机器人”。

（1）设置舞台背景为 Spaceship（宇宙飞船），并在舞台中添加机器人角色 Retro Robot（罗伯特机器人）。然后，创建两个共有变量“加数 1”和“加数 2”，效果如图 8.26 所示。

加数1 0
加数2 0

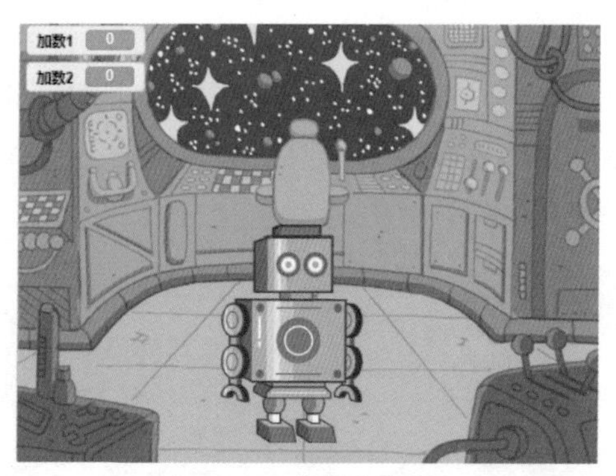

图8.26　背景和角色

（2）为机器人角色 Retro Robot 添加两组积木，如图 8.27 和图 8.28 所示。

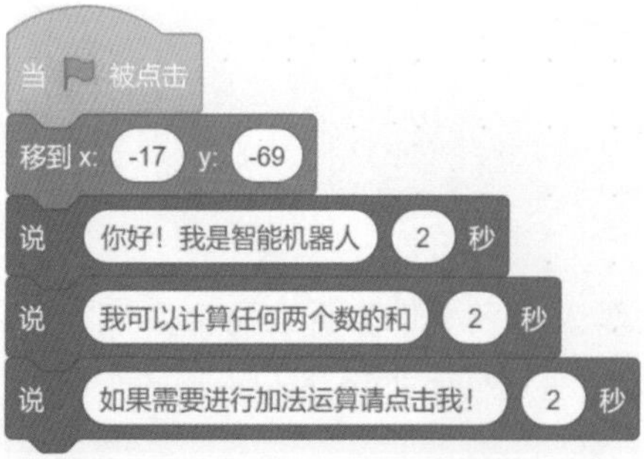

当 被点击
移到 x: -17 y: -69
说 你好！我是智能机器人 2 秒
说 我可以计算任何两个数的和 2 秒
说 如果需要进行加法运算请点击我！ 2 秒

图8.27　Retro Robot的第1组积木

当角色被点击
询问 请输入第1个数字 并等待
将 加数1 设为 回答
询问 请输入第2个数字 并等待
将 加数2 设为 回答
说 两个数的和为 2 秒
说 加数1 + 加数2 2 秒

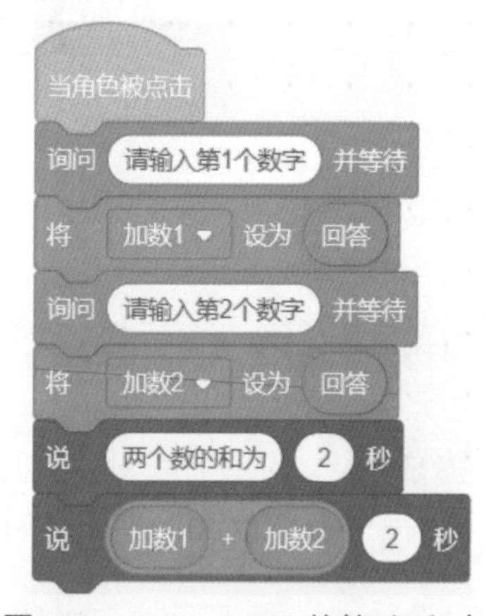

图8.28　Retro Robot的第2组积木

功能讲解

Retro Robot 的第 1 组积木用于初始化 Retro Robot 角色的位置，然后通过对话框来说明 Retro Robot 角色的使用规则。Retro Robot 的第 2 组积木用于在点击 Retro Robot 角色后，提示用户输入第 1 个数字，然后将用户输入的数字保存到“加数 1”变量中；接着提示用户输入第 2 个数字，并将用户输入的数字保存到“加数 2”变量中；最后进行加法运算，并通过对话框来显示运算结果。

（3）程序运行后，用户根据机器人角色 Retro Robot 的询问输入要计算的两个数字后，它会通过对话框的方式返回两个数字的和，效果如图 8.29 所示。

图8.29　聪明的机器人

8.6 欢迎入校：连接字符串

当小朋友第一次去学校报到时，接待新生的老师通常会询问他们的名字，接着老师会热情地欢迎他们加入学校这一大家庭。在本课程中，将实现小朋友初入学校时的场景。

扫一扫，看视频

基础知识

本课程要新学习到以下积木。

- 连接 苹果 和 香蕉【连接（苹果）和（香蕉）】：该积木的作用是将两个字符或字符串进行连接，从而形成一个新的字符串。字符是指单个符号（如 a）；字符串为多个字符［如 apple（苹果）］。该积木也可以通过嵌套的方式连接多个字符串。

课程实现

下面将分步讲解如何实现“欢迎入校”。

（1）设置舞台背景为 School（学校），并在舞台中添加老师角色 Avery（艾弗里）和学生角色 Jaime（杰米），效果如图 8.30 所示。

图8.30　背景和角色

（2）为老师角色 Avery 添加两组积木，如图 8.31 和图 8.32 所示。

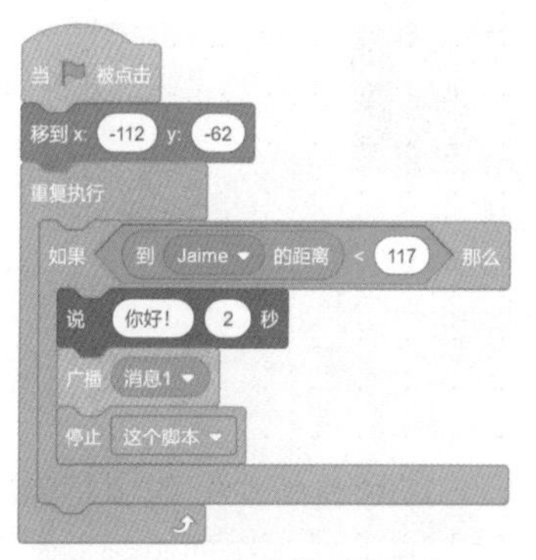

图8.31　Avery的第1组积木

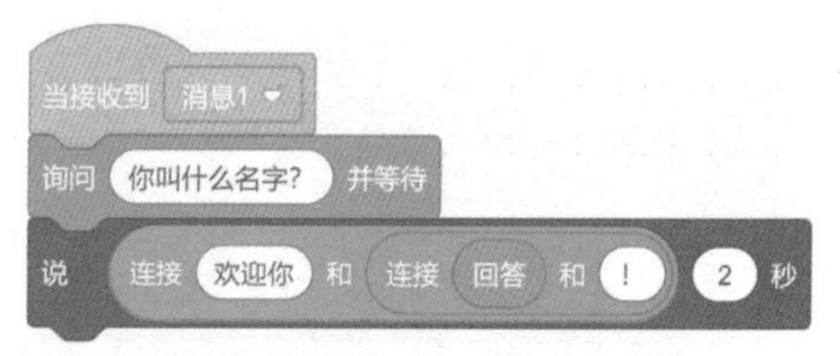

图8.32　Avery的第2组积木

功能讲解

Avery 的第 1 组积木用于初始化 Avery 角色的位置，并判断 Jaime 角色与 Avery 角色的距离。如果小于指定距离，则说明 Avery 角色和 Jaime 角色为面对面状态。此时，Avery 角色向 Jaime 角色打招呼，并广播“消息 1”，然后停止当前脚本。Avery 的第 2 组积木用于在接收到“消息 1”后询问角色的名字，然后使用该角色的名字，欢迎他的到来。

（3）为学生角色 Jaime 添加两组积木，如图 8.33 和图 8.34 所示。

当 被点击
移到x: 221 y: -81
将旋转方式设为 左右翻转
面向 -90 方向
在 1 秒内滑行到x: 3 y: -81

图8.33　Jaime的第1组积木

图8.34　Jaime的第2组积木

功能讲解

Jaime 的第 1 组积木用于初始化 Jaime 角色的位置、旋转方式和方向，然后让学生在 1 秒内走到 Avery 角色的旁边。Jaime 的第 2 组积木用于在 Jaime 角色移动的同时切换造型，用于模拟走路的动画效果；当 Jaime 角色到达指定位置后，切换为对话造型。

（4）程序运行后，学生角色 Jaime 走到老师角色 Avery 旁边，老师角色 Avery 会和学生角色 Jaime 打招呼并询问其名字。当用户输入名字后，老师角色 Avery 会使用输入的名字欢迎小朋友入校，效果如图 8.35 所示。

图8.35　欢迎入校

8.7 树上有十只鸟：减法运算

扫一扫，看视频

树上有十只鸟，打中其中一只后，还剩下多少只鸟？这个问题既是一个纯数学的减法问题，又是一个考查发散性思维的测试问题。从数学答案显而易见，是 9 只。如果将其视作测试思维的题目，那么它的答案变得多样化。在本课程中，将探索这个有趣的问题。

基础知识

本课程要新学习到以下积木。

- ( ) - ( )【( ) – ( )】：该积木用于实现两个数字或变量积木的减法运算，并且通过嵌套使用，也可以用于实现多个数字之间的减法运算。

课程实现

下面将分步讲解如何求解“树上有十只鸟”的问题。

（1）设置舞台背景为 Spaceship（丛林），并在舞台中添加小女孩角色 Fairy（天使）、3 只小鸟角色 Toucan（鵎鵼，拼音为 tuǒ kōng，又名巨嘴鸟），分别命名为 Toucan、Toucan2 和 Toucan3。创建“树上的鸟”一个共有变量，用于保存树上小鸟的数量，效果如图 8.36 所示。

图8.36　背景和角色

（2）为小女孩角色 Fairy 添加两组积木，如图 8.37 和图 8.38 所示。

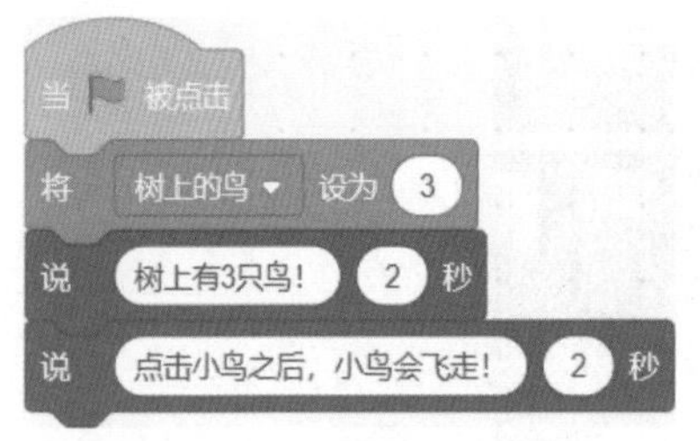

图8.37　Fairy的第1组积木

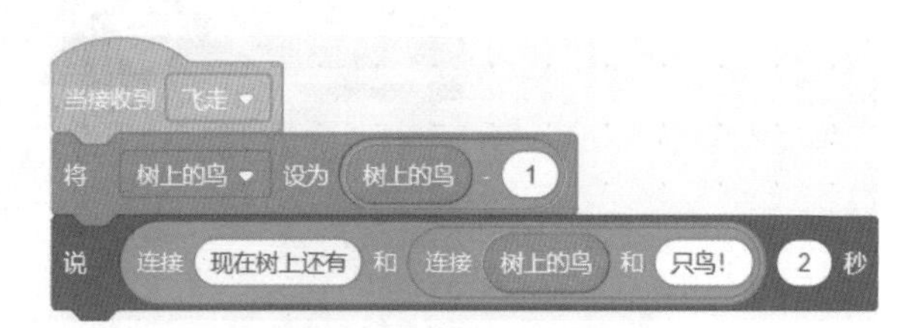

图8.38　Fairy的第2组积木

功能讲解

Fairy 的第 1 组积木用于初始化“树上的鸟”变量值为 3，然后通过对话框显示“树上有 3 只鸟！”和“点击小鸟之后，小鸟会飞走”的游戏规则；Fairy 的第 2 组积木用于在接收到“飞走”的消息后，设置“树上的鸟”变量值为进行减法运算后的值并通过对话框显示当前树上小鸟的数量。

（3）为小鸟角色 Toucan 添加两组积木，如图 8.39 和图 8.40 所示。

（4）为小鸟角色 Toucan2 添加两组积木，如图 8.41 和图 8.42 所示。

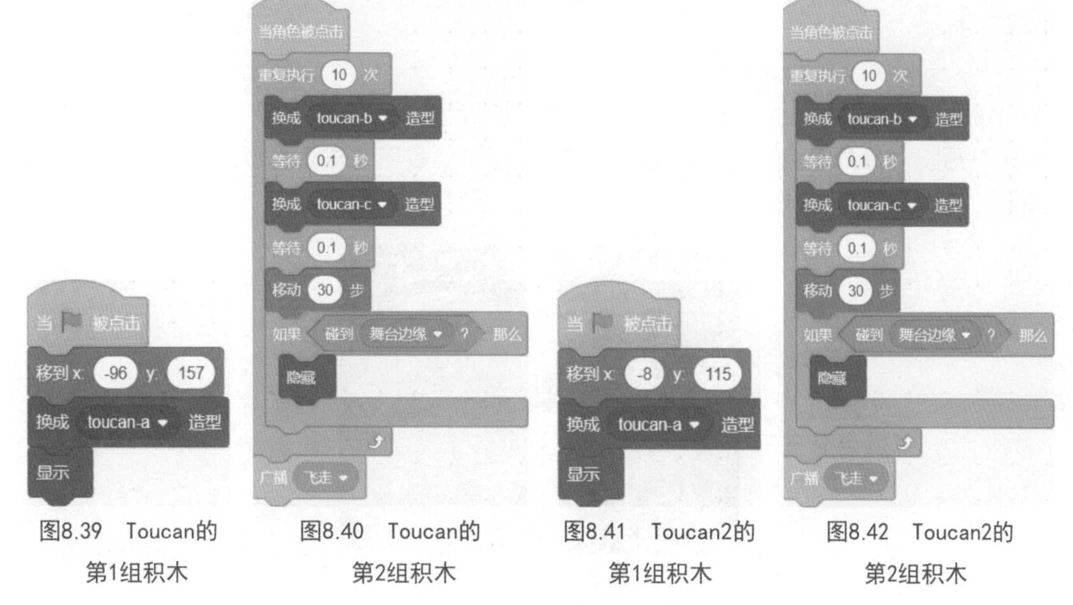

图8.39　Toucan的第1组积木

图8.40　Toucan的第2组积木

图8.41　Toucan2的第1组积木

图8.42　Toucan2的第2组积木

（5）为小鸟角色 Toucan3 添加两组积木，如图 8.43 和图 8.44 所示。

图8.43　Toucan3的第1组积木

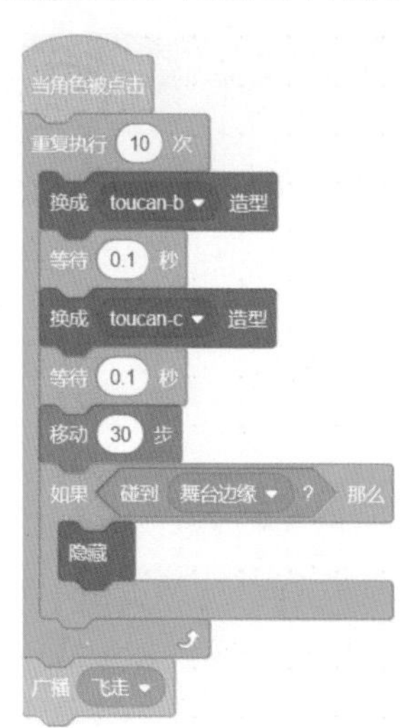

图8.44　Toucan3的第2组积木

功能讲解

Toucan 的第 1 组积木用于初始化 Toucan 角色的位置和造型，并设置 Toucan 角色为“显示”状态；Toucan 的第 2 组积木用于在 Toucan 角色被点击后，通过重复执行的方式向右飞走，当碰到舞台边缘后切换为“隐藏”状态，并广播“飞走”的消息。Toucan2 和 Toucan3 的积木与 Toucan 的积木功能基本相同，唯一区别是初始化位置不同，其他不再赘述。

（6）程序运行后，小女孩角色 Fairy 会通过对话框显示“树上有 3 只鸟！”，当用户点击一只鸟后，对应的鸟会飞走，此时小女孩角色 Fairy 会通过对话框显示“现在树上还有 2 只鸟！”，效果如图 8.45 所示。

图8.45　树上的小鸟

8.8 吃苹果的外星人：乘法运算

扫一扫，看视频

一个外星人被一颗红彤彤的苹果所吸引。他十分想品尝苹果，但是需要先正确回答问题，否则，他只能望着苹果流口水。在本课程中，将“考验”一下这个外星人。

基础知识

本课程要新学习到以下积木。

- 【( ) * ( )】：该积木用于实现两个数字或变量积木的乘法运算，并且通过嵌套方式，也可以用于实现多个数字之间的乘法运算。

课程实现

下面将分步讲解如何实现“吃苹果的外星人”。

（1）设置舞台背景为 Space City 2（天空之城 2），并在舞台中添加外星人角色 Pico Walking（行走的比克）、和平鸽角色 Dove（鸽子）和 3 个苹果角色 Apple（苹果），并分别命名为 Apple、Apple2 和 Apple3。创建“乘数 1”和“乘数 2”两个变量，效果如图 8.46 所示。

图8.46 背景和角色

（2）为外星人角色 Pico Walking 添加 4 组积木，如图 8.47~ 图 8.50 所示。

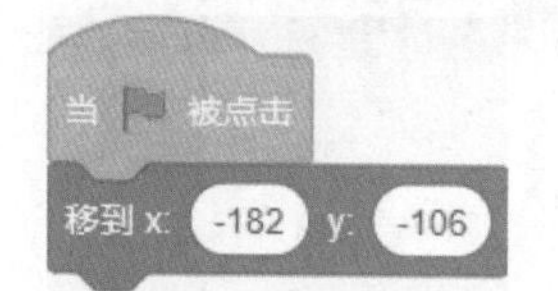

图8.47 Pico Walking的第1组积木

图8.48 Pico Walking的第2组积木

图8.49 Pico Walking的第3组积木

图8.50 Pico Walking的第4组积木

功能讲解

Pico Walking 的第 1 组积木用于初始化 Pico Walking 角色的位置；Pico Walking 的第 2 组积木用于在接收到“第 2 题”的消息后，将 Pico Walking 角色移动到 Apple 角色处；Pico Walking 的第 3 组积木用于在接收到“第 3 题”的消息后，将 Pico Walking 角色移动到 Apple2 角色处；Pico Walking 的第 4 组积木用于在接收到“结束”的消息后，将 Pico Walking 角色移动到 Apple3 角色处。

（3）为和平鸽角色 Dove 添加两组积木，如图 8.51 和图 8.52 所示。

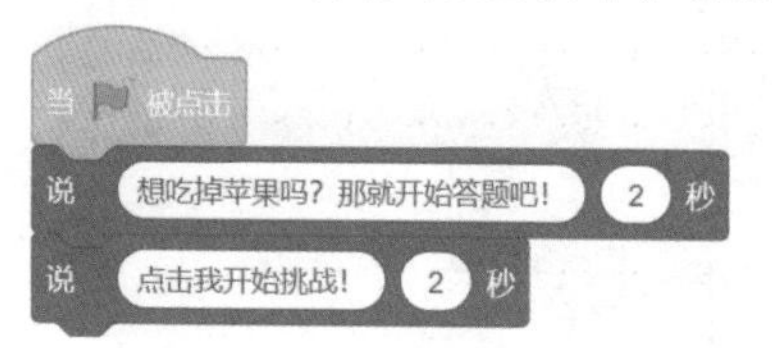

图8.51 Dove的第1组积木

图8.52 Dove的第2组积木

功能讲解

Dove 的第 1 组积木用于介绍挑战规则；Dove 的第 2 组积木用于在用户点击 Dove 角色后启动挑战，并广播“开始”的消息。

（4）为苹果角色 Apple 添加两组积木，如图 8.53 和图 8.54 所示。

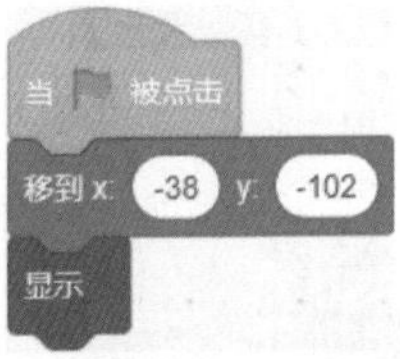

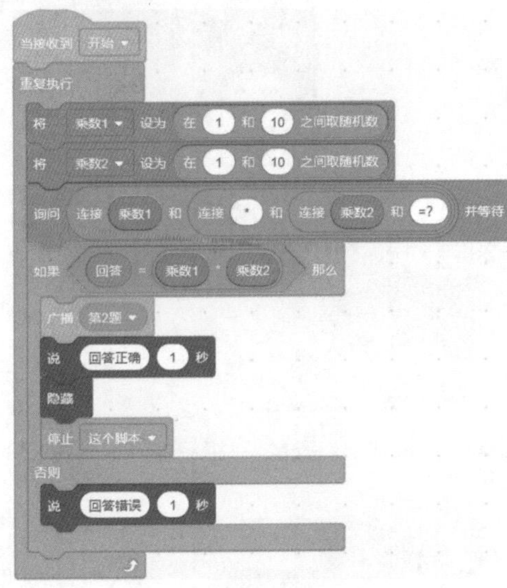

图8.53 Apple的第1组积木

图8.54 Apple的第2组积木

（5）为苹果角色 Apple2 添加两组积木，如图 8.55 和图 8.56 所示。

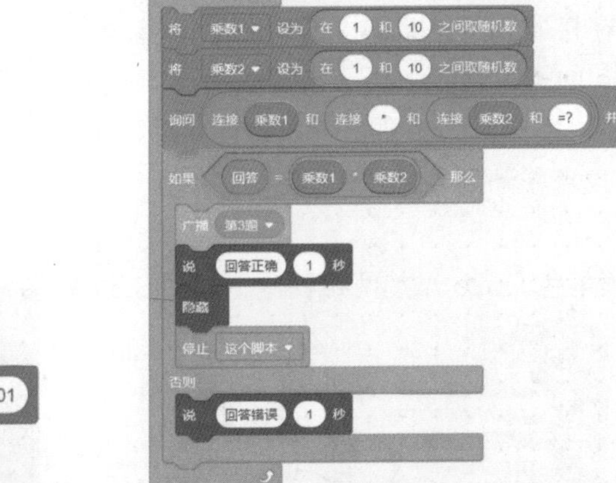

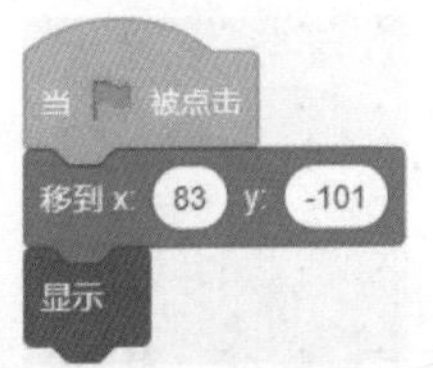

图8.55 Apple2的第1组积木

图8.56 Apple2的第2组积木

（6）为苹果角色 Apple3 添加两组积木，如图 8.57 和图 8.58 所示。

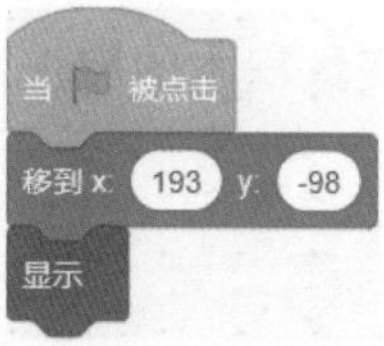

图8.57　Apple3的第1组积木 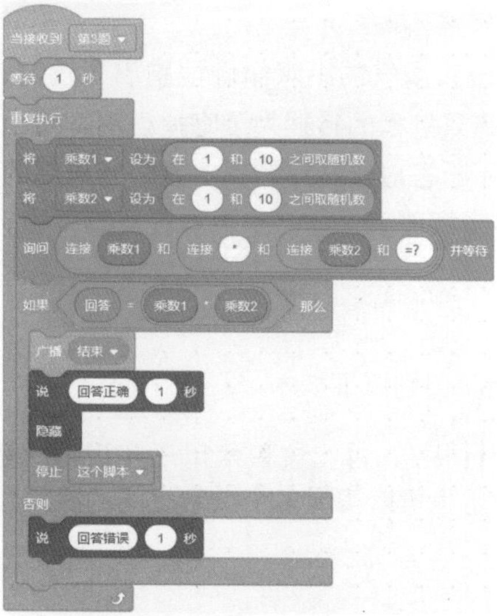　　图8.58　Apple3的第2组积木

功能讲解

Apple 的第 1 组积木用于初始化 Apple 角色的位置并显示该角色。Apple 的第 2 组积木用于在接收到对应消息后等待 1 秒，然后通过重复执行的方式检查提出的问题是否回答正确。首先，将“乘数 1”变量和“乘数 2”变量设置为两个随机值，然后通过【询问（ ）积木并等待】积木提出问题，并等待用户回答。如果用户回答正确，就广播指定消息，通过对话框显示“回答正确”并设置当前的 Apple 角色为“隐藏”状态，最后停止当前脚本；如果用户回答错误，则通过对话框显示“回答错误”，并再次进行提问。Apple2 和 Apple3 的积木与 Apple 的积木功能基本相同，这里不再赘述。

（7）程序运行后，和平鸽角色 Dove 会显示挑战规则，当用户单击和平鸽角色 Dove 后开始挑战。3 个苹果角色会依次提出一个乘法计算题。当用户回答正确后，外星人角色 Pico Walking 就会吃掉提出问题的苹果角色，效果如图 8.59 所示。

图8.59　吃苹果的外星人

8.9 狡猾的狐狸：除法运算

扫一扫，看视频

一只淘气的小鸡偷偷地跑出了鸡窝，而在鸡窝的不远处藏着一只狡猾的狐狸。这只狡猾的狐狸为了吃掉小鸡，给小鸡设置了重重障碍——各种问题。小鸡只有不断答对这些问题，才能回到母鸡的身边；如果答错，则会不断地滑向狐狸。在本课程中，将讲解狐狸是如何给小鸡设置障碍的。

基础知识

本课程要新学习到以下积木。

- 【( ) / ( )】：该积木用于实现两个数字或变量积木的除法运算。该积木通过嵌套使用也可以实现多个数字之间的除法运算。

课程实现

下面将分步讲解如何实现“狡猾的狐狸”。

（1）设置舞台背景为 Farm（农场），并在舞台中添加狐狸角色 Fox（狐狸）、小鸡角色 Chick（小鸡）和母鸡角色 Hen（母鸡）。创建“被除数”与“除数”两个共有变量，效果如图 8.60 所示。

（2）为狐狸角色 Fox 添加两组积木，如图 8.61 和图 8.62 所示。

图8.60 背景和角色

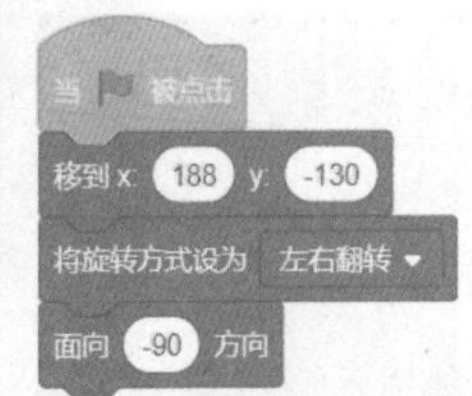

图8.61 Fox的第1组积木

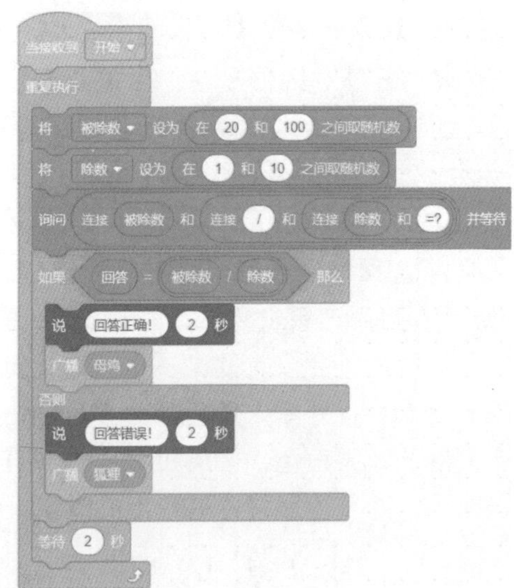

图8.62 Fox的第2组积木

功能讲解

Fox 的第 1 组积木用于初始化 Fox 角色的位置、旋转方式和方向。Fox 的第 2 组积木用于在接收到“开始”的消息后重复执行。首先设置“被除数”和“除数”为随机值，然后触发问题并等待用户的回答。当用户回答问题后，对答案进行判断，若答案正确，就显示“回答正确！”，并广播“母鸡”的消息；若答案错误，就显示“回答错误！”，并广播“狐狸”的消息。最后，等待 2 秒，让 Chick 角色做出对应的移动操作。

（3）为小鸡角色 Chick 添加 3 组积木，如图 8.63~ 图 8.65 所示。

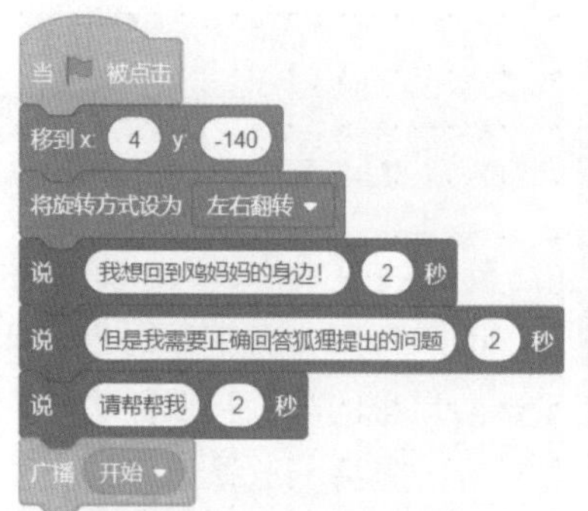

图8.63　Chick的第1组积木

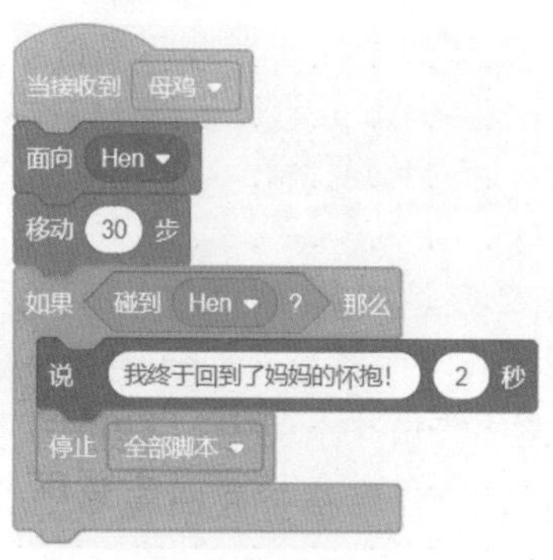

图8.64　Chick的第2组积木

图8.65　Chick的第3组积木

功能讲解

Chick 的第 1 组积木用于初始化 Chick 角色的位置和旋转方式，并通过对话框请求用户帮助它回答问题，最后广播“开始”的消息。Chick 的第 2 组积木用于在接收到“母鸡”的消息后，表示回答正确，便让 Chick 角色面向 Hen 角色并移动 30 步，然后判断 Chick 角色是否碰到了 Hen 角色。如果 Chick 角色碰到了 Hen 角色，则显示“我终于回到了妈妈的怀抱！”，最后终止全部脚本。Chick 的第 3 组积木用于在接收到“狐狸”的消息后，表示回答错误，便让 Chick 角色面向 Fox 角色并移动 30 步，然后判断 Chick 角色是否碰到了 Fox 角色。如果 Chick 角色碰到了 Fox 角色，则显示“我再也见不到妈妈了！”，最后终止全部脚本。

（4）程序运行后，小鸡角色 Chick 会请求用户帮它回答问题，然后狐狸角色 Fox 开始出题，用户进行答题。若回答正确，则会让小鸡角色 Chick 向母鸡角色 Hen 移动；若回答错误，则会让小鸡角色 Chick 向狐狸角色 Fox 移动。在移动过程中，如果小鸡角色 Chick 碰到母鸡角色 Hen 或者狐狸角色 Fox，则游戏结束。例如，小鸡角色 Chick 碰到狐狸角色 Fox 后，效果如图 8.66 所示。

图8.66 狡猾的狐狸

8.10 车牌尾号限行：求余运算

扫一扫，看视频

在整数中能被 2 整除的数叫作偶数，不能被 2 整除的数叫作奇数。日常生活中，人们通常把奇数叫作单数，把偶数叫作双数。为了缓解交通压力，一些拥堵的城市采取了车牌尾号限行的措施。他们规定了奇数尾号的车辆和偶数尾号的车辆在不同时间段内交替上路。这一举措有效地缓解了交通拥堵，提高了道路通行能力。在本课程中，将根据车牌尾号来判断是否放行车辆。

基础知识

本课程要新学习到以下积木。

- （ ）除以（ ）的余数【( ) 除以 ( ) 的余数】：该积木用于实现两个数字或变量积木的求余运算。该积木通过嵌套使用，也可以实现多个数字之间的求余运算。

课程实现

下面将分步讲解如何实现“车牌尾号限行”。

（1）设置舞台背景为 Night City With Street（城市夜晚的街道），并在舞台中添加汽车角色 Convertible（敞篷车）和哨子角色 Referee（裁判），效果如图 8.67 所示。

（2）为汽车角色 Convertible 添加 3 组积木，如图 8.68~ 图 8.70 所示。

图8.67 背景和角色

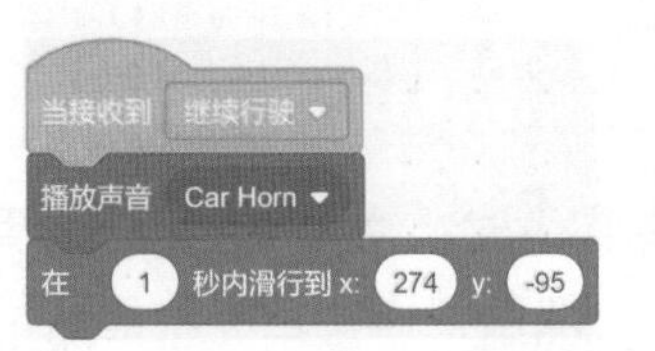

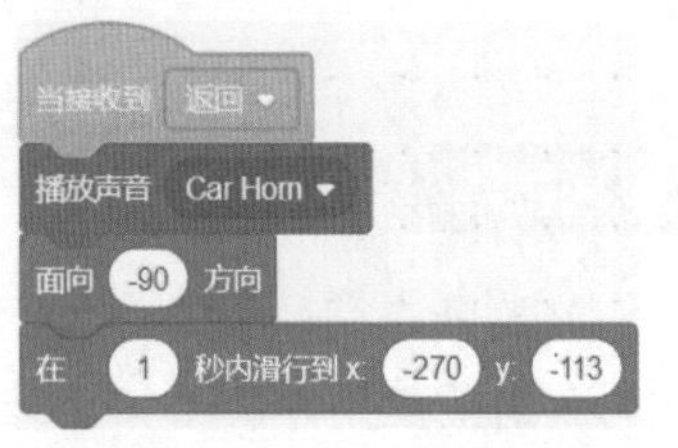

图8.68　Convertible的第1组积木　图8.69　Convertible的第2组积木　图8.70　Convertible的第3组积木

功能讲解

Convertible 的第 1 组积木用于初始化 Convertible 角色的位置、方向和旋转方式，然后让 Convertible 角色移动到指定位置并播放声音；Convertible 的第 2 组积木用于在接收到“继续行驶”的消息后，Convertible 角色播放声音，然后继续向右行驶；Convertible 的第 3 组积木用于在接收到“返回”的消息后，Convertible 角色播放声音，然后掉头回到起始点。

（3）为哨子角色 Referee 添加一组积木，如图 8.71 所示。

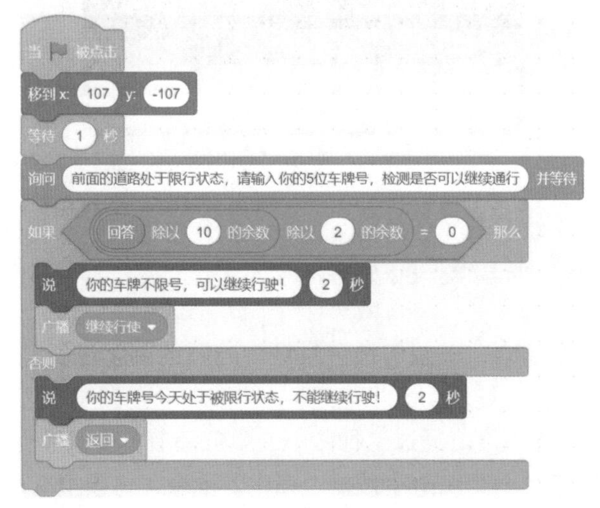

图8.71　Referee的积木

功能讲解

Referee 的积木用于初始化 Referee 角色的位置并等待 1 秒，然后询问车主的车牌号，并判断车牌尾号是奇数还是偶数。如果结果是偶数，就允许车辆继续行驶，并广播“继续行驶”的消息；如果结果是奇数，就拒绝车辆继续行驶，并广播“返回”的消息。

编程技巧

在判断车牌尾号是奇数还是偶数时，需要分两个步骤实现。首先，需要获取车牌尾号，此时就需要使用车牌号与 10 进行取余操作，这样就能获取到车牌尾号。例如，50505 除以 10 的余数为 5。然后，再使用车牌尾号除以 2 进行取余操作，查看余数是否等于 0。如果等于 0，则表示尾号为偶数，否则为奇数。如果玩家输入的车牌号是以字母结尾，在计算车牌尾号时，字母会被 Scratch 软件当作 0 进行处理，所以尾号为 0 的汽车都不限行。

（4）程序运行后，汽车会行驶到检查站。哨子角色 Referee 提示用户输入车牌号，然后根据车牌尾号是偶 / 奇数选择让汽车继续行驶 / 返回起始点，效果如图 8.72 所示。

图8.72　车牌尾号限行

8.11 商家的小妙招：向下取整

扫一扫，看视频

在日常生活中，一些店铺会对经常光顾的顾客进行抹零操作，即在结账时不收取多出的几毛钱。商家相信这种小额抹零能够提升顾客对店铺的好感度，从而增加他们的忠诚度。通过这种微小的服务细节，商家在无形中提升了顾客对店铺的满意度，这也是商家的一个生财小妙招。在本课程中，将模拟实现自动抹零操作。

基础知识

本课程要新学习到以下积木。

- 向下取整 ▾ 【(向下取整)( )】：该积木位于【绝对值】积木的下拉菜单中。它可以舍去数字的小数部分，只保留数字的整数部分。

课程实现

下面将分步讲解如何实现“商家的小妙招”。

（1）在舞台中添加草莓角色 Strawberry（草莓）、香蕉角色 Bananas（香蕉）、苹果角色 Apple（苹果）和水桶角色 Takeout（外卖食品）。创建“总价”全局变量，效果如图 8.73 所示。

图8.73　背景和角色

（2）为草莓角色 Strawberry 添加 3 组积木，如图 8.74~ 图 8.76 所示。

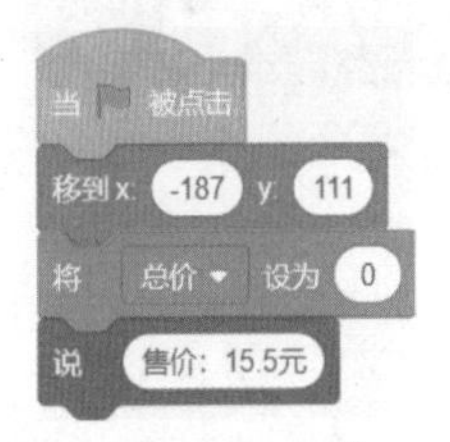

图8.74　Strawberry的第1组积木

图8.75　Strawberry的第2组积木

图8.76　Strawberry的第3组积木

（3）为香蕉角色 Bananas 添加 3 组积木，如图 8.77~ 图 8.79 所示。

图8.77　Bananas的第1组积木

图8.78　Bananas的第2组积木

图8.79　Bananas的第3组积木

（4）为苹果角色 Apple 添加 3 组积木，如图 8.80~ 图 8.82 所示。

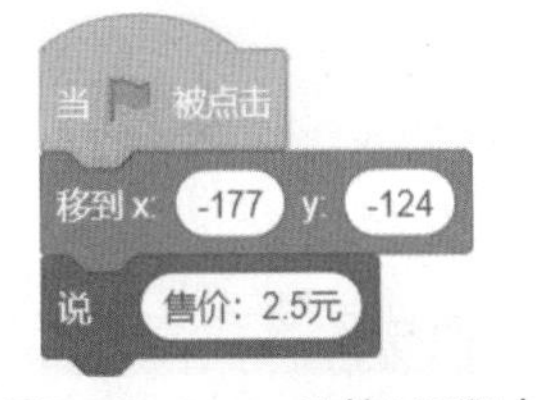

图8.80　Apple的第1组积木

图8.81　Apple的第2组积木

图8.82　Apple的第3组积木

功能讲解

Strawberry 的第 1 组积木用于初始化 Strawberry 角色的位置并显示价格；Strawberry 的第 2 组积木用于在 Strawberry 角色被点击后，克隆 Strawberry 角色并设置“总价”变量的值；Strawberry 的第 3 组积木用于将克隆体移动到水桶中。Bananas 和 Apple 的积木与 Strawberry 的积木功能基本相同，只有设置变量的值以及初始化角色位置时有所不同，这里不再赘述。

（5）为水桶角色 Takeout 添加两组积木，如图 8.83 和图 8.84 所示。

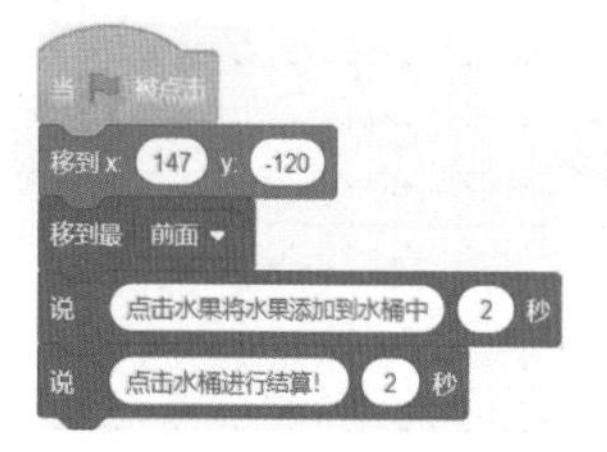

图8.83　Takeout的第1组积木

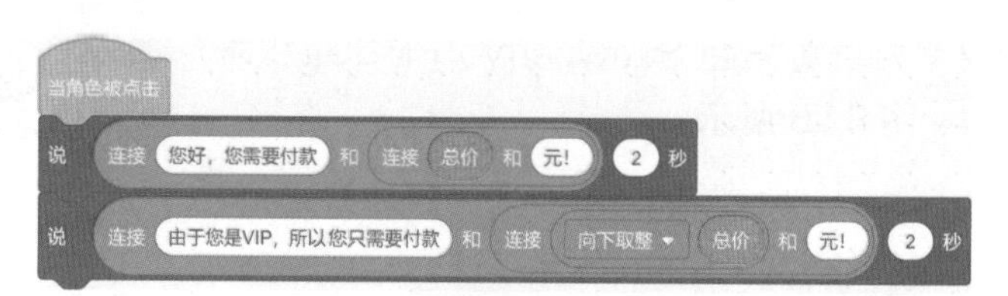

图8.84　Takeout的第2组积木

功能讲解

Takeout 的第 1 组积木用于初始化 Takeout 角色的位置和图层，然后通过对话框显示该程序的使用规则；Takeout 的第 2 组积木用于在 Takeout 角色被点击后，计算出商品的全部价格，然后计算 VIP 用户向下取整后应付的金额。

（6）程序运行后，水桶角色 Takeout 会介绍如何购买商品和进行结算。同时，每种水果都会显示价格。当用户使用鼠标点击对应的水果后，对应的水果会移动到水桶角色 Takeout 中，表示购买；当用户点击水桶角色 Takeout 后，水桶角色 Takeout 会显示所有水果的价格，还会显示 VIP 客户应付的金额。效果如图 8.85 所示。

图8.85　商家的小妙招

8.12 取近似值：四舍五入

太阳是太阳系的中心天体，占据了太阳系总体质量的 99.86%。其直径约为 1392000 千米，相当于地球直径的 109 倍；体积约为地球的 130 万倍；质量约为 2×10^{30} 千克，大约是地球质量的 330000 倍。由于这些数值都非常庞大，因此常采用近似值。在近似值计算中，通常采用四舍五入规则：如果末位大于或等于 5，则进位保留；如果末位小于 5，则舍去末位。例如，圆周率 3.1415926……，经四舍五入后约为 3.14。在本课程中，将实现点击相应物品显示其重量的近似值的过程。

扫一扫，看视频

基础知识

本课程要新学习到以下积木。

- 四舍五入 【四舍五入（ ）】：该积木对指定的数字或积木进行四舍五入运算。它一般可以用于计算倍数、取整等运算中。

课程实现

下面将分步讲解如何实现“取近似值”。

（1）设置舞台背景为 Stripes（条纹），并在舞台中添加斑马角色 Zebra（斑马）、企鹅角色 Penguin（企鹅）、狮子角色 Lion（狮子）和兔子角色 Hare（兔子）。在这 4 个动物角色的“造型”界面中，通过“文本”工具添加对应动物的重量值，效果如图 8.86 所示。

图8.86　背景和角色

（2）为斑马角色 Zebra 添加两组积木，如图 8.87 和图 8.88 所示。

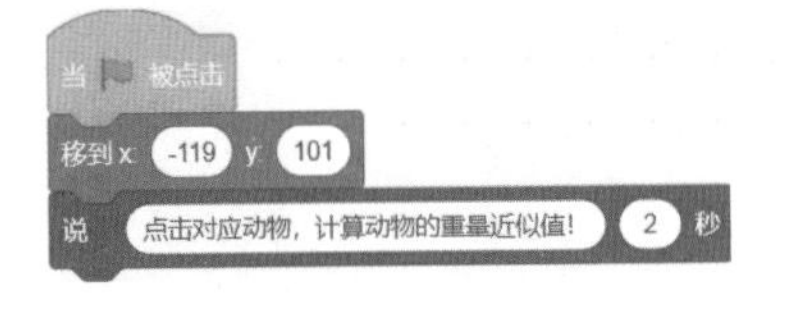

图8.87　Zebra的第1组积木

图8.88　Zebra的第2组积木

功能讲解

Zebra 的第 1 组积木用于初始化 Zebra 角色的位置，然后通过对话框提示用户点击动物角色计算该角色重量的近似值；Zebra 的第 2 组积木用于在角色被点击后，计算并显示 Zebra 角色重量的近似值。

（3）为企鹅角色 Penguin 添加一组积木，如图 8.89 所示。

图8.89 Penguin的积木

（4）为狮子角色 Lion 添加一组积木，如图 8.90 所示。

图8.90 Lion的积木

（5）为兔子角色 Hare 添加一组积木，如图 8.91 所示。

图8.91 Hare的积木

功能讲解

Penguin、Lion 和 Hare 的积木与 Zebra 的积木功能相似，这里不再赘述。

（6）程序运行后，斑马角色 Zebra 会提示用户点击动物角色计算该角色重量的近似值。例如，点击狮子角色 Lion 后，显示的近似值如图 8.92 所示。

图8.92 取近似值

8.13 记忆电话号码：字符串数字

当孩子成长到一定年龄后，家长通常会要求他们记住父母的电话号码。这样，当孩子遇到困难时，就可以通过电话号码寻求父母的帮助。在本课程中，将展示父母如何帮助孩子记忆电话号码的过程。

扫一扫，看视频

基础知识

本课程要新学习到以下积木。

- 苹果 的字符数【（苹果）的字符数】：该积木用于计算指定字符串或变量中字符的数量。利用该积木可以判断字符串的长度是否符合要求，如账号密码的长度。

课程实现

下面将分步讲解如何实现“记忆电话号码”。

（1）设置舞台背景为 Bedroom 3（卧室 3），并在舞台中添加妈妈角色 Abby（艾比）和小孩角色 Ballerina（芭蕾舞演员），效果如图 8.93 所示。

（2）为妈妈角色 Abby 添加一组积木，如图 8.94 所示。

图8.93 背景和角色

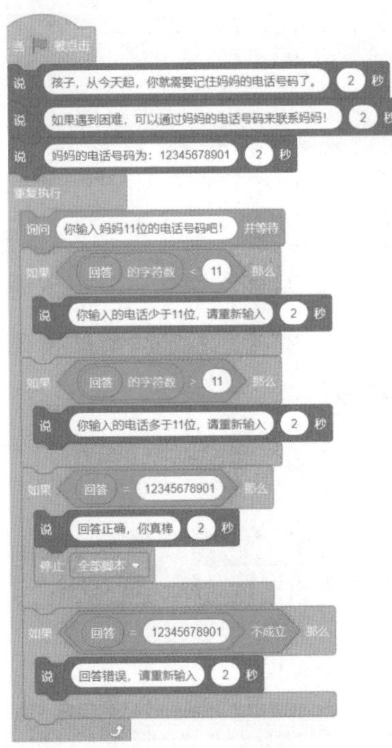

图8.94 Abby的积木

功能讲解

Abby 的积木首先会通过对话框提示 Ballerina 角色记忆电话号码，然后通过询问对话框等待用户输入电话号码，并判断输入的电话号码是否正确。如果少于 11 位或多于 11 位，会再次让用户输入电话号码；如果电话号码正确，就停止程序。

（3）程序运行后，妈妈角色 Abby 会提示电话号码，然后判断用户输入的电话号码是否正确。如果输入的电话号码不是 11 位，通过对话框显示相应错误提示信息。例如，输入的电话号码只有 10 位，效果如图 8.95 所示。

图8.95　记忆电话号码

8.14 默写26个英文字母：寻找字符

扫一扫，看视频

26 个英文字母是学习英语和计算机编程语言的基础。此外，其中的 25 个英文字母与我们使用的汉语拼音也有很多相似之处。因此，熟记这 26 个英文字母至关重要。在本课程中，将实现默写并验证这 26 个英文字母的效果。

基础知识

本课程要新学习到以下积木。

- 苹果 的第 1 个字符【(苹果) 的第 (1) 个字符】：该积木查找指定字符串或变量中指定位置的字符。默认情况下，是查找“苹果”字符串中的第 1 个字符，即“苹”。

课程实现

下面将分步讲解如何实现“默写 26 个英文字母”。

（1）设置舞台背景为 Chalkboard（黑板），并在舞台中添加老师角色 Avery（艾弗里），效果如图 8.96 所示。

图8.96　背景和角色

（2）为老师角色 Avery 添加 3 组积木，如图 8.97~ 图 8.99 所示。

图8.97　Avery的第1组积木

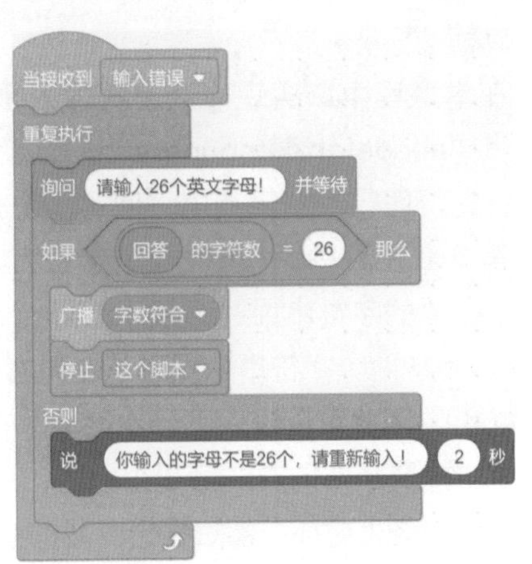

图8.98　Avery的第2组积木

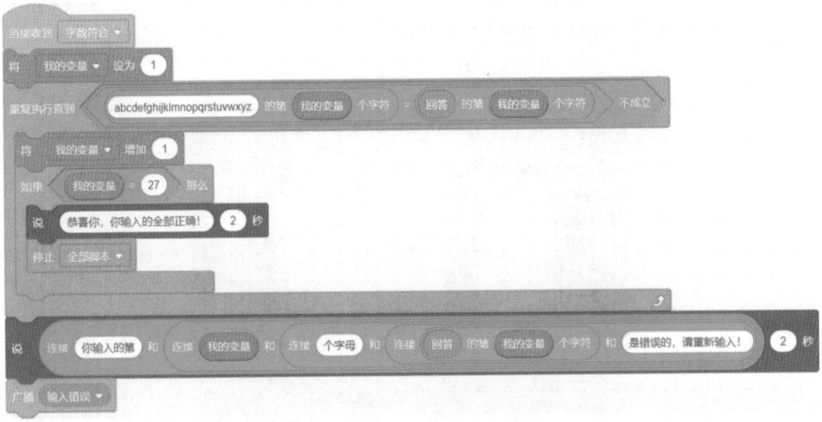

图8.99　Avery的第3组积木

功能讲解

Avery 的第 1 组积木用于通过对话框介绍挑战内容，然后广播“输入错误”的消息。Avery 的第 2 组积木用于在接收到“输入错误”的消息后通过重复执行的方式让用户输入 26 个字母，并判断用户输入的是否为 26 个字符。如果是 26 个字符，就广播“字数符合”的消息，然后停止当前脚本。Avery 的第 3 组积木用于在接收到“字数符合”的消息后设置“我的变量”为 0，然后重复执行，直到发现用户输入的字符有错误时停止，并指出是第几个字符的什么字母输入错误。如果一直重复执行直到变量的值变为 26 时，说明输入的 26 个字母都是正确的，此时通过对话框显示“恭喜你，你输入的全部正确！”并停止全部脚本。

编程技巧

在本课程中，实现检查字符输入是否正确的方式如下：通过重复执行的方式依次读取字符串“abcdefghijklmnopqrstuvwxyz”中的字符和“回答”变量中的字符，然后让这两个字符进行比较，从而找出“回答”变量中输入错误的字符。

简单来说，正确的 26 个英文字母为字符串“abcdefghijklmnopqrstuvwxyz”。假设“回答”变量中存放的字符串为“accdefghijklmnopqrstuvwxyz”。在第 1 次循环时，“我的变量”值为 1，所以会从两个字符串中提取从左向右的第 1 个字符，即字符 a 和字符 a 比较，比较结果为真（true），因此可以进入下一次循环；在第 2 次循环时，“我的变量”值为 2，所以会从两个字符串中提取从左向右的第 2 个字符，即字符 b 和字符 c 比较，比较结果为假（false），因此跳出循环并终止循环；然后根据“我的变量”的值，查找并显示出错的字符。

（3）程序运行后，老师角色 Avery 会提示用户输入 26 个字母，当用户输入完毕，老师角色 Avery 会检查输入的字母是否正确。如果输入正确，就恭喜用户输入正确；如果输入错误，就指出错误的字符，效果如图 8.100 所示。

图8.100 默写26个英文字母

8.15 九宫格：造型编号变量

九宫格是一款数字游戏，起源于中国古代的河图洛书。河图与洛书是两幅神秘图案，一直以来被视为河洛文化的起源，因其象征着中华文明的源头，所以称为宇宙魔方。洛书上的九宫格恰好对应着1~9这9个数字，并且无论是纵向、横向、斜向，或是3条线上的3个数字，它们的和都等于15。在本课程中，将实现一个九宫格的小程序。

基础知识

本课程要新学习到以下积木。

- 造型 编号▾【造型（编号）】：该积木用于存储角色的当前造型编号，默认情况下，“编号”为1。在该积木的下拉菜单中还可以切换为“名称”，此时该积木的作用是存储角色的当前造型名称，存储的数据为字符。

课程实现

下面将分步讲解如何实现“九宫格”。

（1）在角色区选择绘制角色1，并在造型界面使用“线段”工具╱绘制一个九宫格，效果如图8.101所示。

（2）在舞台中添加按钮角色Button1，并在该角色的“造型”界面中添加文本内容“提交”，效果如图8.102所示。

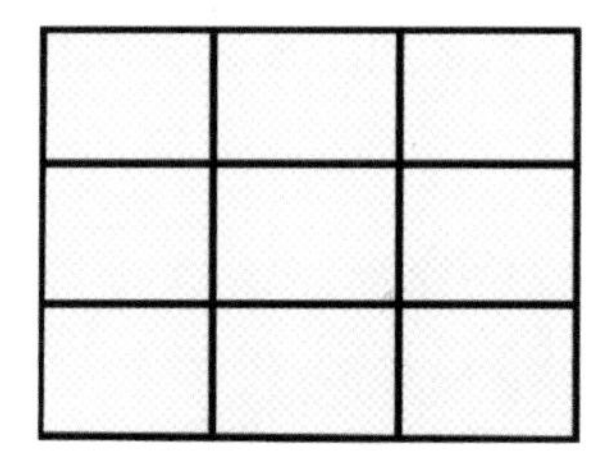
图8.101　角色1

图8.102　按钮角色Button1

（3）添加数字1角色Glow-1（发光的1），并在该角色的“造型”界面中添加数字2~9共8个造型。此时，数字1角色Glow-1就拥有了1~9共9个造型。将数字1角色Glow-1复制为8个角色，分别命名为Glow-2、Glow-3、Glow-4、Glow-5、Glow-6、Glow-7、Glow-8和Glow-9。

（4）创建一到九共9个共有变量，并且每个变量对应九宫格中的一个方格。调整角色位置后，角色、变量和背景的效果如图8.103所示。

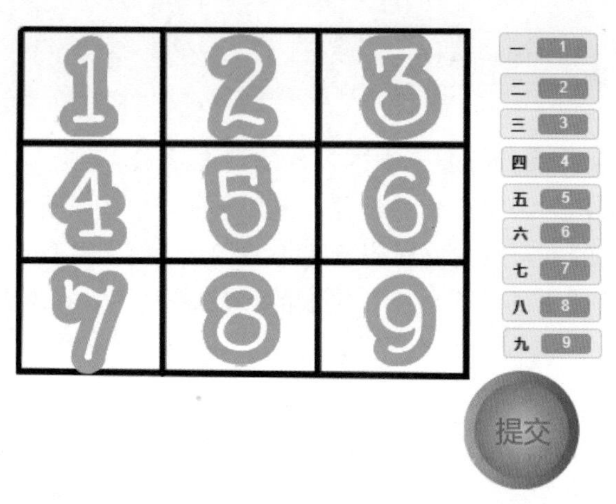

图8.103　角色、变量和背景

（5）为数字 1 角色 Glow-1 添加两组积木，效果如图 8.104 和图 8.105 所示。

图8.104　Glow-1的第1组积木

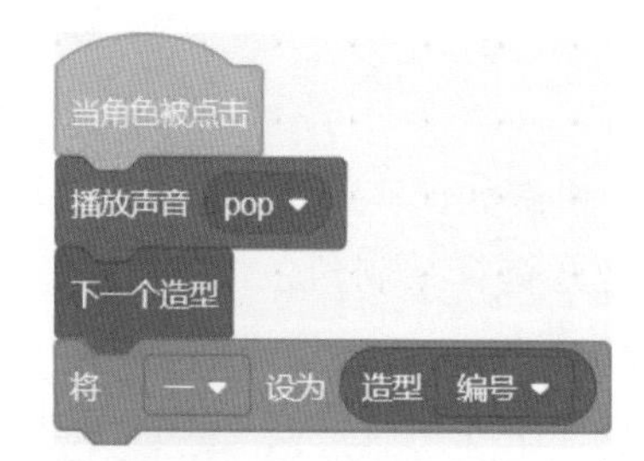

图8.105　Glow-1的第2组积木

（6）为数字 2 角色 Glow-2 添加两组积木，效果如图 8.106 和图 8.107 所示。

图8.106　Glow-2的第1组积木

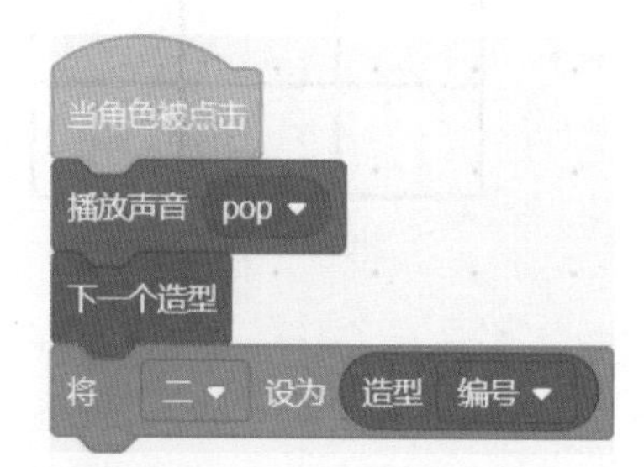

图8.107　Glow-2的第2组积木

（7）为数字 3 角色 Glow-3 添加两组积木，效果如图 8.108 和图 8.109 所示。

图8.108　Glow-3的第1组积木

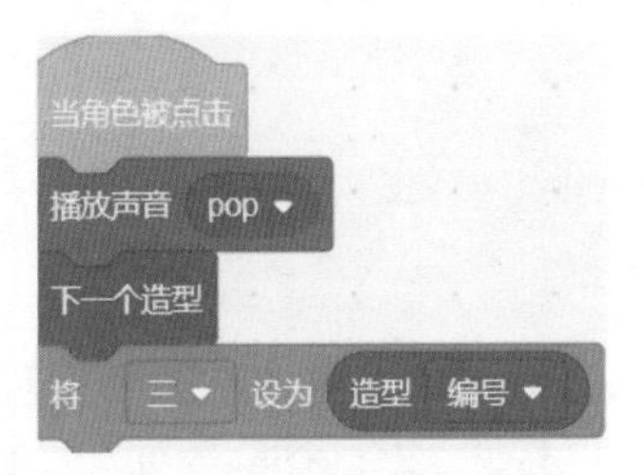

图8.109　Glow-3的第2组积木

（8）为数字 4 角色 Glow–4 添加两组积木，效果如图 8.110 和图 8.111 所示。

图8.110　Glow-4的第1组积木

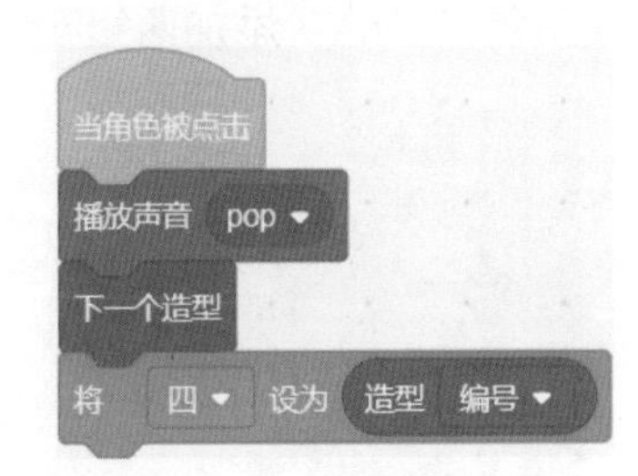

图8.111　Glow-4的第2组积木

（9）为数字 5 角色 Glow–5 添加两组积木，效果如图 8.112 和图 8.113 所示。

图8.112　Glow-5的第1组积木

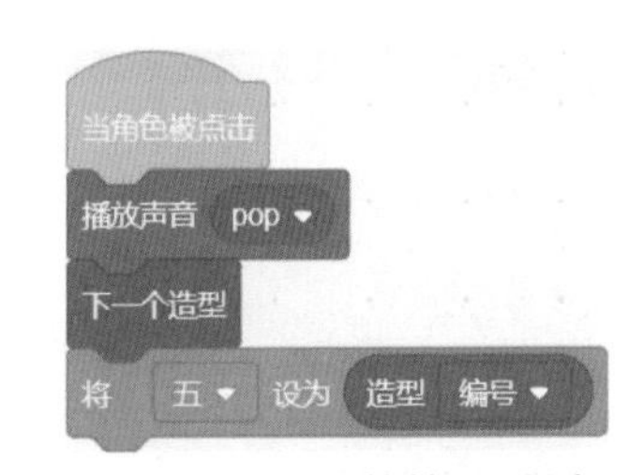

图8.113　Glow-5的第2组积木

（10）为数字 6 角色 Glow–6 添加两组积木，效果如图 8.114 和图 8.115 所示。

图8.114　Glow-6的第1组积木

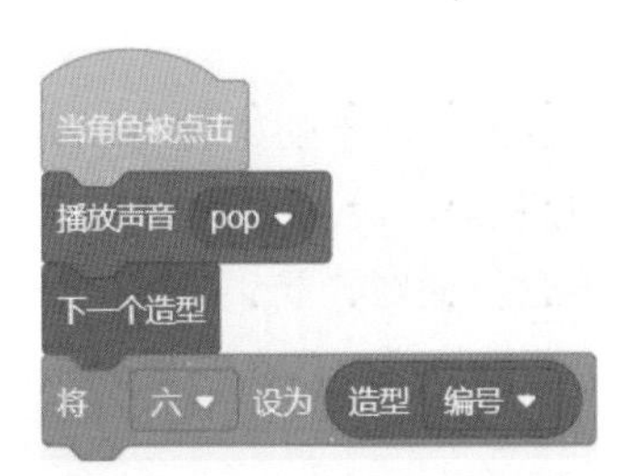

图8.115　Glow-6的第2组积木

（11）为数字 7 角色 Glow–7 添加两组积木，效果如图 8.116 和图 8.117 所示。

图8.116　Glow-7的第1组积木

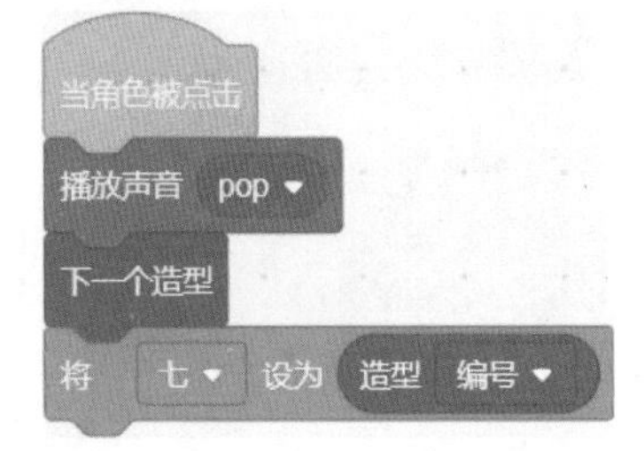

图8.117　Glow-7的第2组积木

（12）为数字 8 角色 Glow–8 添加两组积木，效果如图 8.118 和图 8.119 所示。

图8.118　Glow-8的第1组积木

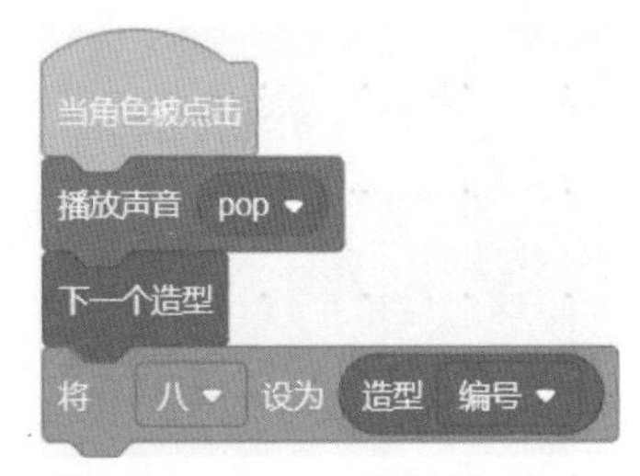

图8.119　Glow-8的第2组积木

（13）为数字 9 角色 Glow–9 添加两组积木，效果如图 8.120 和图 8.121 所示。

图8.120　Glow-9的第1组积木

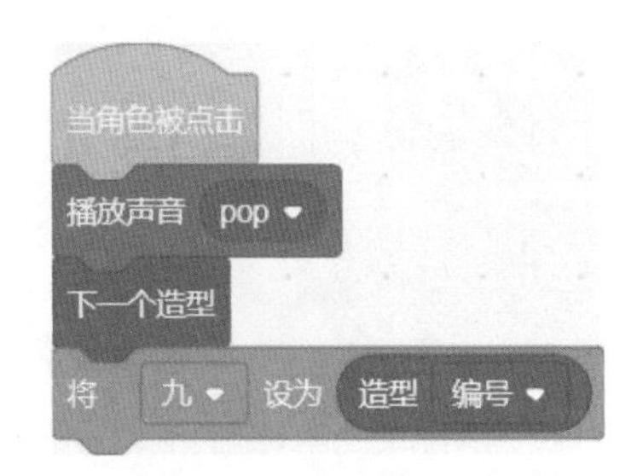

图8.121　Glow-9的第2组积木

功能讲解

Glow–1 的第 1 组积木用于初始化 Glow–1 角色的位置，并设置角色为“不可拖动”，然后切换为 Glow–1 造型，最后设置对应变量的值为 1；Glow–1 的第 2 组积木用于当 Glow–1 角色被点击后，播放声音，并切换为“下一个造型”，最后将造型的“编号”存储到对应的变量中。Glow–2~ Glow–9 的积木与 Glow–1 的积木功能基本相同，这里不再赘述。

（14）为按钮角色 1 添加 1 组积木，如图 8.122 所示。

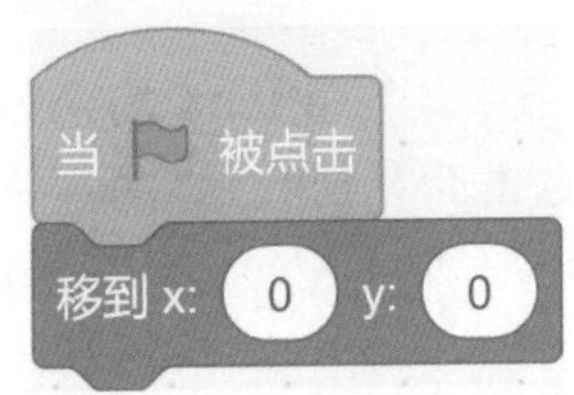

图8.122　按钮角色1的积木

功能讲解

角色 1 的积木用于初始化九宫格的位置。

（15）为按钮角色 Button1 添加两组积木，如图 8.123 和图 8.124 所示。

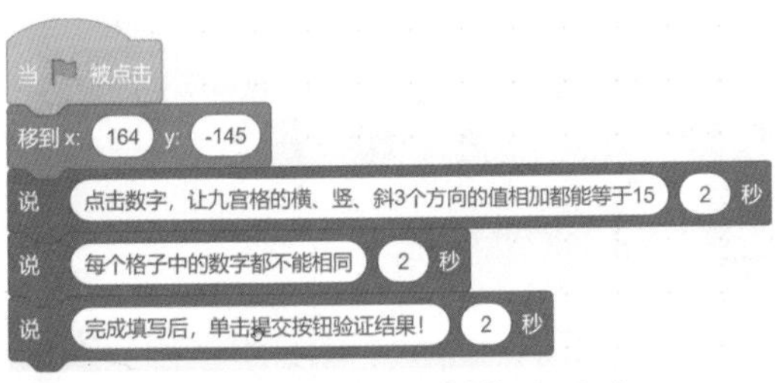

图8.123　Button1的第1组积木

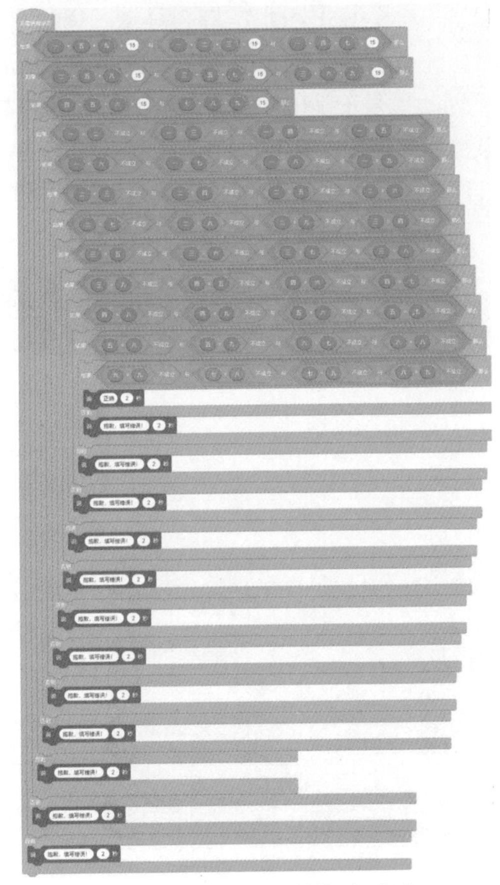

图8.124　Button1的第2组积木

功能讲解

Button1 的第 1 组积木用于初始化 Button1 角色的位置并通过对话框介绍规则。Button1 的第 2 组积木用于在被点击后，判断九宫格中横、竖、斜 3 个方向的值相加是否等于 15，并且判断这 9 个数字是否都不相等。如果这两个条件都达到了，表示破解了九宫格，并通过对话框显示“正确”；如果这两个条件中有一个条件未达到，就显示“抱歉，填写错误！”。

编程技巧

判断是否正确破解九宫格的第 1 个条件是九宫格中横、竖、斜 3 个方向的值相加都等于 15。因此，程序需要判断图 8.125 所示的 8 种情况的值是否都为 15。所以，在程序中使用了【与运算】积木，将 8 种情况通过 3 层【如果（…）那么（…）否则】积木实现了判断。只有当这 3 层判断的条件都为真（true）时，才能表明破解九宫格的第 1 个条件成立。

判断是否正确破解九宫格的第 2 个条件是九宫格中的每个数字都不能相同。想要达到这一条件需要确定图 8.126 所示的 36 种情况都不成立，此时才能保证第 2 个条件成立。所以，在程序中使用了【不成立】积木、【运算】积木和【如果（…）那么（…）否则】积木判断条件是否成立。

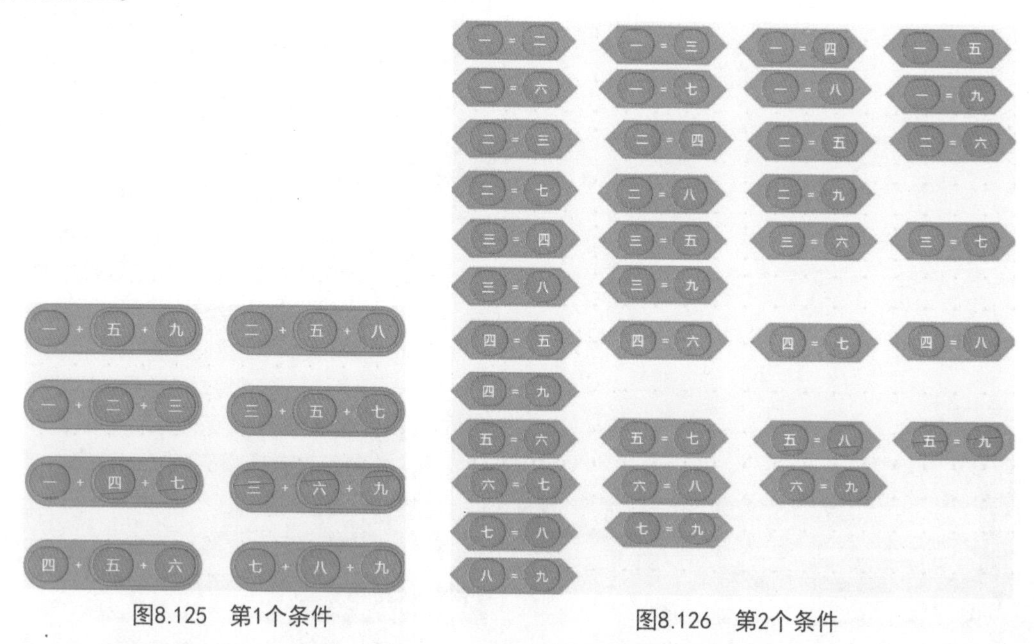

图8.125　第1个条件

图8.126　第2个条件

（16）程序运行后，按钮角色 Button1 会显示游戏规则，用户可以通过点击数字来切换九宫格每个位置的数字，如果认为已经破解了九宫格，就可以点击“提交”按钮。若九宫格破解失败，显示“抱歉，填写错误！”；若破解九宫格成功，显示“正确”，效果如图 8.127 所示。

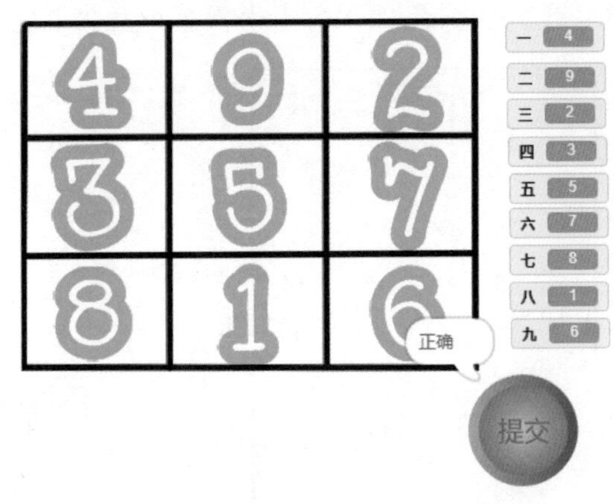

图8.127 九宫格

8.16 控制老鼠：鼠标的x轴和y轴变量

在许多游戏中，鼠标是用来控制游戏角色移动的工具之一。当玩家在屏幕上点击某个位置时，游戏角色会相应地移动到该位置。例如，像《英雄联盟》等游戏就采用了这种操作方式。在本课程中，将使用鼠标来控制老鼠的移动。

扫一扫，看视频

基础知识

本课程要新学习到以下积木。

- 鼠标的x坐标【鼠标的 x 坐标】：该积木用于存储当前鼠标指针的 x 轴坐标值。当单击该积木时，它会以对话框的形式显示当前鼠标指针的 x 坐标值。该积木存储的鼠标指针位置可以作为其他角色移动的 x 坐标，或判断当前鼠标指针的水平位置。
- 鼠标的y坐标【鼠标的 y 坐标】：该积木用于存储当前鼠标指针的 y 轴坐标值。当单击该积木时，它会以对话框的形式显示当前鼠标指针的 y 坐标值。该积木存储的鼠标指针位置可以作为其他角色移动的 y 坐标，或判断当前鼠标指针的垂直位置。

课程实现

下面将分步讲解如何实现“控制老鼠”。

（1）设置舞台背景为 XY-grid（XY- 网格），并在舞台中添加老鼠角色 Mouse1（老鼠 1）和雪花角色 Snowflake（雪花）。设置雪花角色 Snowflake 的大小为 10，效果如图 8.128 所示。

（2）在雪花角色 Snowflake 的“造型”选项卡中，复制一个 Snowflake 造型，命名为 snowflake2。使用“填充”工具修改造型 snowflake2 的颜色为红色,效果如图 8.129 所示。

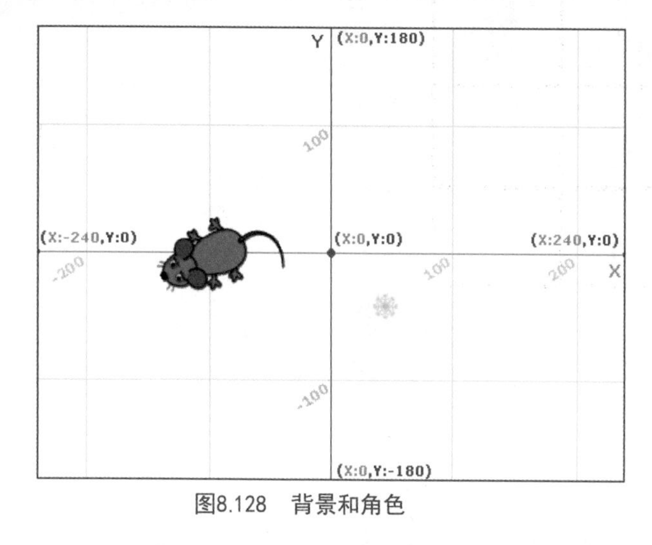

图8.128　背景和角色

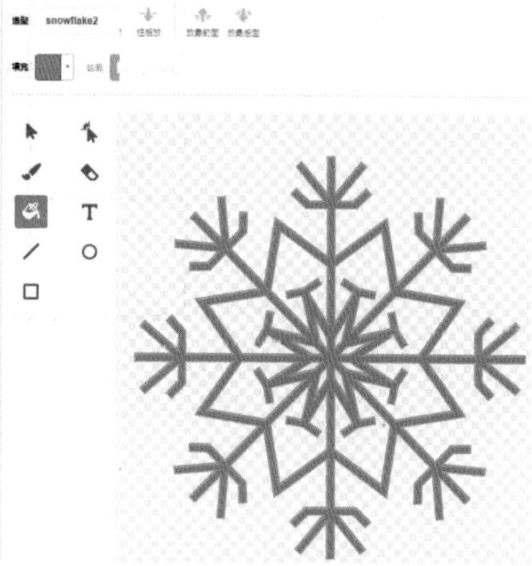

图8.129　造型snowflake2

（3）为老鼠角色 Mouse1 添加一组积木，效果如图 8.130 所示。

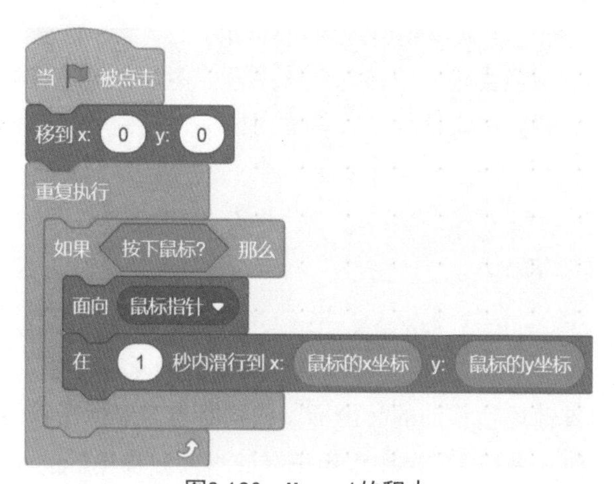

图8.130　Mouse1的积木

功能讲解

Mouse1 的积木用于初始化 Mouse1 角色的位置，然后通过重复执行的方式侦测鼠标按键是否按下。如果按下，则使 Mouse1 角色面向鼠标指针，并让 Mouse1 角色在 1 秒内滑行到鼠标按下按键时指针所在的位置。

（4）为雪花角色 Snowflake 添加一组积木，效果如图 8.131 所示。

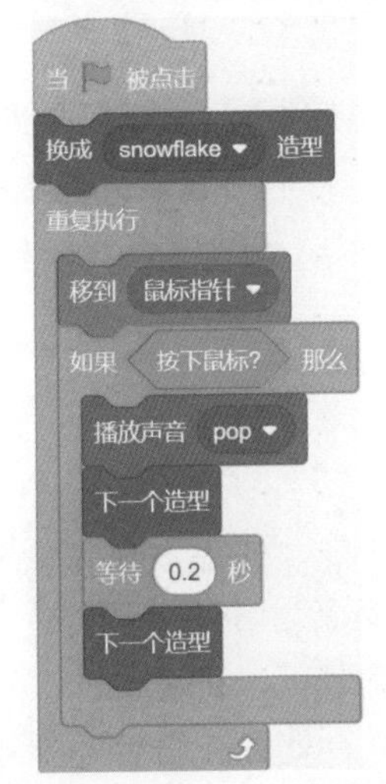

图8.131　Snowflake的积木

功能讲解

Snowflake 的积木用于初始化 Snowflake 角色的造型，然后通过重复执行的方式让 Snowflake 角色跟随鼠标指针移动。当鼠标按下按键后，Snowflake 角色通过切换造型和播放声音的方式模拟鼠标指针点击的效果。

（5）程序运行后，用户可以移动鼠标，雪花始终与鼠标重合。当用户按下鼠标按键后，播放声音，然后切换造型为红色，最后恢复造型为白色。同时，老鼠角色 Mouse1 会在 1 秒内移动到鼠标指针所在的位置，效果如图 8.132 所示。

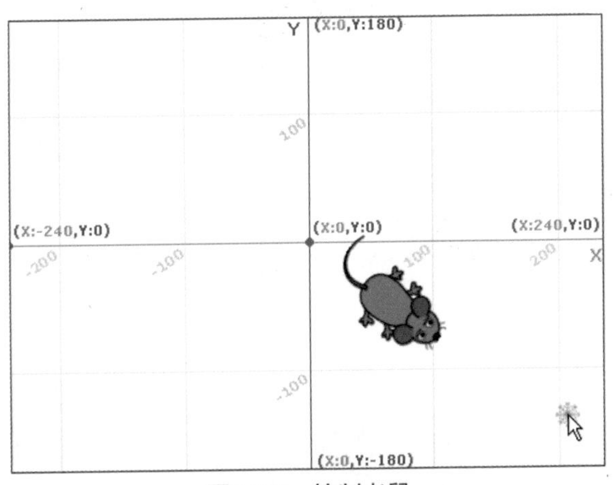

图8.132　控制老鼠

8.17 声控瓢虫：响度变量

扫一扫，看视频

许多公园都配备了声控喷泉，这些喷泉的喷射高度受到声音大小的影响。站在类似喇叭口的装置前，人们对着麦克风大声喊，喷泉的喷射高度也随之增加。在本课程中，将利用声音来驱赶瓢虫。

基础知识

本课程要新学习到以下积木。

- 响度【响度】：该积木的作用是存储麦克风接收到的声音响度。它存储数值，并且形状为椭圆形，可以嵌入到运算、位置移动、角度旋转等积木中。使用该积木时，需要打开麦克风，并保证麦克风可以正常工作。在积木区中，勾选该积木前的复选框，就会在舞台中显示当前响度的值，如图 8.133 所示。

图8.133　显示当前响度的值

课程实现

下面将分步讲解如何实现“声控蜘蛛”。

（1）设置舞台背景为 Jungle（丛林），并在舞台中添加瓢虫角色 Ladybug2（瓢虫 2），效果如图 8.134 所示。

（2）为瓢虫角色 Ladybug2 添加一组积木，如图 8.135 所示。

图8.134　背景和角色

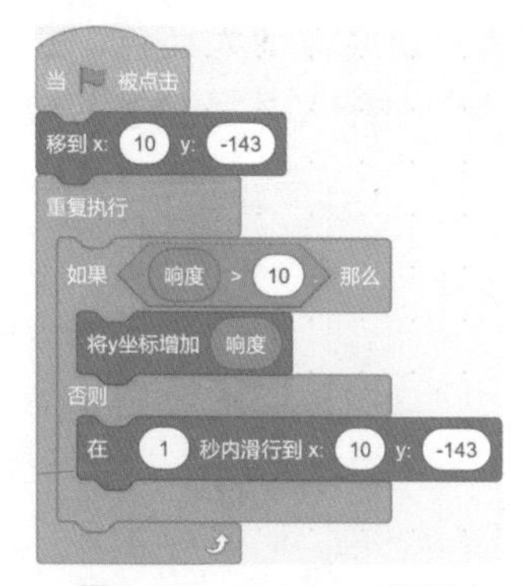

图8.135　Ladybug2的积木

功能讲解

Ladybug2 的积木用于初始化 Ladybug2 角色的位置，然后通过重复执行的方式判断响度是否大于 10。如果响度大于 10，就让 Ladybug2 角色的 y 坐标的值增加响度的大小。

例如，响度为 20，Ladybug2 角色的 y 坐标的值就增加 20。如果响度小于或等于 10，就让 Ladybug2 角色在 1 秒内移动到初始位置。

（3）程序运行后，当响度大于 10 时，瓢虫角色 Ladybug2 会向上移动；当响度小于或等于 10 时，瓢虫角色 Ladybug2 会慢慢地下落到地面，效果如图 8.136 所示。

图8.136 声控瓢虫

8.18 记忆大挑战：计时器变量和计时器归零

记忆力是指识记、保持、再认识和重现客观事物所反映的内容与经验的能力。记忆力的好坏直接影响学习知识的效率。人们可以通过一些方式来提升自己的记忆力。在本课程中，将实现一个图片记忆训练小程序。

扫一扫，看视频

基础知识

本课程要新学习到以下积木。

- 计时器归零【计时器归零】：该积木的作用是让正在计时的计时器归零。它与【计时器】积木配合使用可以实现计时操作。在需要计时类的程序中，经常需要使用这两个积木，如赛车游戏、赛跑游戏等。
- 计时器【计时器】：该积木用于存储计时器的时间。当进入 Scratch 软件后，软件自带的计时器就会自动开始计时。在积木区中，勾选该积木前的复选框，就会在舞台中显示计时器的时间，如图 8.137 所示。

图8.137 【计时器】积木与舞台中显示的计时器

课程实现

下面将分步讲解如何实现“记忆大挑战”。

（1）设置舞台背景为 Hearts（心），并在舞台中添加甲虫角色 Beetle（甲虫），蝴蝶角色 Butterfly1（蝴蝶 1）、Butterfly2（蝴蝶 2），小狗角色 Dog1（狗 1）、Dog2（狗 2），小鸡角色 Chick（小鸡），按钮角色 Button1（按钮 1）和母鸡角色 Hen（母鸡），效果如图 8.138 所示。

图8.138　背景和角色

（2）为甲虫角色 Beetle 添加 4 组积木，效果如图 8.139~ 图 8.142 所示。

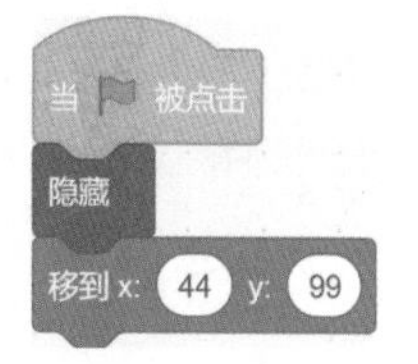

图8.139　Beetle的第1组积木

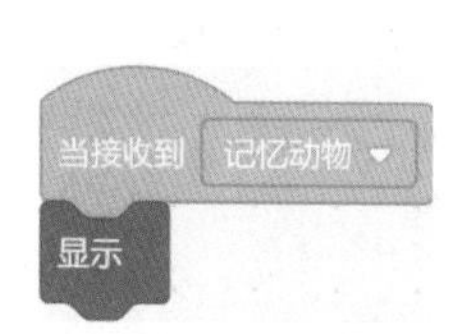

图8.140　Beetle的第2组积木

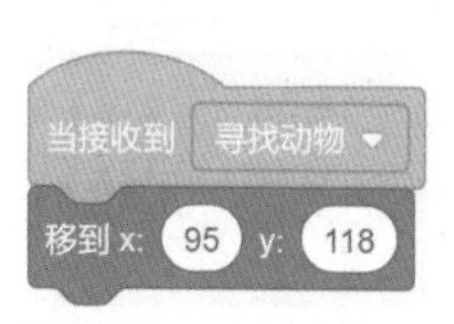

图8.141　Beetle的第3组积木

图8.142　Beetle的第4组积木

（3）为蝴蝶角色 Butterfly1 添加 4 组积木，效果如图 8.143~ 图 8.146 所示。

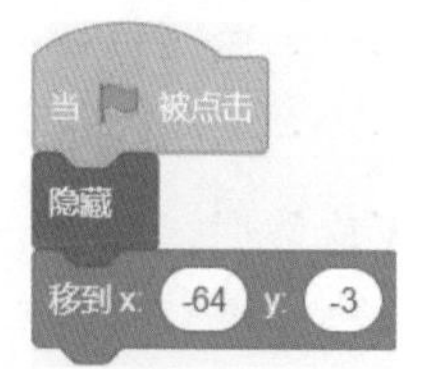

图8.143　Butterfly1的第1组积木

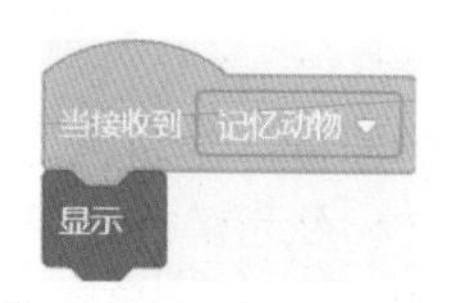

图8.144　Butterfly1的第2组积木

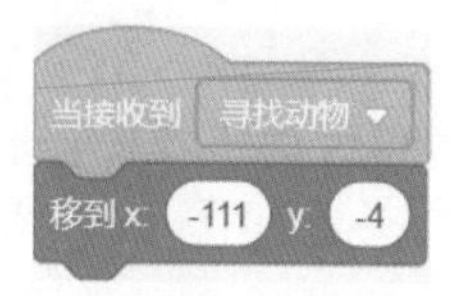

图8.145　Butterfly1的第3组积木

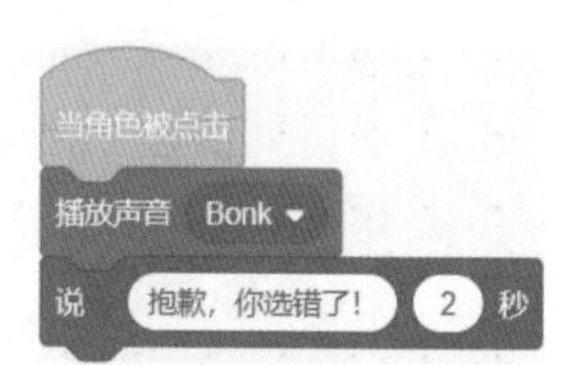

图8.146　Butterfly1的第4组积木

（4）为小狗角色 Dog2 添加 4 组积木，效果如图 8.147~ 图 8.150 所示。

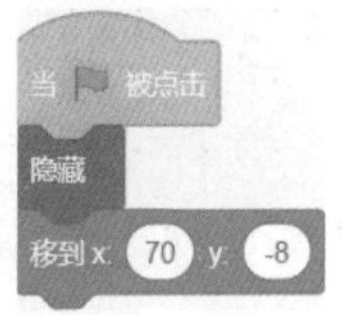

图8.147 Dog2的第1组积木

图8.148 Dog2的第2组积木

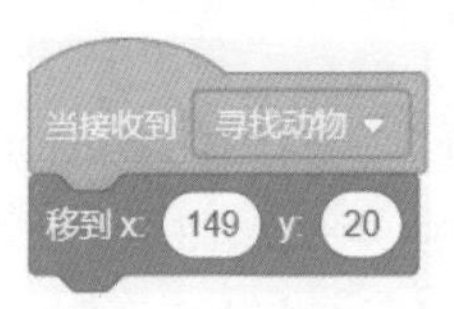

图8.149 Dog2的第3组积木

图8.150 Dog2的第4组积木

（5）为小鸡角色 Chick 添加 4 组积木，效果如图 8.151~ 图 8.154 所示。

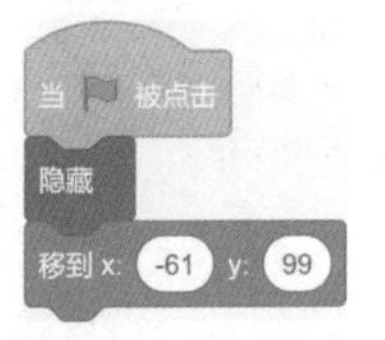

图8.151 Chick的第1组积木

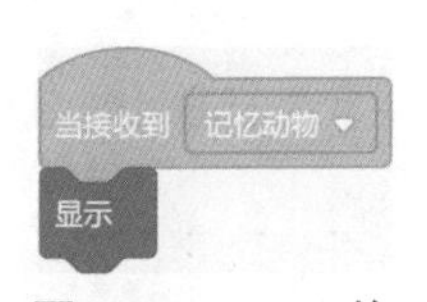

图8.152 Chick的第2组积木

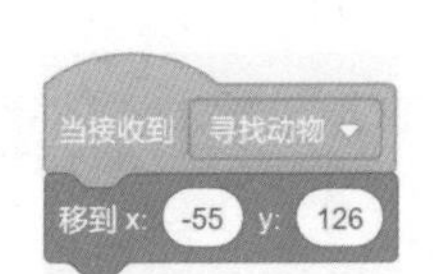

图8.153 Chick的第3组积木

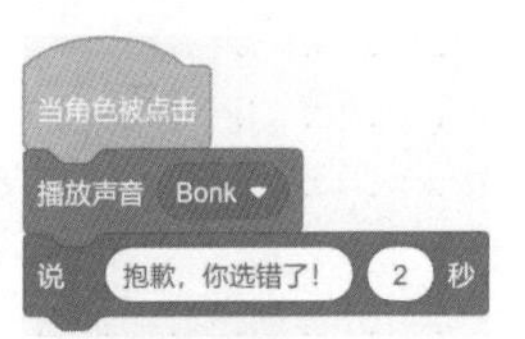

图8.154 Chick的第4组积木

功能讲解

Beetle 的第 1 组积木用于隐藏 Beetle 角色，并初始化 Beetle 角色的位置；Beetle 的第 2 组积木用于在接收到“记忆动物”的消息后，显示 Beetle 角色；Beetle 的第 3 组积木用于在接收到“寻找动物”的消息后，让 Beetle 角色移动到指定位置；Beetle 的第 4 组积木用于在 Beetle 角色被点击时，显示“抱歉，你选错了！”来告知用户选错了。Butterfly1、Dog2 和 Chick 的 4 组积木与 Beetle 的积木功能相似，只有指定的角色位置不同，这里不再赘述。

（6）为按钮角色 Button1 添加 3 组积木，效果如图 8.155~ 图 8.157 所示。

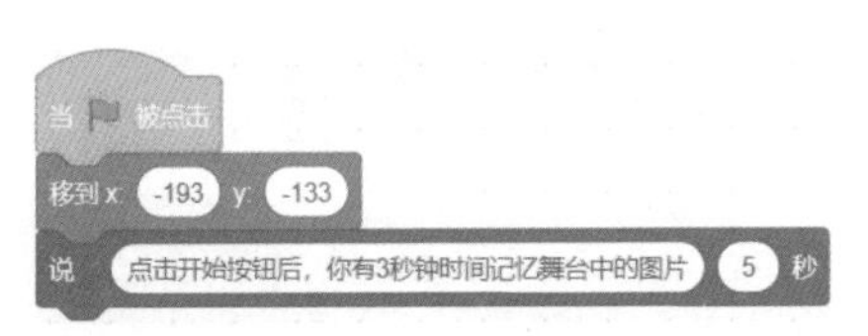

图8.155 Button1的第1组积木

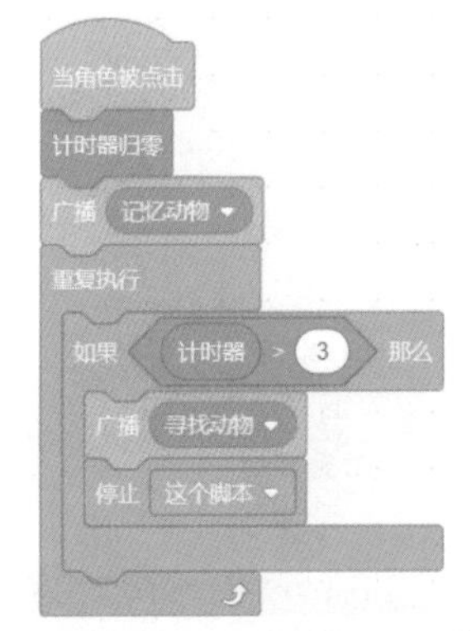

图8.156 Button1的第2组积木

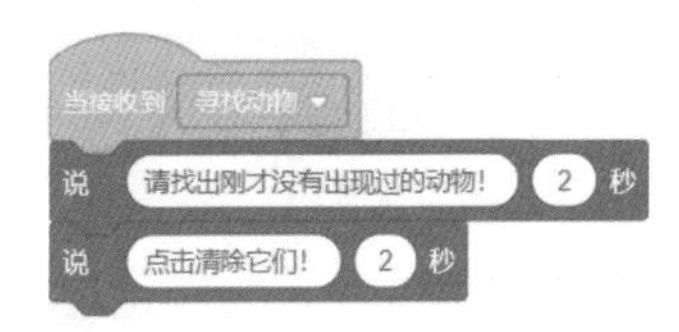

图8.157 Button1的第3组积木

功能讲解

Button1 的第 1 组积木用于初始化 Button1 角色的位置，并通过对话框介绍游戏规则。Button1 的第 2 组积木用于在 Button1 角色被点击后，使计时器归零；然后广播“记忆动物”的消息，显示让用户记忆的动物图片；最后通过重复执行的方式检查计时器是否大于 3 秒。如果大于 3 秒，则说明用户已经记忆了 3 秒舞台中的动物图片；同时，广播“寻找动物”的消息，显示已经记忆的多个动物，最后停止当前脚本。Button1 的第 3 组积木用于在接收到“寻找动物”的消息后，通过对话框介绍寻找动物的游戏规则。

（7）为小狗角色 Dog1 添加 3 组积木，效果如图 8.158~ 图 8.160 所示。

图8.158 Dog1的第1组积木　图8.159 Dog1的第2组积木　图8.160 Dog1的第3组积木

（8）为蝴蝶角色 Butterfly2 添加 3 组积木，效果如图 8.161~ 图 8.163 所示。

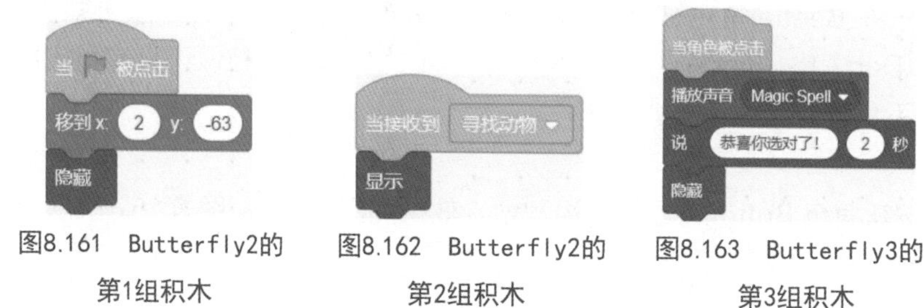

图8.161 Butterfly2的第1组积木　图8.162 Butterfly2的第2组积木　图8.163 Butterfly3的第3组积木

（9）为母鸡角色 Hen 添加 3 组积木，效果如图 8.164~ 图 8.166 所示。

图8.164 Hen的第1组积木　图8.165 Hen的第2组积木　图8.166 Hen的第3组积木

功能讲解

Dog1 的第 1 组积木用于初始化 Dog1 角色的位置，并将 Dog1 角色设置为“隐藏”状态；Dog1 的第 2 组积木用于在接收到“寻找动物”的消息后，显示 Dog1 角色；Dog1 的第 3 组积木用于在 Dog1 角色被点击时，播放声音，并显示“恭喜你选对了！”，最后“隐藏”当前 Dog1 角色。Butterfly2 和 Hen 的 3 组积木与 Dog1 的积木功能相似，只有初始化的角色位置不同，这里不再赘述。

（10）程序运行后，按钮角色 Button1 会介绍记忆规则，当按下按钮后，要记忆的图片会显示 3 秒。3 秒后会添加 3 个未被记忆的图片来混淆视听。此时，按钮角色 Button1 会介绍寻找动物的规则，并要求玩家找到 3 秒内没有显示过的图片。如果找到了正确的图片，当点击对应图片后，图片会消失；如果找到了错误的图片，当点击对应图片后，图片不会消失并显示“抱歉，你选错了！”提醒用户找错了，效果如图 8.167 所示。

图8.167　记忆大挑战

8.19 显示当前时间：当前的时间变量

孔子曾说：“逝者如斯夫，不舍昼夜。”这句话比喻时间就像流水一样不停地流逝，一去不复返。它反映了人生世事变化之快，同时也带有惜时之意。尽管我们无法控制时间的流逝，但我们可以决定如何利用时间。如果我们能让每一秒都过得有意义，那就是珍惜时间的最佳方式。在本课程中，将制作一个小程序，用来显示当前时间。

扫一扫，看视频

基础知识

本课程要新学习到以下积木。

- 当前时间的 年▾【当前时间的（年）】：该积木用于获取当前时间的年份，在其下拉菜单中还可以获取当前时间的“月”“日”“星期”“时”“分”和“秒”。通过多次使用该积木，可以获取完整的当前时间。

课程实现

下面将分步讲解如何实现“显示当前时间”。

（1）设置舞台背景为 Party（派对），并在舞台中添加鱼缸角色 Fishbowl（鱼缸），效果如图 8.168 所示。

图8.168　背景和角色

（2）为鱼缸角色 Fishbowl 添加两组积木，如图 8.169 和图 8.170 所示。

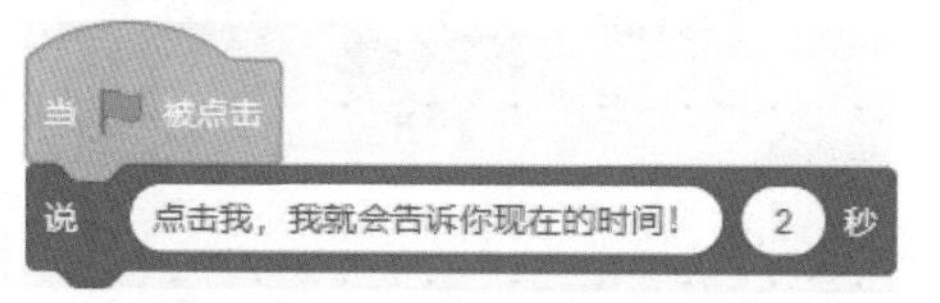

图8.169　Fishbowl的第1组积木

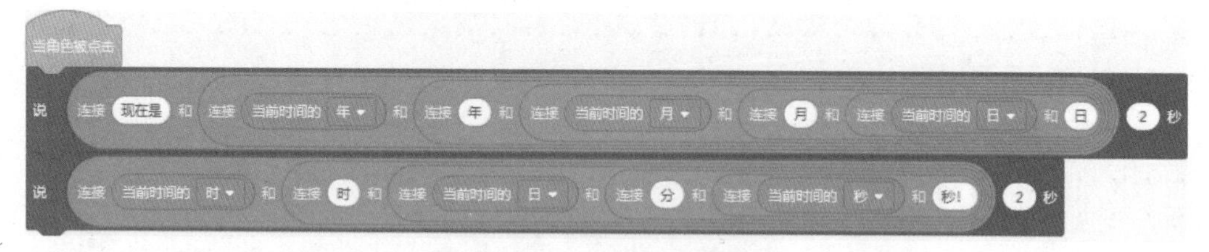

图8.170　Fishbowl的第2组积木

功能讲解

Fishbowl 的第 1 组积木用于通过对话框提示用户点击鱼缸获取当前时间；Fishbowl 的第 2 组积木用于在 Fishbowl 角色被点击后显示当前时间。

（3）程序运行后，鱼缸角色 Fishbowl 会提示用户点击它。当用户点击鱼缸角色

Fishbowl 后，该角色首先显示当前日期，然后显示当前时间，效果如图 8.171 所示。

图8.171　显示当前时间

8.20 计算21世纪已过多少天：2000年至今的天数变量

21 世纪是指从 2000 年 1 月 1 日至 2099 年 12 月 31 日，是我们所处的时代，也是世界经济发展和科学力量加强的时代。在本课程中，将计算 21 世纪已经过去了多少天。

扫一扫，看视频

基础知识

本课程要新学习到以下积木。

- 2000年至今的天数【2000 年至今的天数】：该积木用于计算从 2000 年 1 月 1 日至今已经过去的天数。

课程实现

下面将分步讲解如何实现“计算 21 世纪已过多少天”。

（1）设置舞台背景为 Galaxy（星系），并在舞台中添加老师角色 Avery（艾弗里），效果如图 8.172 所示。

（2）为老师角色 Avery 添加一组积木，如图 8.173 所示。

图8.172　背景和角色

```
当 🏳 被点击
说 世纪是指计算年代的单位，一百年为一个世纪 2 秒
说 现在我们处在21世纪！ 2 秒
说 连接 21世纪已经过去了 和 连接 2000年至今的天数 和 天 2 秒
```

图8.173　Avery的积木

功能讲解

Avery 的积木用于通过对话框解释“世纪”的概念，并显示 21 世纪已经过去了多少天。

（3）程序运行后，老师角色 Avery 会告知大家 21 世纪已经过去的天数，效果如图 8.174 所示。

图8.174　21世纪已过多少天

8.21 判断闰年：或运算

扫一扫，看视频

年份分为闰年和平年。闰年有 366 天，而平年只有 365 天。判断一个年份是否为闰年有一定规律：四年一闰，百年不闰，四百年再闰。换言之，普通闰年是能被 4 整除但不能被 100 整除的年份，而世纪闰年则是能被 400 整除的年份。在本课程中，将编写一个程序来判断指定的年份是否为闰年。

基础知识

本课程要新学习到以下积木。

- 或【（ ）或（ ）】：该积木的作用是对左右两侧的条件做逻辑或运算（或运算）。当任意一个条件为 true 时，运算结果为 true；当两个条件都为 false 时，运算结果为 false。

课程实现

下面将分步讲解如何实现“判断闰年”。

（1）设置舞台背景为 Space City2（天空之城 2），并在舞台中添加外星人角色 Monet（莫内），效果如图 8.175 所示。

图8.175　背景和角色

（2）为外星人角色 Monet 添加一组积木，如图 8.176 所示。

图8.176　Monet的积木

功能讲解

Monet 的积木用于判断用户输入的年份是否为闰年。年份是否为闰年的第 1 个条件是判断该年份是否能被 4 整除（年份除以 4 余数为 0），并且不能被 100 整除（年份除以 100 余数不能为 0）；第 2 个条件是判断该年份是否能被 400 整除（年份除以 400 余数为 0）。当这两个条件中任意一个条件的值为 true 时，就表示输入的年份为闰年。

（3）程序运行后，外星人角色 Monet 会提示用户输入年份。输入年份后，外星人角色 Monet 会告知用户输入的年份是否为闰年，效果如图 8.177 所示。

图8.177　判断闰年

8.22 计算平均身高：列表

扫一扫，看视频

身高通常是指从头顶点至地面的垂直距离，常以厘米（cm）或米（m）为单位。学校每年都会统计每名学生的身高，并计算平均身高，以分析学生们的身高变化情况。在本课程中，将编写一个小程序，用于计算学生们的平均身高。

基础知识

本课程要新学习到以下按钮和积木。

- 建立一个列表【建立一个列表】按钮：该按钮用于新建一个列表。此列表是用于存储多个有序数据的数组变量，其本质也是一个变量。简单来说，列表就是将多个变量存储在一起的有序变量。在列表中存储的变量都有对应的编号，用户可以通过编号对列表中的变量进行操作，包括查找、添加、插入和删除等。新建一个列表后，Scratch 就会自动产生 12 个积木用于操作列表。例如，创建一个身高列表后会产生后续的 12 个积木。
- 身高【身高】：该积木用于存储身高列表中的所有数据。
- 将 东西 加入 身高【将（东西）加入（身高）】：该积木用于将指定内容添加到指定的列表中，默认情况下是将字符串“东西”添加到“身高”列表中。这里添加的内容可以是数字、字符或变量等多种数据。
- 删除 身高 的第 1 项【删除（身高）的第（1）项】：该积木用于删除指定列表中的指定项数据，默认情况下是删除“身高”列表中的第 1 项数据。列表中的数据都是有编号的，第 1 项就是指列表中编号为 1 的数据。
- 删除 身高 的全部项目【删除（身高）的全部项目】：该积木用于删除指定列表中的所有项目，默认情况下删除的是“身高”列表中的所有项目。
- 在 身高 的第 1 项前插入 东西【在（身高）的第（1）项前插入（东西）】：该积木的作用是在指定列表中的指定位置前插入指定的数据，默认情况下是在“身高”列表的第 1 项前插入“东西”数据，即在列表的头部插入数据。插入数据后，“东西”数据的编号为 1，列表中原有数据的编号全部加 1。
- 将 身高 的第 1 项替换为 东西【将（身高）的第（1）项替换为（东西）】：该积木的作用是将指定列表中的指定项替换为指定的数据，默认情况下是将“身高”列表中的第 1 项替换为“东西”数据。
- 身高 的第 1 项【（身高）的第（1）项】：该积木用于获取指定列表中指定项变量中存储的数据，默认情况下是获取“身高”列表中的第 1 项数据。
- 身高 中第一个 东西 的编号【（身高）中第一个（东西）的编号】：该积木的作用是在指

定列表中从第 1 项开始查找指定数据，默认情况下是查找“身高”列表中的第 1 个“东西”的编号。如果在列表中有多个相同的数据，则该积木只会保存指定数据第 1 次出现时的编号。例如，“东西”在列表中有 2 个，编号分别为 3 和 7，使用该积木查找“东西”时，该积木保存的值为 3，而不是 7。

- 身高 ▾ 的项目数【(身高)的项目数】：该积木用于统计并保存指定列表的项目数，即统计列表中包含多少个变量。
- 身高 ▾ 包含 东西 ?【(身高)包含(东西)? 】：该积木用于判断指定列表中是否包含指定数据。该积木的形状为六边形，是条件类型积木，其运行结果为 true 或 false。
- 显示列表 身高 ▾【显示列表(身高)】：该积木的作用是在舞台中显示指定列表。
- 隐藏列表 身高 ▾【隐藏列表(身高)】：该积木的作用是在舞台中隐藏指定列表。

编程技巧

跟随列表出现的这 12 个积木都与“身高”列表有关，而“身高”是列表的名字。当用户定义为其他列表时，这 12 个积木的列表名也会发生对应的改变。例如，列表为体重，其列表名均改为与体重相关的积木。在这些积木的下拉菜单中，默认会有“修改列名”和“删除身高列表”两项。如果存在其他列表，在下拉菜单中也会显示其他列表。

课程实现

下面将分步讲解如何实现“计算平均身高”。

(1) 在积木区的变量分类中，单击“建立一个列表”按钮，打开“新建列表”对话框。在“新的列表名”输入框中输入“身高”，选中“适用于所有角色”单选按钮，然后单击“确定”按钮，关闭此对话框。此时，在变量积木区就会出现一个名为“身高”的列表。创建身高列表的过程如图 8.178 所示。

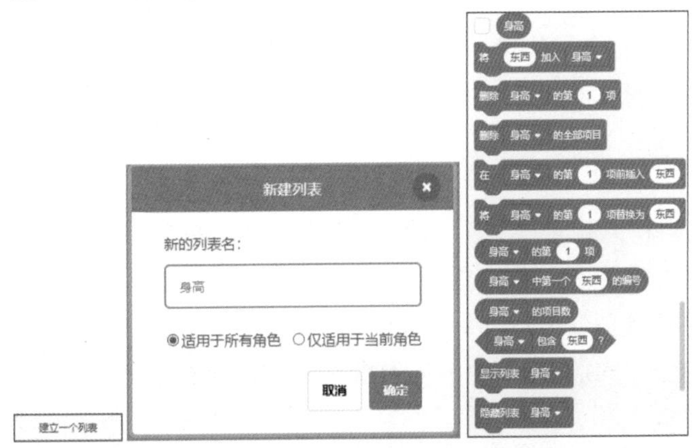

图8.178　创建身高列表

（2）设置舞台背景为 Bedroom 2（卧室 2），并在舞台中添加老师角色 Abby（艾比）。创建“控制循环”变量和“总身高”变量，用于计算身高平均值。创建“身高”列表，用于存放多个同学的身高信息。效果如图 8.179 所示。

图8.179　背景和角色

（3）为老师角色 Abby 添加两组积木，如图 8.180 和图 8.181 所示。

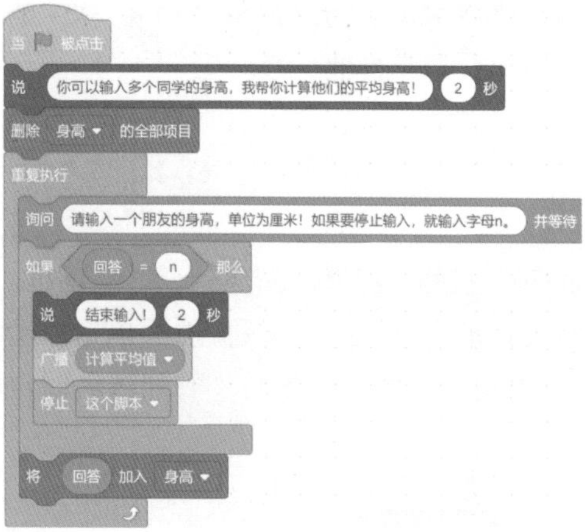

当 被点击
说 你可以输入多个同学的身高，我帮你计算他们的平均身高！ 2 秒
删除 身高 的全部项目
重复执行
询问 请输入一个朋友的身高，单位为厘米！如果要停止输入，就输入字母n。 并等待
如果 回答 = n 那么
说 结束输入！ 2 秒
广播 计算平均值
停止 这个脚本
将 回答 加入 身高

图8.180　Abby的第1组积木

图8.181　Abby的第2组积木

功能讲解

Abby 的第 1 组积木用于通过对话框提示用户可以输入多个不同的身高，并计算平均身高，然后删除“身高”列表中的所有数据。接着，通过重复执行的方式让用户输入多个身高数据，并将身高数据添加到“身高”列表中。当用户输入字母 n 后，停止输入，并广播“计算平均值”的消息。Abby 的第 2 组积木用于在接收到“计算平均值”的消息后，初始化“总身高”和“控制循环”的值。然后，通过重复执行的方式计算列表中的“总身高”，并保存到“总身高”变量中。最后，通过除法运算计算平均身高并显示。

（4）程序运行后，老师角色 Abby 会让用户输入多个同学的身高数据。当输入 n 后，表示停止输入身高数据。经过计算后，老师角色 Abby 会告知所有身高数据的平均值，效果如图 8.182 所示。

图8.182　计算平均身高

8.23 勾股定理：平方根

勾股定理描述了直角三角形中三条边的长度关系，即两条直角边的平方和等于斜边的平方。具体公式为 $a^2+b^2=c^2$，其中，a 和 b 分别代表两条直角边的长度，c 表示斜边的长度。在中国古代，直角三角形称为勾股形，较短的直角边称为勾，较长的直角边称为股，斜边称为弦，因此得名勾股定理。在本课程中，将根据用户输入的两条直角边的长度值计算出直角三角形斜边的长度值。

基础知识

本课程要新学习到以下积木。

- 平方根 ▾ 【（平方根）（ ）】：该积木位于【角色值】积木的下拉菜单中。该积木的作用是求指定数字的平方根。

课程实现

下面将分步讲解如何实现利用勾股定理求三角形的斜边的长度。

（1）设置舞台背景为 Chalkboard（黑板），在舞台中添加老师角色 Avery（艾弗里），效果如图 8.183 所示。

（2）在积木区的变量分类中分别新建“第 1 条边”和“第 2 条边”两个共有变量，如图 8.184 所示。

图8.183　背景和角色

图8.184　定义两个共有变量

（3）为老师角色 Avery 添加一组积木，如图 8.185 所示。

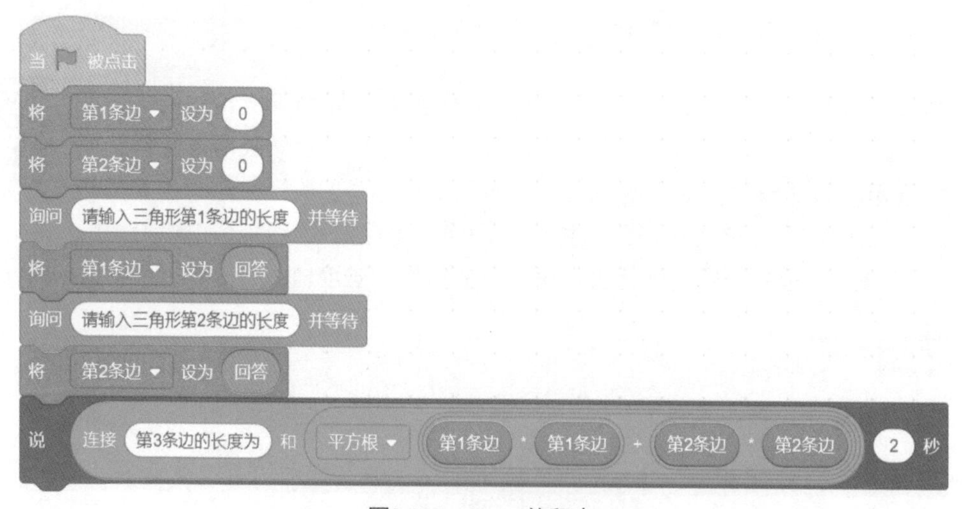

图8.185　Avery的积木

功能讲解

Avery 的积木首先将用户输入的三角形其中两条边（直角边）的长度存储到“第 1 条边”变量和“第 2 条边”变量中，然后通过勾股定理公式计算出该三角形第 3 条边（斜边）的长度并输出。

（4）程序运行后，老师角色 Avery 会依次询问玩家三角形两条边的长度，然后通过计算输出第 3 条边的长度，效果如图 8.186 所示。

图8.186　输出第3条边的长度

第9章

自制积木

虽然Scratch已经提供了功能丰富的积木，但是为了让开发者更自由地创造，它还提供了制作新积木的功能。用户可以根据自身需求，组合多个积木，创建出新的自制积木。本章将详细讲解如何自制积木相关的内容。

9.1 草丛中的蝴蝶：制作无输入项积木

在草丛中，经常看到自由飞舞的蝴蝶。蝴蝶是一种美丽的昆虫，被誉为“会飞的花朵”。大多数蝴蝶体型属于中型至大型，翅膀展开时大约在 15~260 毫米，有两对膜质的翅膀。在本课程中，将通过自制积木制作一只能自由飞翔的蝴蝶。

扫一扫，看视频

基础知识

本课程要新学习到以下按钮。

- 制作新的积木 “制作新的积木”按钮：该按钮用于创建指定功能的自制积木。这些积木由开发者创建，并且开发者也可以设定积木的名称和功能。使用自制积木有两个好处：第一，它可以让程序的积木功能划分得更加清晰，尤其是在十分复杂且积木量巨大的程序中；第二，它可以减少积木的重复编写，从而减少积木编写的工作量。

课程实现

下面将分步讲解如何实现“草丛中的蝴蝶”。

（1）设置舞台背景为 Forest（森林），并在舞台中添加蝴蝶角色 Butterfly1（蝴蝶 1），效果如图 9.1 所示。

图9.1　背景和角色

（2）创建【飞舞】自制积木。在积木区的自制积木分类中，单击“制作新的积木”按钮，如图 9.2 所示。打开“制作新的积木”对话框，将积木名称设置为“飞舞”，取消勾选“运行时不刷新屏幕”复选框，如图 9.3 所示。然后单击“确定”按钮，关闭此对话框。此时，在自制积木分类中，就会出现一个名为【飞舞】的积木，如图 9.4 所示。同时，在编程区域中，也会出现一个定义【飞舞】的起始积木，如图 9.5 所示。

图9.2 “制作新的积木”按钮

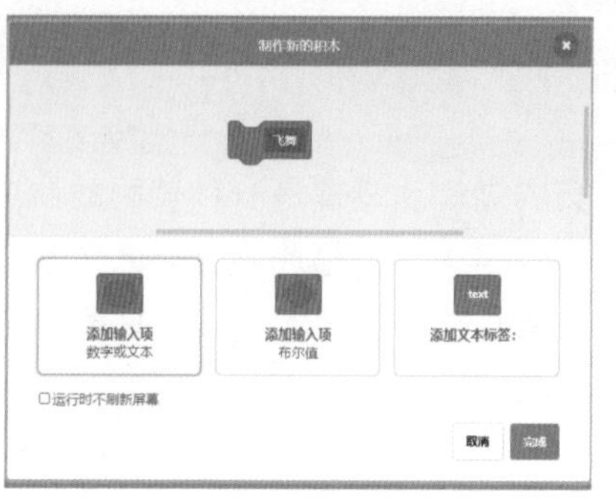

图9.3 “制作新的积木”对话框

图9.4 【飞舞】积木

图9.5 定义【飞舞】积木

编程技巧

“运行时不刷新屏幕”复选框的作用是在运行新建积木时，确定是否进行同步刷新。当勾选该复选框时，会看到新建积木的运行结果，但看不到运行过程。例如，1 秒内将角色移动到 x:20 y:20 的位置，由于不刷新，我们会看到角色直接移动到了目标位置,但看不到其移动过程。当不勾选该复选框时，新建积木运行时，我们会看到角色移动过程，即可以看到角色在 1 秒内慢慢地移动到了 x:20 y:20。

简单来说，勾选该复选框只能看到新建积木的运行结果；如果不勾选该复选框，则可以看到新建积木的运行过程，并且程序执行的耗时会减少。

（3）为【飞舞】积木添加具体的功能积木组，实现让角色飞舞的效果，如图 9.6 所示。

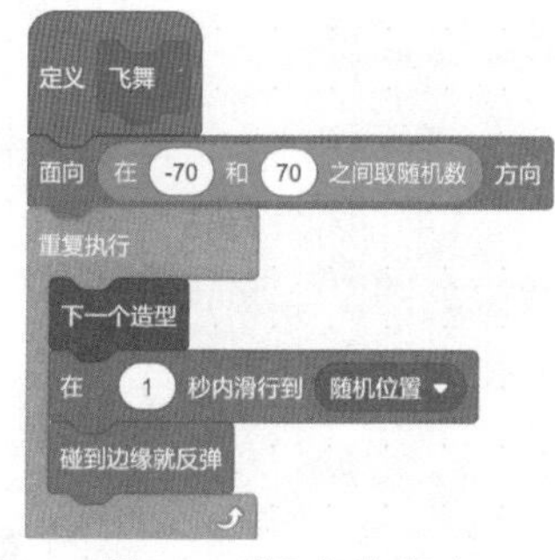

图9.6 【飞舞】积木

功能讲解

【飞舞】积木用于定义该积木的具体功能。它首先让角色面向随机方向，然后通过重复执行的方式让角色不断地移动。

（4）为蝴蝶角色 Butterfly1 添加两组积木,如图 9.7 和图 9.8 所示。

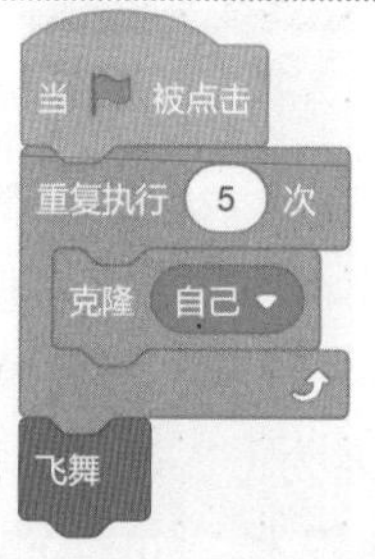

图9.7 Butterfly1的第1组积木

图9.8 Butterfly1的第2组积木

功能讲解

Butterfly1 的第 1 组积木用于克隆 5 个 Butterfly1 角色，并让本体角色执行【飞舞】积木，实现自身的不断移动；Butterfly1 的第 2 组积木用于让所有的克隆体角色执行【飞舞】积木，实现克隆体角色的不断移动。

（5）程序运行后，在舞台中会有 6 只蝴蝶角色 Butterfly 1 在不停地飞舞，效果如图 9.9 所示。

图9.9 草丛中的蝴蝶

9.2 计算器机器人：制作输入项为数字或文本的积木

有一个神奇的计算器机器人，只需输入数字和四则运算符，它就能准确地计算出结果。在本课程中，将通过自制积木来实现这样的一个机器人，以完成各种计算题目。

扫一扫，看视频

基础知识

本课程要新学习到以下输入项。

- 积木名称 number or text 【积木名称（number or text）】制作新积木的添加数字或文本输入项：该输入项可以动态地将数字或文本数据传入制作的新积木，这样就可以让新积木实现动态数据处理的能力。

编程技巧

如果自制的积木没有添加输入项，那么自制的积木就只能实现固定的功能，无法动态跟随数据变化而变化。例如，在 9.1 节中，【飞舞】积木用于固定蝴蝶的移动速度。如果为【飞舞】积木添加一个输入项“速度”，那么用户输入的“速度”就能直接影响蝴蝶的移动速度，即让【飞舞】积木拥有跟随数据变化而变化的效果。

课程实现

下面将分步讲解如何实现“计算器机器人”。

（1）在舞台中添加机器人角色 Retro Robot（罗伯特机器人），并创建“第 1 个数”“第 2 个数”“符号”和“运算结果”4 个共有变量，效果如图 9.10 所示。

（2）创建【计算器】自制积木。在积木区的自制积木分类中，单击“制作新的积木”按钮，打开“制作新的积木”对话框。将积木名称设置为“计算器”，添加 3 个数字或文本输入项，并依次修改为“第 1 个数”“符号”和“第 2 个数”，取消勾选“运行时不刷新屏幕”复选框，如图 9.11 所示。然后单击“确定”按钮，关闭此对话框。此时，在自制积木分类中，就会出现一个名为【计算器】的积木，如图 9.12 所示。同时，在编程区域中，也会出现一个定义【计算器】的起始积木，如图 9.13 所示。

图9.10　背景和角色

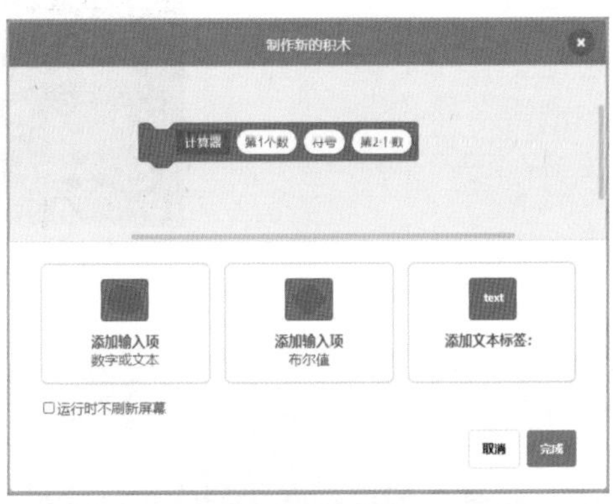

图9.11　“制作新的积木”对话框

图9.12　【计算器】积木

图9.13　定义【计算器】积木

（3）为【计算器】积木添加具体的功能积木组，如图 9.14 所示。

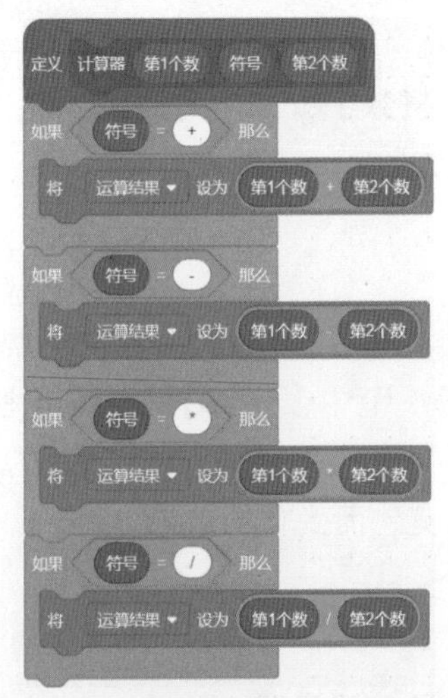

图9.14　【计算器】积木的功能积木组

功能讲解

【计算器】积木根据输入的符号，对“第 1 个数”和“第 2 个数”执行对应法则的计算，并将计算结果存储到“运算结果”变量中。

（4）为机器人角色 Retro Robot 添加一组积木，如图 9.15 所示。

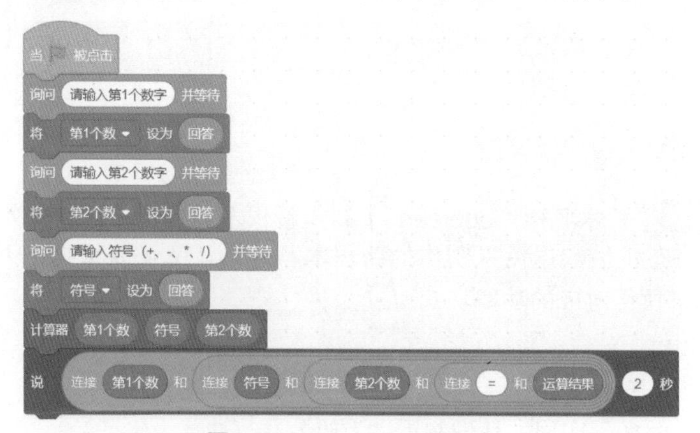

图9.15　Retro Robot的积木

功能讲解

Retro Robot 的积木通过询问的方式让用户输入两个数字以及运算符号，然后将数字和运算符号输入到【计算器】积木中，让【计算器】积木实现运算，最后通过对话框显示用户输入的算式的运算结果。

（5）程序运行后，机器人角色 Retro Robot 会询问用户要计算的算式的相关内容，然后机器人角色 Retro Robot 会计算出算式的结果并显示，效果如图 9.16 所示。

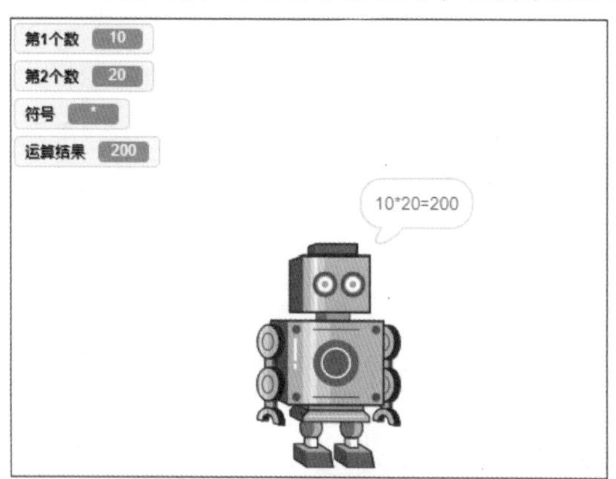

图9.16　计算器机器人

9.3 地理知识大考验：制作输入项为布尔值的积木

扫一扫，看视频

我国整体地势呈现西高东低的特征，形成了阶梯状的地形分布。山地和高原面积广阔，东西长约 5000 千米，海岸线长达 18000 多千米。由于气候和降水分布的多样性，我国形成了多种不同类型的气候。在本课程中，将制作一个地理知识问答的小程序。

基础知识

本课程要新学习到以下输入项。

- 积木名称 boolean【积木名称（boolean）】制作新积木的添加布尔值输入项：该输入项可以动态地将布尔值数据传入制作的新积木。这样，就可以根据传入的布尔值（true 或 false）来执行对应的功能。

课程实现

下面将分步讲解如何实现“地理知识大考验”。

（1）设置舞台为 Boardwalk（木板人行道），并在舞台中添加小猫角色 Cat（猫），效果如图 9.17 所示。

图9.17 背景和角色

（2）创建【判断】自制积木。在积木区的自制积木分类中，单击“制作新的积木”按钮，打开“制作新的积木”对话框。将积木名称设置为“判断”，添加 1 个布尔值输入项，并修改为“结果”，取消勾选“运行时不刷新屏幕”复选框，如图 9.18 所示。然后单击“确定”按钮，关闭此对话框。此时，在自制积木分类中，就会出现一个名为【判断】的积木，如图 9.19 所示。同时，在编程区域中，也会出现一个定义【判断】积木的起始积木，如图 9.20 所示。

（3）为【判断】积木添加具体的功能积木组，如图 9.21 所示。

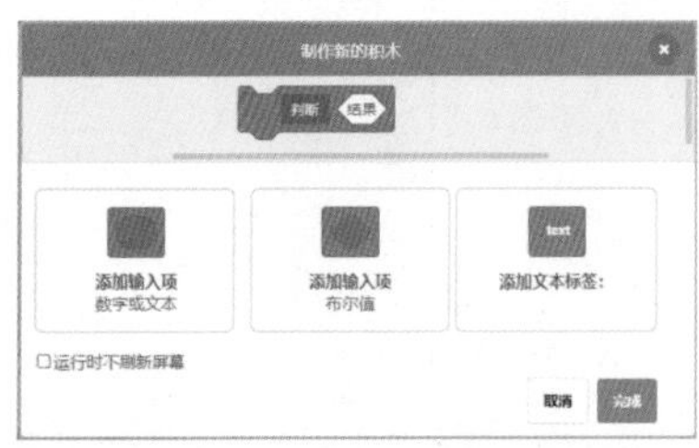

图9.18 制作新的积木对话框

图9.19 【判断】积木

图9.20 定义【判断】积木

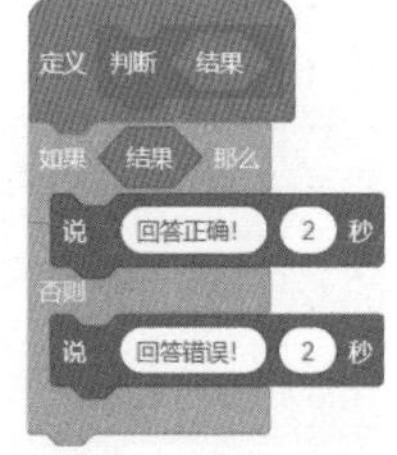

图9.21 【判断】积木的功能积木组

功能讲解

【判断】积木用于根据输入的“结果”变量的值，选择对话框显示的内容。如果“结果”变量的值为 true，就通过对话框显示“回答正确!”；如果“结果”变量的值为 false，就通过对话框显示“回答错误！”。

（4）为小猫角色 Cat 添加一组积木，如图 9.22 所示。

图9.22 Cat的积木

功能讲解

Cat 的积木用于通过询问的方式让用户回答 3 个地理知识相关的问题，然后通过【判断】积木判断回答是否正确。如果用户回答正确就显示“回答正确！”，如果用户回答错误就显示“回答错误！”。

（5）程序运行后，小猫角色 Cat 会依次询问 3 个地理知识问题，用户需要进行回答。【判断】积木会判断回答是否正确，并通过对话框显示对应的文字，效果如图 9.23 所示。

图9.23 地理知识大考验

9.4 跳跃：自制积木

扫一扫，看视频

在游戏中，跳跃是一个不可或缺的元素。而在跳跃的过程中，物体的移动速度会不断地发生变化。在本课程中，将模拟重力，使角色的跳跃动作更加自然。

基础知识

本课程要新学习到以下功能。

- 跳跃：Scratch 软件中是没有重力系统的，因此，需要通过积木模拟游戏中的重力效果。在重力影响下，需要让角色跳跃时的速度保持渐进变化。

课程实现

下面将分步讲解如何实现“跳跃”。

（1）在舞台中添加小鸡角色 Chick（小鸡）和直线角色 Line（线段）（用于模拟地面）。创建“跳跃”和“速度”两个共有变量，效果如图 9.24 所示。

（2）创建【起跳】自制积木，该积木需要添加一个数字或文本输入项，输入项名为“高度”，勾选“运行时不刷新屏幕”复选框，效果如图 9.25 所示。在编程区域中，会出现一个【起跳】自制积木，以及一个定义【起跳】的起始积木。

图9.24　背景和角色

图9.25　【制作新的积木】对话框1

（3）为【起跳】积木添加具体的功能积木组，效果如图 9.26 所示。

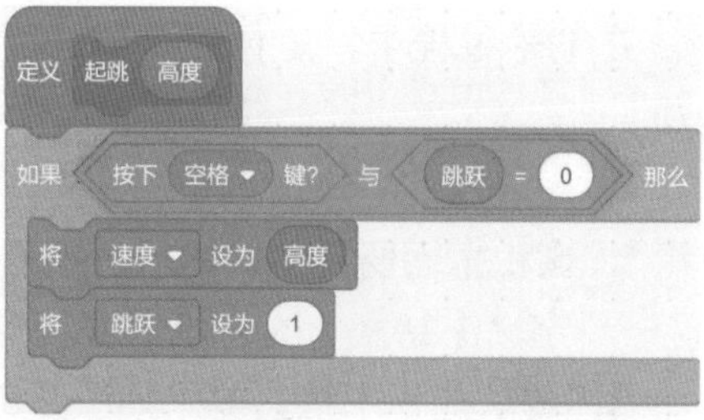

```
定义 起跳 高度
如果 <<按下 空格 键?> 与 <(跳跃) = 0>> 那么
  将 速度 设为 (高度)
  将 跳跃 设为 1
```

图9.26 【起跳】积木的功能积木组

功能讲解

【起跳】积木用于在用户按下空格且“跳跃”变量为 0 时，设置“速度”为“高度”，设置“跳跃”为 1。“跳跃”变量的值为 0，表示角色处于地面上，为站立状态；“跳跃”变量的值为 1，表示角色处于空中，为跳跃状态。

（4）创建【移动】自制积木，该积木需要勾选“运行时不刷新屏幕”复选框，如图 9.27 所示。在编程区域中，会出现一个定义【移动】的起始积木。

（5）为【移动】积木添加具体的功能积木组，效果如图 9.28 所示。

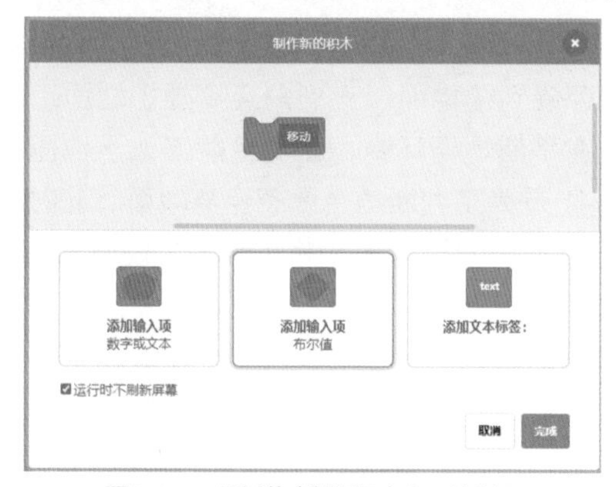

图9.27 【制作新的积木】对话框2

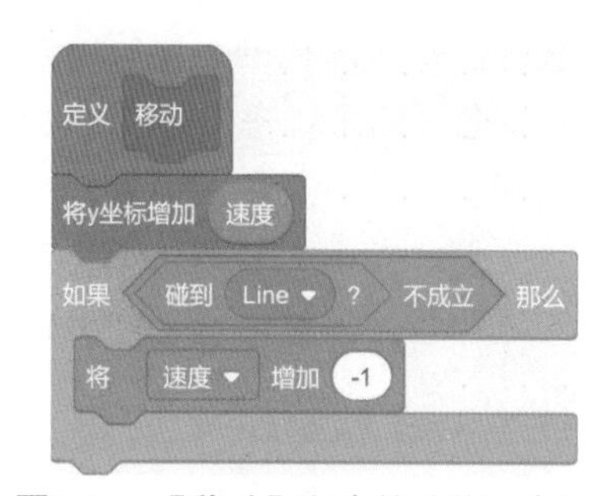

图9.28 【移动】积木的功能积木组

功能讲解

【移动】积木用于将角色的 y 坐标增加“速度”变量的值。如果该变量的值为正数，角色会向上移动；如果该变量的值为负数，角色会向下移动。

移动之后要判断角色是否碰到了地面。如果没有碰到地面，就让“速度”减 1，这样速度的值依次变为 19、18、17……。在上升过程中，角色的速度不断变慢，一直到最高点速度变为 0。

然后，0 减去 1，速度的值变为负数，角色开始下落，通过速度不断减 1，速度的值

依次变为 -1、-2、-3……。在下落过程中，角色的下落速度会越来越快，一直到速度的值变为-20，角色落到地面。

（6）创建【站立】自制积木，该积木需要勾选“运行时不刷新屏幕”复选框，如图 9.29 所示。在编程区域中，会出现一个定义【站立】的起始积木。

（7）为【站立】积木添加具体的功能积木组，效果如图 9.30 所示。

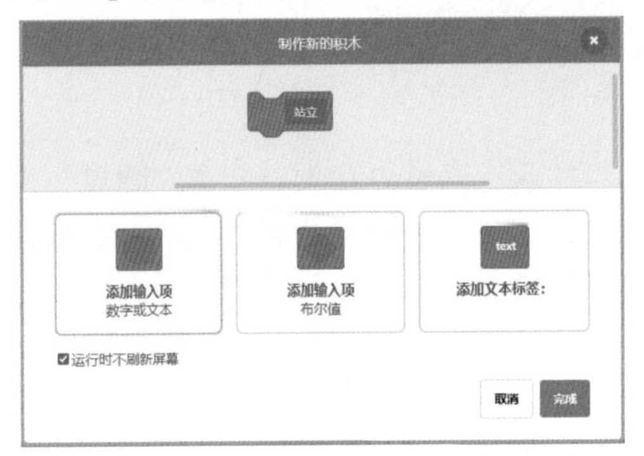

图9.29 【制作新的积木】对话框3

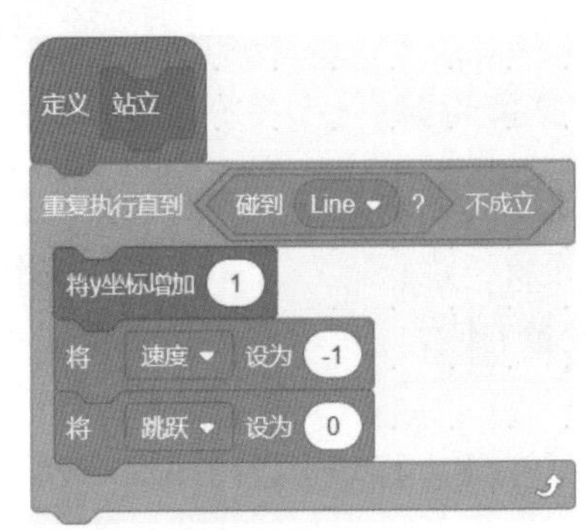

图9.30 【站立】积木的功能积木组

功能讲解

【移动】积木用于不断地判断角色是否碰到了地面，直到角色离开了地面。如果角色离开地面，就让角色的 y 坐标增加 1。在不断地循环中，让角色能够处于地面的最上方且不会与地面交叉。将“速度”设置为-1 是为了判断角色是否远离地面。此时，通过设置“速度”变量为负数，可以让角色自然地掉落到地面。将“跳跃”设置为 0，表示角色此时处于站立于地面的状态。由于该积木勾选了“运行时不刷新屏幕”复选框，所以当角色与地面交叉时，角色向上慢慢移动的效果不会显示，用户只能看到角色始终站立于地面。

（8）为小鸡角色 Chick 添加一组积木，如图 9.31 所示。

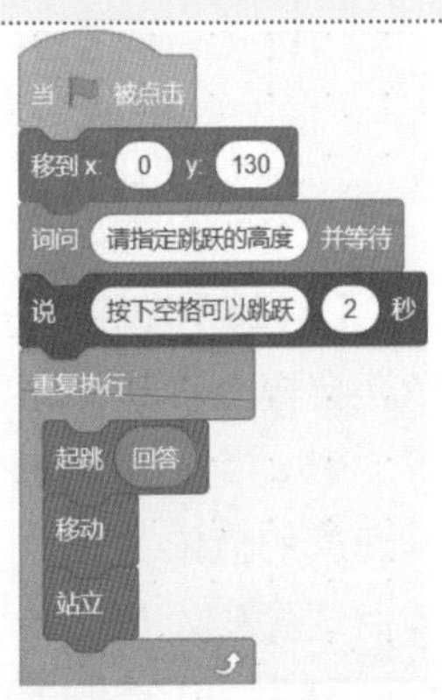

图9.31 Chick的积木

功能讲解

Chick的积木用于初始化Chick角色的位置，然后让用户指定Chick角色跳跃的高度，并通过对话框提示用户使用空格控制 Chick 角色跳跃，最后通过重复执行 3 个自制积木实现 Chick 角色的跳跃。

（9）程序运行后，小鸡角色 Chick 会让用户指定跳跃高度。输入完成后，小鸡角色 Chick 会提示用户按下空格让小鸡角色 Chick 跳跃，然后小鸡角色 Chick 会自动掉落到地面。当用户按下空格后，小鸡角色 Chick 会跳起并落下，效果如图 9.32 所示。

图9.32 跳跃

9.5 飞行的小猫：制作输入项为数字和布尔值的积木

在空中飞行时，飞机与小鸟相撞是极为危险的事件，这一事件称为“鸟撞”。这种情况通常发生在飞机低空飞行或着陆过程中，小鸟迎面撞击飞机会造成设备损坏和小鸟伤亡。国际航空联合会将“鸟撞”列为 A 级航空灾难。因此，在飞机起降阶段，机场地勤人员会采取发出响声等方法驱赶附近的小鸟，以避免“鸟撞”事件发生。高速撞击事故都具有潜在危险，无论碰撞的是什么物体。在本课程中，将控制飞行的小猫，确保它不会与飞行中的小鸟相撞。

扫一扫，看视频

基础知识

本课程要新学习到以下输入项。

- 积木名称 boolean number or text 【积木名称（boolean）（number or text）】制作新积木的添加布尔值输入项和数字或文本输入项：该输入项可以实现根据指定条件的 true 或 false 控制数值的变化。

课程实现

下面将分步讲解如何实现“飞行的小猫”。

（1）设置舞台为 Blue Sky2（蓝色的天空 2），并在舞台中添加飞行小猫角色 Cat Flying（飞行的猫）和小鸟角色 Parrot（鹦鹉），效果如图 9.33 所示。

图9.33　背景和角色

（2）创建【控制飞行】自制积木。在 Cat Flying 角色的积木区中找到并单击“制作新的积木”按钮，打开【制作新的积木】对话框。在该对话框中将积木名称修改为“控制飞行”，添加 1 个布尔值输入项，并修改为“躲避”；添加 1 个数字输入项，并修改为“速度”，取消勾选“运行时不刷新屏幕”复选框，如图 9.34 所示。然后单击“确定”按钮，关闭对话框。此时，在自制积木分类中就会出现一个名为【控制飞行】的积木，如图 9.35 所示。同时，在编程区域中也会出现一个定义【控制飞行】的起始积木，如图 9.36 所示。

图9.34　“制作新的积木”对话框

图9.35　【控制飞行】积木

图9.36　定义【控制飞行】积木

（3）为【控制飞行】积木添加具体的功能积木组，如图 9.37 所示。

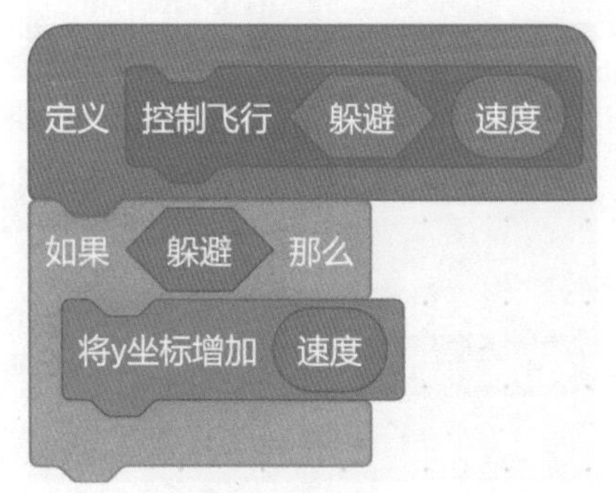

图9.37 【控制飞行】积木的功能积木组

功能讲解

【控制飞行】积木用于判断玩家是否按下了“躲避”变量对应的按键，如果是就让角色的 y 坐标增加“速度”变量的值。其中，“躲避”变量指代的对应按键和“速度”的值在使用【控制飞行】积木时决定。

（4）为飞行小猫角色 Cat Flying 添加一组积木，如图 9.38 所示。

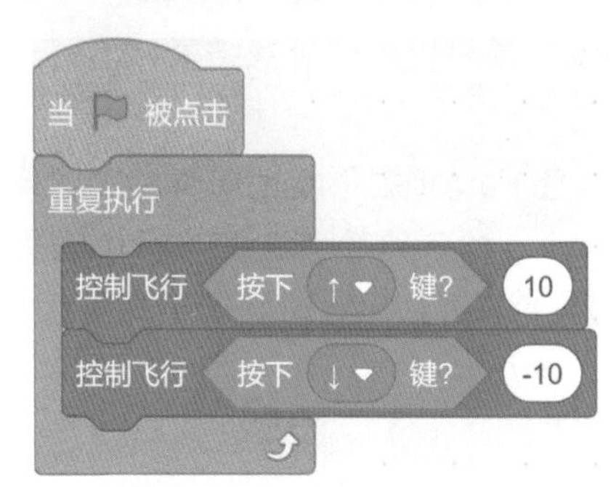

图9.38 Cat Flying的积木

功能讲解

Cat Flying 的积木用于通过重复执行的方式判断玩家按下的按键。当按向上键时，让 Cat Flying 角色向上移动；当按向下键时，让 Cat Flying 角色向下移动。

（5）为小鸟角色 Parrot 添加 3 组积木，如图 9.39~ 图 9.41 所示。

```
当 🏴 被点击
移到 x: 195 y: -17
将旋转方式设为 左右翻转
面向 -90 方向
隐藏
重复执行
    在 1 秒内滑行到 x: 195 y: 在 -150 和 150 之间取随机数
    克隆 自己
```

图9.39　Parrot的第1组积木

```
当作为克隆体启动时
显示
重复执行
    将x坐标增加 -10
    如果 碰到 舞台边缘 ? 那么
        删除此克隆体
    如果 碰到 Cat Flying ? 那么
        广播 停止
```

图9.40　Parrot的第2组积木

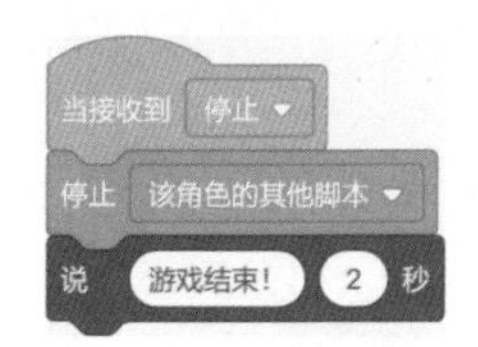

图9.41　Parrot的第3组积木

功能讲解

Parrot 的第 1 组积木用于初始化 Parrot 角色的位置、旋转方式、面向方向，并将其设置为“隐藏”状态。然后通过重复执行的方式，让 Parrot 角色每隔 1 秒移动到随机位置并克隆自己。Parrot 的第 2 组积木用于显示当前克隆体，然后让克隆体向舞台左侧移动。在移动的过程中进行判断，如果碰到舞台边缘就删除当前克隆体，如果碰到 Cat Flying 角色就广播“停止”的消息。Parrot 的第 3 组积木用于在接收到“停止”的消息后，停止该角色的其他脚本，最后显示“游戏结束!”。

（6）程序运行后，小鸟角色 Parrot 会不断地向舞台左侧移动，玩家需要使用向上和向下键控制飞行小猫角色 Cat Flying 的飞行轨迹，使飞行小猫角色 Cat Flying 躲过空中的小鸟角色 Parrot。如果飞行小猫角色 Cat Flying 碰到了小鸟角色 Parrot，则游戏结束，效果如图 9.42 所示。

图9.42　飞行的小猫碰到了小鸟

第10章

【画笔】组件

【画笔】组件是Scratch软件中专门用于绘画的组件。借助【画笔】组件，用户可以在舞台上绘制出各种图形和角色。本章将详细介绍【画笔】组件中的相关积木和功能。

10.1 绘制三角形：落笔和全部擦除

扫一扫，看视频

三角形是一种平面图形，由不在同一直线上的 3 条线段首尾相连而组成。根据边的长度和角的大小，常见的三角形有普通三角形（三条边都不相等）、等腰三角形（只有两条边相等）、等边三角形（三条边都相等）等。根据角的大小不同，三角形也可以分为直角三角形、锐角三角形、钝角三角形等。Scratch 中并没有提供三角形角色，在本课程中，将绘制一个等边三角形的角色。

基础知识

本课程要新学习到以下积木。

- 落笔【落笔】：该积木用于模拟将笔尖放在纸上。在 Scratch 中，该积木将角色变为可以绘制图形的画笔，当为“落笔”状态时，移动角色就能绘制出线段或图形。
- 全部擦除【全部擦除】：该积木能够清理所有使用画笔绘制的内容，相当于一键清空所有笔迹。

编程技巧

【画笔】组件的添加方式如下所示。

（1）在积木区的最下方，单击“添加扩展”按钮，进入“选择一个扩展”界面，如图 10.1 所示。该界面中列出了多个扩展组件。

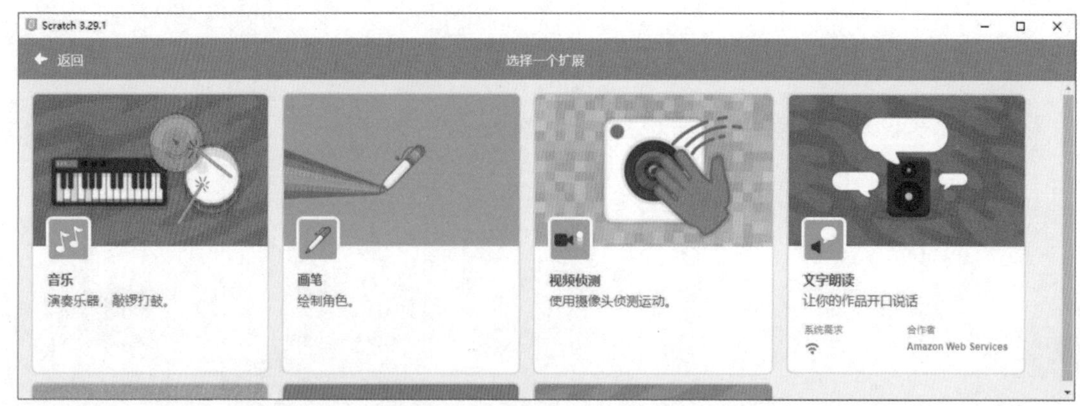

图10.1 “选择一个扩展”界面

（2）单击【画笔】组件，该组件就会被插入 Scratch 的积木区，如图 10.2 所示。

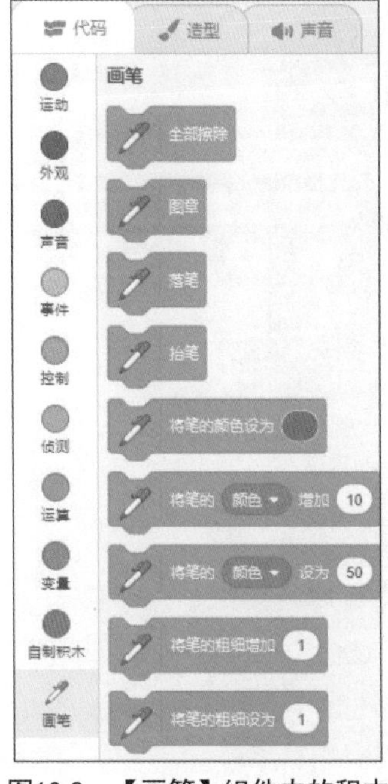

图10.2 【画笔】组件中的积木

课程实现

下面将分步讲解如何实现“绘制三角形”。

（1）设置舞台的背景为 Blue Sky2（蓝色的天空 2），并在舞台中添加铅笔角色 Pencil（铅笔）。在该角色的“造型”界面，调整造型的中心点位于铅笔笔尖的位置。背景和角色的效果如图 10.3 所示。

图10.3 背景和角色

（2）为铅笔角色 Pencil 添加一组积木，如图 10.4 所示。

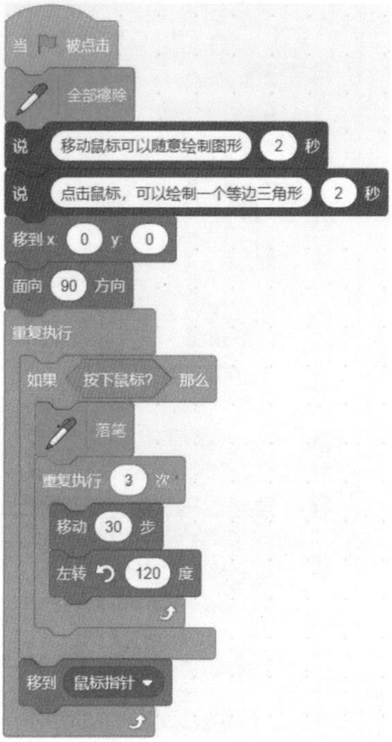

```
当 被点击
全部擦除
说 移动鼠标可以随意绘制图形 2 秒
说 点击鼠标，可以绘制一个等边三角形 2 秒
移到 x: 0 y: 0
面向 90 方向
重复执行
    如果 按下鼠标? 那么
        落笔
        重复执行 3 次
            移动 30 步
            左转 120 度
    移到 鼠标指针
```

图10.4　Cake的积木

功能讲解

Cake 的积木的作用：首先，清除所有笔迹，通过对话框告知用户“移动鼠标可以随意绘制图形”和“点击鼠标，可以绘制一个等边三角形”来自动绘制三角形；然后，初始化画笔的位置和角度；最后，通过重复执行的方式让角色跟随鼠标移动。这样，当点击鼠标后，Pencil 角色变成画笔，绘制出一个三角形，并且随着鼠标移动可以绘制任意图形。

编程技巧

三角形的内角和为 180°，等边三角形的每个角都是 60°，所以每个内角的补角为 120°。在绘制三角形时，需要循环 3 次画边和旋转角度。第 1 次循环时，画笔朝向为 90° 方向（舞台正右侧），向右移动 30 步，此时，要画一个内角为 60° 的角，就需要画笔向左旋转 120°；第 2 次循环时移动 30 步，画出三角形的第 2 条边，再次左转 120°；第 3 次循环时，移动 30 步，画出三角形的第 3 条边，再次旋转 120° 。

（3）程序运行后，画笔会移动到舞台中心。单击，铅笔角色 Pencil 自动绘制三角形。当移动鼠标时，画笔会跟随移动轨迹进行绘画，效果如图 10.5 所示。

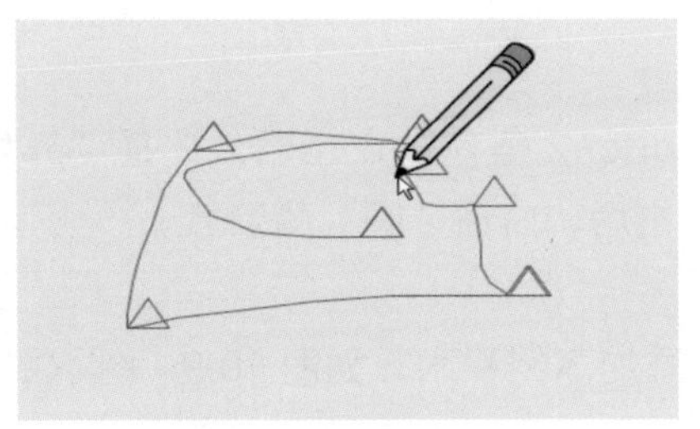

图10.5 绘制三角形

10.2 绘制圆和五角星：抬笔

圆和五角星是我们日常生活中经常遇到的图形，但 Scratch 中并没有直接提供对应的角色。在本课程中，将通过绘制的方式创建这两种图形的角色。

扫一扫，看视频

基础知识

本课程要新学习到以下积木。

- 【抬笔】：该积木用于模拟将笔尖从纸上抬起，实现笔尖与纸分离的效果。当执行该积木后，角色就失去了画笔功能，无法在舞台中绘制内容。

课程实现

下面将分步讲解如何实现“绘制圆和五角星”。

（1）在舞台中添加铅笔角色 Pencil（铅笔），并调整造型的中心点位于笔尖的位置；添加五角星按钮角色 Button2（按钮 2），并在“造型”界面中添加“五角星”文本内容；添加圆按钮角色 Button3（按钮 3），并在“造型”界面中添加“圆”文本内容，效果如图 10.6 所示。

（2）为五角星按钮角色 Button2 和圆按钮角色 Button3 分别添加一组积木，如图 10.7 和图 10.8 所示。

图10.6 背景和角色

图10.7 Button2的积木

图10.8 Button3的积木

功能讲解

Button2 的积木用在 Button2 角色被点击后，广播“五角星”的消息；Button3 的积木用在 Button3 角色被点击后，广播“圆”的消息。

（3）为铅笔角色 Pencil 添加 3 组积木，如图 10.9~ 图 10.11 所示。

图10.9　Pencil的第1组积木

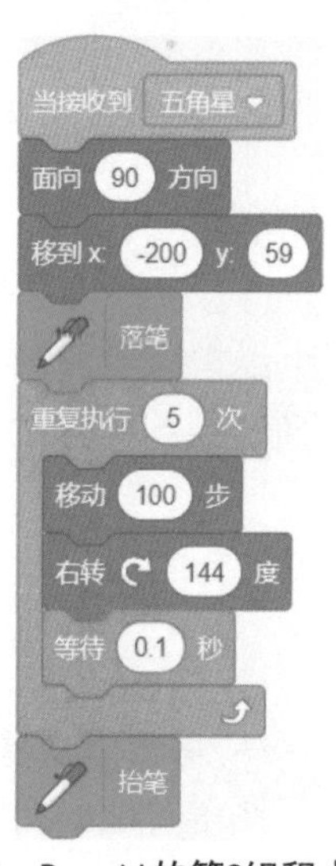

图10.10　Pencil的第2组积木

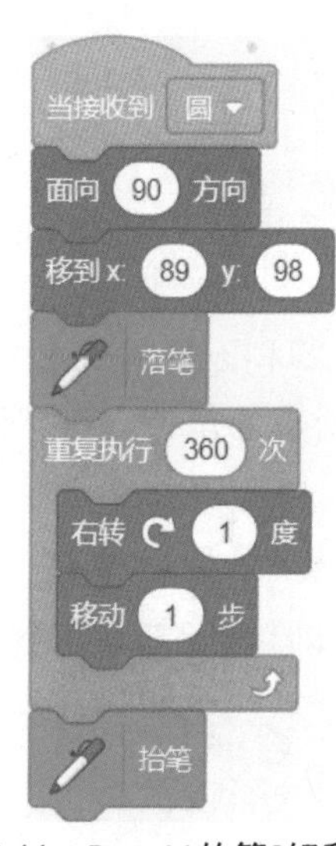

图10.11　Pencil的第3组积木

功能讲解

Pencil 的第 1 组积木用于初始化 Pencil 角色的位置和方向，然后清除舞台上的所有绘画痕迹。

Pencil 的第 2 组积木用于在接收到“五角星”的消息后，让铅笔面向舞台右侧并移动到指定地点，然后让铅笔落笔。通过重复执行的方式，绘制五角星的 5 条边。由于五角星的每个外角为 144°，内角为 36°，所以每绘制一条边后需要旋转 144°，绘制完成后抬笔。

Pencil 的第 3 组积木用于在接收到“圆”的消息后，让铅笔面向舞台右侧并移动到指定地点，然后让铅笔落笔。通过重复执行的方式绘制圆形。圆的本质是由无限的点组成的，圆的内角和是 360°。所以，通过绘制 360 条线段，每条线段为 1 像素，每次旋转 1°就可以实现绘制圆的效果，绘制完成后抬笔。

（4）程序运行后，当单击“五角星”按钮后，铅笔会绘制一个五角星；当单击“圆”按钮后，铅笔会绘制一个圆，效果如图 10.12 所示。

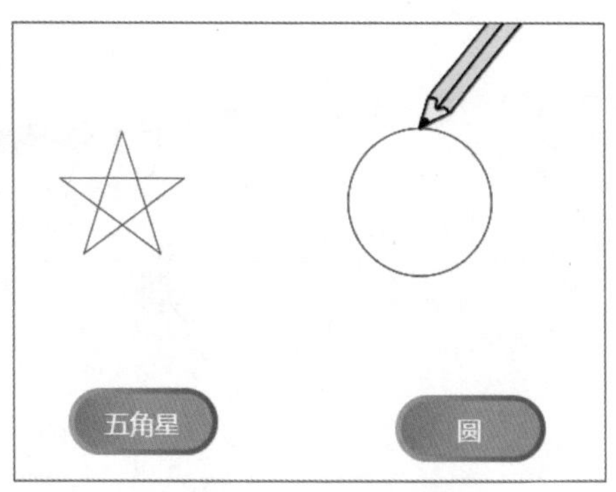

图10.12　绘制圆和五角星

10.3 绘制多边形：自制【绘制多边形】积木

由三条或三条以上的线段首尾顺次连接所组成的平面图形称为多边形。按照不同的标准，多边形可以分为正多边形和非正多边形、凸多边形和凹多边形等。在本课程中，将实现根据用户输入的数字绘制对应边数的多边形。

扫一扫，看视频

基础知识

本课程要新学习到以下内容。

- 自制【绘制多边形】积木：绘制多边形有两个重要的条件。第 1 个条件是确定多边形的外角，其计算公式为外角 =360/ 边数；第 2 个条件是边长，由于舞台的大小是有限的，因此多边形的边越多，边长就需要设置得越短，这样才能保证在有限的舞台范围内成功绘制多边形。边长的计算公式为边长 =800/ 边数。这里的 800 是绘制多边形的外切正方形的周长。

课程实现

下面将分步讲解如何实现“绘制多边形”。

（1）设置舞台背景为 XY-grid（XY-网格），并在舞台中添加小球角色 Ball（球），效果如图 10.13 所示。

（2）创建【绘制多边形】自制积木，其中需要添加一个数字或文本输入项，输入项命名为“边数”，取消勾选“运行时不刷新屏幕”复选框，如图 10.14 所示。在编程区域中，会出现一个定义【绘制多边形】的起始积木。

（3）为【绘制多边形】积木添加具体的功能积木组，效果如图 10.15 所示。

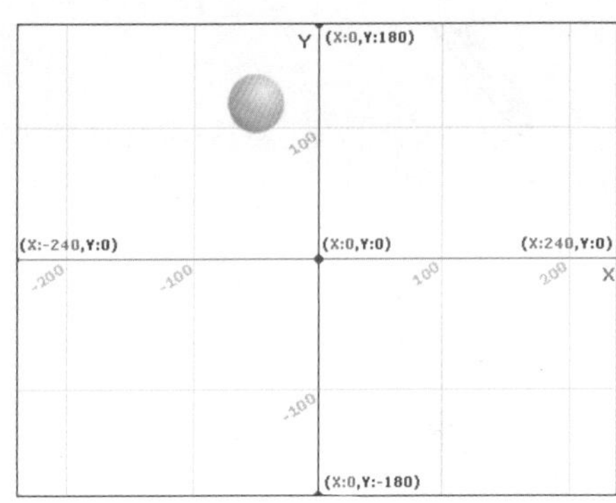

图10.13　背景和角色

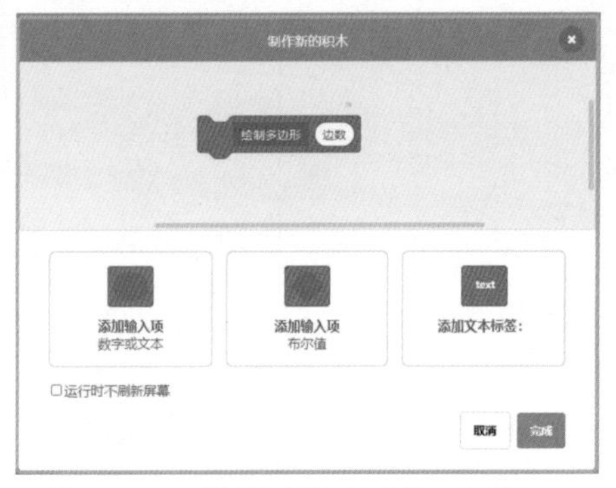

图10.14　“制作新的积木”对话框

功能讲解

【绘制多边形】积木的作用：首先，让画笔角色移动到指定位置，这是因为舞台大小有限制，所以画笔的起始位置会影响绘制效果；其次，控制“落笔”，使笔尖接触舞台；再次，根据输入的“边数”决定绘制几条边，每条边的长度由 800 除以“边数”决定，每次旋转的角度由 360 除以“边数”决定；最后，控制“抬笔”，使画笔离开舞台。

（4）为小球角色 Ball 添加一组积木，如图 10.16 所示。

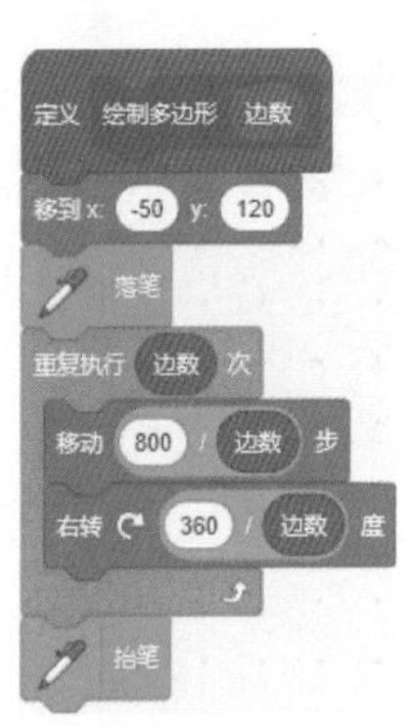

图10.15　【绘制多边形】积木的功能积木组

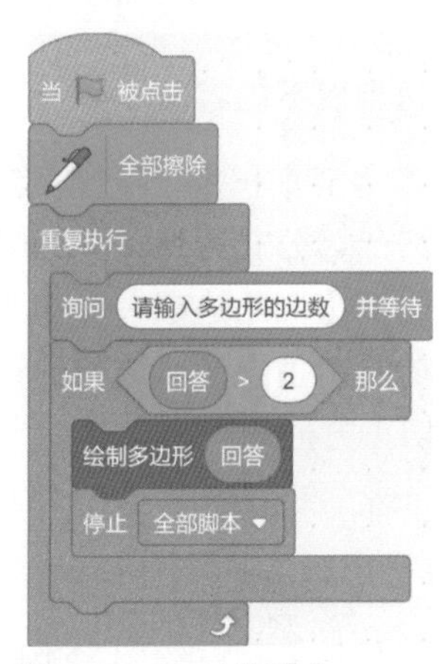

图10.16　Ball的积木

功能讲解

Ball 的积木用于全部擦除所有绘画痕迹，然后通过重复执行的方式询问用户，让用户输入多边形的边数。如果用户输入的边数大于 2，就执行【绘制多边形】积木，最后停止全部脚本；如果用户输入的边数小于或等于 2，就再次询问，让用户输入有效的边数。

（5）程序运行后，小球角色 Ball 会提示用户输入边数。当边数大于 2 时，绘制对应边数的多边形。例如，输入 10，就会绘制十边形，效果如图 10.17 所示。

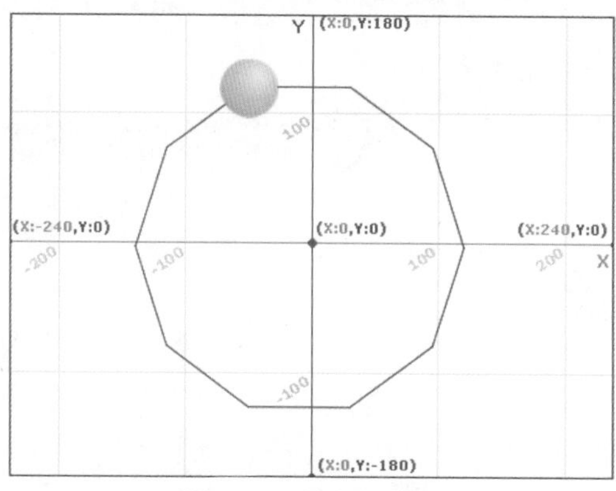

图10.17　绘制多边形

10.4 绘制花朵：修改画笔颜色

花朵以它们鲜艳的色彩、婀娜多姿的体态和芳香的气味吸引着人们。花朵的花瓣数量可以有多种，最常见的是 5 片花瓣，如桃花、梨花等；也有一些花朵具有特殊的花瓣数量，如迎春花有 6 片花瓣；还有一些花朵的花瓣数量较少，如海棠花只有 2 片花瓣，百合花只有 3 片花瓣。在本课程中，将实现绘制指定花瓣的花朵效果。

扫一扫，看视频

基础知识

本课程要新学习到以下积木。

- 将笔的颜色设为【将笔的颜色设为●】：该积木用于设置画笔角色为指定颜色，默认情况下设置为紫色。
- 将笔的 颜色 增加 10【将笔的（颜色）增加（10）】：该积木的作用是将画笔的颜色增加 10。该积木的下拉菜单中还包括“饱和度”“亮度”和“透明度”3 个选项。“饱和度”用于设置画笔颜色的浅淡；“亮度”用于设置画笔颜色的明或暗；“透明度”用于设置画笔颜色的透明状态。

课程实现

下面将分步讲解如何实现“绘制花朵”。

（1）在舞台中添加甲壳虫角色 Beetle（甲虫）。创建“半径”“花瓣”和“角度”3 个共有变量，效果如图 10.18 所示。

（2）创建【绘制花朵】自制积木，其中需要添加两个数字或文本输入项，分别命名为“角度”和“花瓣”，勾选“运行时不刷新屏幕”复选框，如图 10.19 所示。在编程区域中，会出现一个定义【绘制花朵】的起始积木。

图10.18 背景和角色

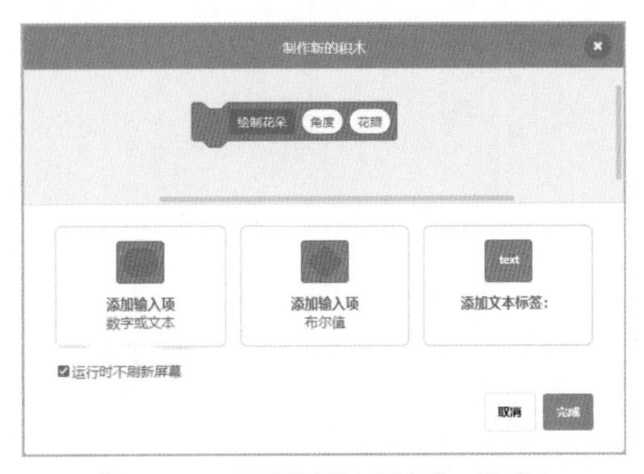

图10.19 “制作新的积木”对话框

（3）为【绘制花朵】积木添加具体的功能积木组，效果如图 10.20 所示。

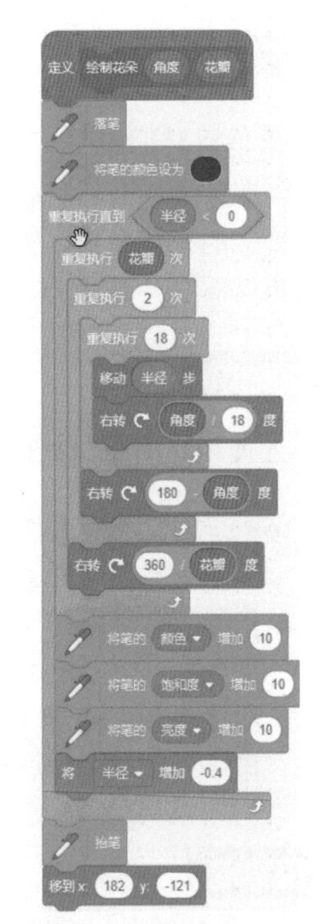

图10.20 【绘制花朵】积木的功能积木组

功能讲解

绘制的花朵由一片片花瓣组成，而每片花瓣由两条弧线构成，角度越大，弧度越大，花瓣越接近于圆形，并且半径越长，花朵就越长。【绘制花朵】积木的作用是首先“落笔”并设置笔的颜色，然后通过重复执行的方式绘制一朵花。每绘制一朵花，花瓣的“颜色”“饱和度”和“亮度”都增加 10，花朵的“半径”减少 0.4。当“半径”变量的值小于 0 时，停止循环。

【重复执行（花瓣）次】积木的作用是根据“花瓣”变量的值决定绘制几片花瓣。重复执行 2 次，则绘制花瓣的两条边；重复执行 18 次，则通过绘制 18 个小的线段实现绘制花瓣的一条边的效果。【右转（180）–（角度）度】积木的作用是当绘制完花瓣的第 1 条边后旋转指定角度，准备绘制第 2 条边。【右转 360/（花瓣）度】积木的作用是当绘制完一片花瓣后，使画笔指向下一片花瓣的起始位置。最后，“抬笔”将画笔角色移动到舞台的右下角。

（4）为甲壳虫角色 Beetle 添加一组积木，如图 10.21 所示。

功能讲解

Beetle 的积木的作用：首先，初始化 Beetle 角色的位置、方向以及清除所有绘画痕迹；接着通过询问的方式提示用户输入花瓣的弧度和花瓣的数量，并将输入的数字存储到“角度”和“花瓣”变量中；然后，设置“半径”为 10（这是由舞台大小的限制决定的），此“半径”大小决定花朵的大小；最后，使用【绘制花朵】积木绘制指定的花朵。

（5）程序运行后，甲壳虫角色 Beetle 会询问用户要绘制花朵的弧度和花瓣数，然后甲壳虫角色 Beetle 会绘制出指定的花朵。由于在创建【绘制花朵】自制积木时勾选了“运行时不刷新屏幕”复选框，所以绘制花朵的速度非常快。例如，当弧度为 150，花瓣数为 10 时，效果如图 10.22 所示。

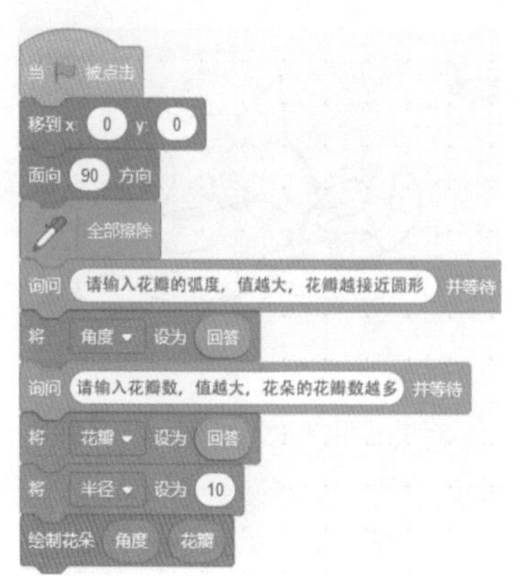

图10.21　Beetle的积木

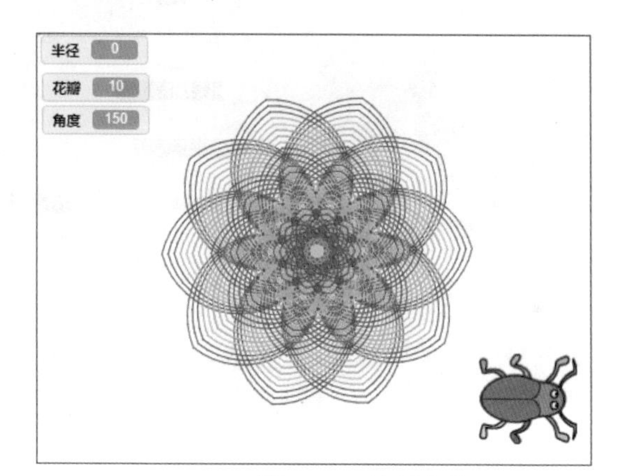

图10.22　绘制花朵

10.5 动物画家：修改画笔粗细

不同的动物拥有不同颜色的毛发或皮肤。动物的毛发颜色通常与它们的生活环境密切相关，许多动物的毛发会进化为与其所处环境相近的颜色，以提供更好的保护。这种具有与环境相近的毛发颜色称为保护色。例如，狮子的黄色皮毛有助于它们在草丛中隐藏身形，以便伏击猎物；变色龙不断变换皮肤的能力则使它们更好地与环境融为一体，从而躲避天敌。在本课程中，将实现为小猫角色上色的效果。

扫一扫，看视频

基础知识

本课程要新学习到以下积木。

- 【将笔的粗细设为（1）】：该积木用于设置画笔的粗细增加指定值，默认情况下为1像素。它可以初始化画笔的粗细或直接修改画笔的粗细为指定值。
- 【将笔的粗细增加（1）】：该积木用于将画笔的粗细增加指定值，默认情况下为1像素。它用于渐进式地增加或减少画笔的粗细。

课程实现

下面将分步讲解如何实现“动物画家”。

（1）在舞台中添加小猫角色 Cat Flying（飞行的猫）。在该角色的“造型”界面中，选中小猫造型 cat flying-a，然后设置“轮廓”为黑色，并设置“填充”为无，这样就能删除小猫造型的填充部分，只保留线条部分，过程如图 10.23 所示。

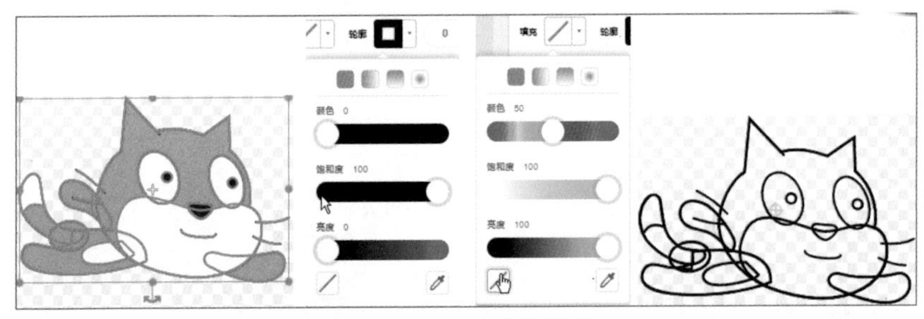

图10.23　修改小猫造型

（2）在舞台中，添加 3 个设置颜色的小球角色 Ball（球）、Ball2（球 2）和 Ball3（球 3）。在“造型”界面中，使用“填充”工具依次将 3 个小球角色的颜色设置为黄色、蓝色和绿色。添加 2 个设置画笔粗细的按钮角色 Button1（按钮 1）和 Button2（按钮 2）。在“造型”界面中，依次添加文本内容“加粗”和“变细”。添加铅笔角色 Pencil（铅笔），在“造型”界面中，设置造型中心点位于笔尖。调整角色位置后，效果如图 10.24 所示。

图10.24　背景和角色

（3）为铅笔角色 Pencil 添加 3 组积木，如图 10.25~ 图 10.27 所示。

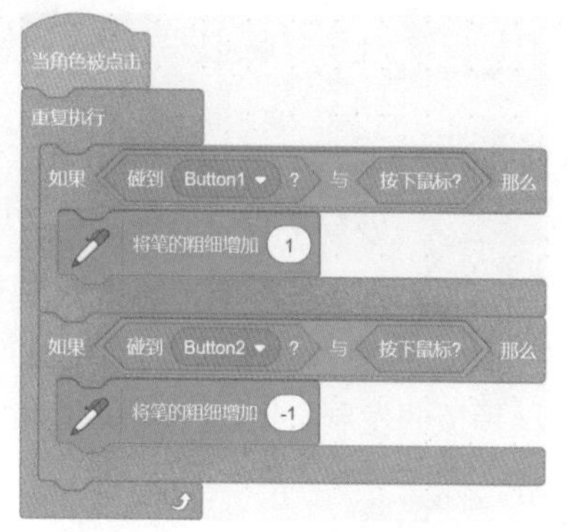

图10.25 Pencil的第1组积木　图10.26 Pencil的第2组积木　图10.27 Pencil的第3组积木

功能讲解

Pencil 的第 1 组积木用于初始化 Pencil 角色的位置、画笔的粗细、抬起画笔以及清除所有绘画痕迹。Pencil 的第 2 组积木用于在用户使用鼠标点击 Pencil 角色后，使 Pencil 角色跟随鼠标指针进行移动。当按下空格键后，Pencil 角色开始绘画，当按下 W 键后，Pencil 角色抬起并结束绘画。如果 Pencil 角色碰到 Ball 角色并按下鼠标按键，就设置画笔颜色为黄色；如果 Pencil 角色碰到 Ball2 角色并按下鼠标按键，就设置画笔颜色为蓝色；如果 Pencil 角色碰到 Ball3 角色并按下鼠标按键，就设置画笔颜色为绿色。这样就实现了画笔颜色的切换。Pencil 的第 3 组积木用于在用户使用鼠标点击 Pencil 角色后，如果 Pencil 角色碰到了“加粗”按钮并按下鼠标按键，就将画笔粗细增加 1；如果 Pencil 角色碰到了“变细”按钮并按下鼠标按键，就将画笔粗细减少 1。

（4）程序运行后，用户点击铅笔角色 Pencil，然后选择颜色后，将铅笔角色 Pencil 移动到小猫的身体上方，按下空格键后就可以实现为小猫填充颜色的效果，效果如图 10.28 所示。

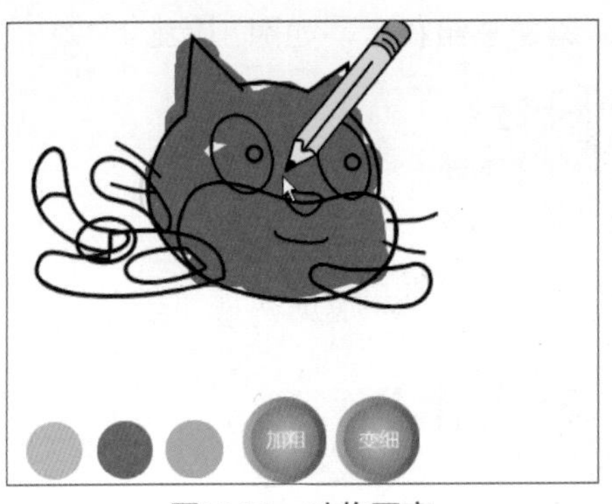

图10.28　动物画家

10.6 在黑板上绘画：擦除功能

扫一扫，看视频

在文字发明以前，人们就已经使用木炭可以来作画。在一些古代岩洞里，人们发现了古代的壁画，这些壁画绘制在岩壁上，在传统意义上岩壁可以称为“黑板”。200多年来，黑板的形式在不断演变。最初人们将黑色涂料涂抹在木板、水泥等坚硬物体的表面上。到了20世纪90年代，出现了水磨玻璃、彩涂钢板、复合材料板等形式的黑板。黑板的发展史见证了教育事业的不断进步。在本课程中，将实现在黑板上用粉笔绘画的效果。

基础知识

本课程要新学习到以下内容。

- 使用颜色覆盖的方式模拟橡皮擦功能：擦除舞台中的笔迹有两种方式。第1种方式是使用【全部擦除】积木，它的缺点是会清除所有笔迹，而无法清除指定位置的笔迹；第2种方式是使用画笔进行颜色覆盖来实现擦除功能，例如，白色画笔在黑色背景中写的字，可以使用黑色画笔以覆盖的方式擦除白色笔迹的指定部分，这样就实现了部分擦除功能。

课程实现

下面将分步讲解如何实现“在黑板上绘画”。

（1）设置舞台背景为Chalkboard（黑板），并在背景的“背景”选项卡中使用“矩形”工具将黑白部分修改为纯黑色。在舞台中添加铅笔角色Pencil（铅笔），在“造型”界面中设置造型中心点位于笔尖。添加3个按钮角色，依次为橡皮角色Button2（按钮2）、清空黑板角色Button3（按钮3）和粉笔角色Button4（按钮4），依次在它们的“造型”选项卡中添加“橡皮”“清空黑板”和“粉笔”的文本内容。调整角色位置后，效果如图 10.29 所示。

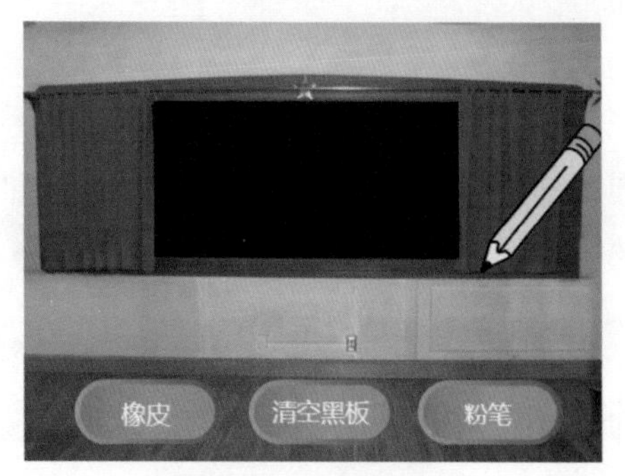

图10.29　背景和角色

（2）为橡皮角色 Button2、清空黑板角色 Button3 和粉笔角色 Button4 分别添加一组积木，如图 10.30~ 图 10.32 所示。

图10.30　Button2的积木

图10.31　Button3的积木

图10.32　Button4的积木

功能讲解

Button2、Button3 和 Button4 的积木的作用都是在对应按钮被点击后开始广播消息，但每个角色所广播的消息不同。Button2 角色广播“橡皮”的消息，Button3 角色广播“清空黑板”的消息，Button4 角色广播“粉笔”的消息。

（3）为铅笔角色 Pencil 添加 5 组积木，如图 10.33~ 图 10.37 所示。

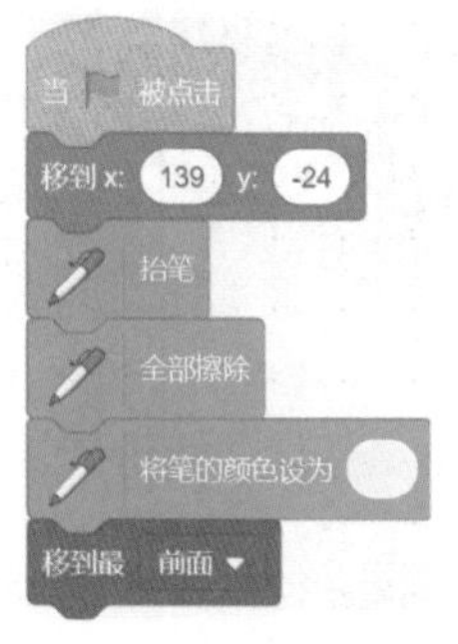

图10.33　Pencil的第1组积木

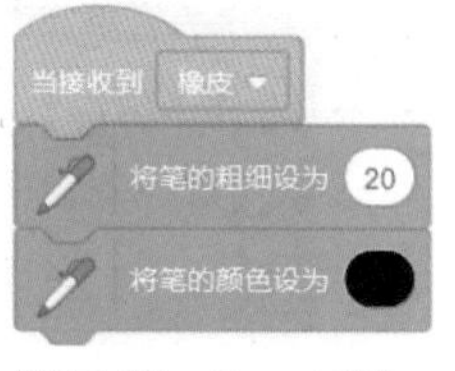

图10.34　Pencil的第2组积木

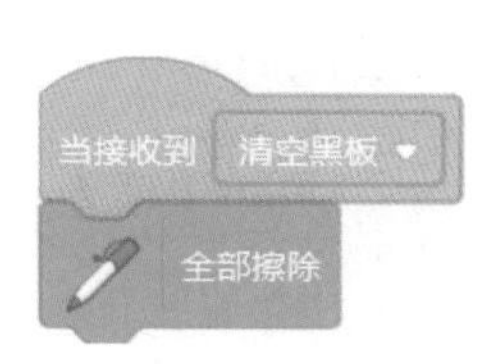

图10.35　Pencil的第3组积木

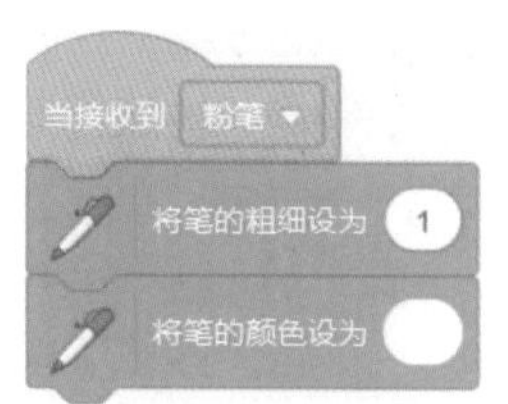

图10.36　Pencil的第4组积木

图10.37　Pencil的第5组积木

功能讲解

Pencil 的第 1 组积木用于初始化 Pencil 角色的位置，并设置 Pencil 角色为“抬笔”状态；然后清除所有绘画痕迹，设置画笔颜色为白色；最后设置画笔位于最前面的图层。Pencil 的第 2 组积木用于在接收到“橡皮”的消息后，设置画笔粗细为 20，并设置画笔颜色为黑色。Pencil 的第 3 组积木用于在接收到“清空黑板”的消息后，执行【全部擦除】积木清除黑板上的所有绘画痕迹。Pencil 的第 4 组积木用于在接收到“粉笔”的消息后，将画笔的粗细设为 1，并设置画笔颜色为白色。Pencil 的第 5 组积木用于在使用鼠标点击 Pencil 角色后，使 Pencil 角色跟随鼠标指针进行移动。当 Pencil 角色移动到黑板所在范围内并且按住空格键不放的情况下，使用 Pencil 角色在黑板上进行绘画操作；当释放空格键或 Pencil 角色移出黑板范围，铅笔将无法进行绘画操作。

（4）程序运行后，使用鼠标点击铅笔角色 Pencil，该角色就会跟随鼠标指针进行移动。将铅笔角色 Pencil 放在黑板上并按住空格键不放，拖动鼠标即可实现在黑板绘画的效果。若使用鼠标单击“橡皮”按钮，再次将铅笔角色 Pencil 放在黑板上并按住空格键不放，拖动鼠标即可实现清除黑板上绘画痕迹的效果。若使用鼠标单击“清空黑板”按钮，则黑板上的绘画痕迹会全部被清除。若使用鼠标单击“粉笔”按钮，将铅笔角色 Pencil 放在黑板上并按住空格键不放，拖动鼠标就能再次实现在黑板上绘画的效果，效果如图 10.38 所示。

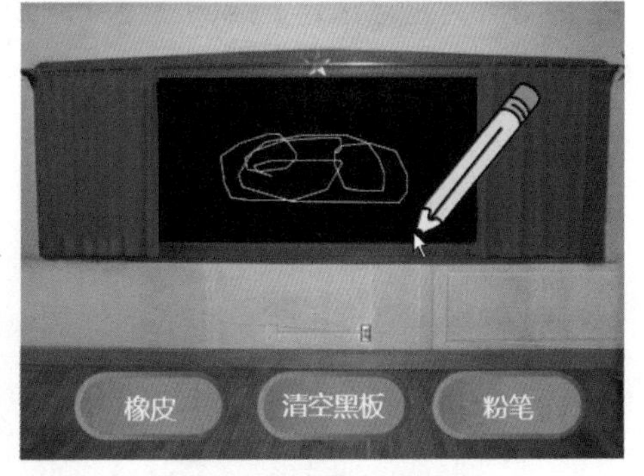

图10.38　在黑板上绘画

10.7 挂星星：图章工具

星星是指肉眼可见的宇宙中的天体，其内部的能量活动使星星的形状变得不规则。它大致可分为行星、恒星、彗星、白矮星等不同类型，其亮度常用星等来表示。星星越亮，星等越小。在本课程中，将实现在天上挂星星的效果。

扫一扫，看视频

基础知识

本课程要新学习到以下积木。

- 图章【图章】：该积木可以模拟图章的功能。执行该积木时，会像盖章一样在背景中复制当前角色的造型。这里的复制本质上是绘制的痕迹，与克隆体是不同的。

课程实现

下面将分步讲解如何实现“挂星星”。

（1）设置舞台背景为 Space（空间），并在舞台中添加星星角色 Star（星星）。创建并在舞台中显示“我的变量”，效果如图 10.39 所示。

（2）为星星角色 Star 添加一组积木，如图 10.40 所示。

图10.39　背景和角色

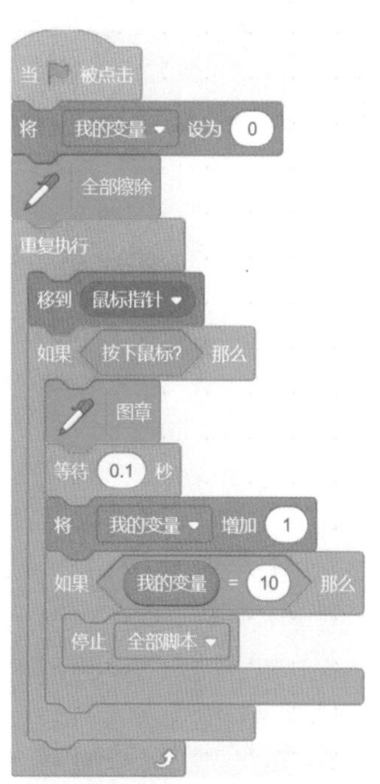

图10.40　Star的积木

功能讲解

Star 的积木用于初始化“我的变量”为 0，并擦除所有绘制痕迹。然后通过重复执行的方式让星星跟随鼠标指针移动。在移动的过程中，如果按下鼠标按键，就执行“图章”工具，绘制一个星星造型。最后将“我的变量”加 1。当“我的变量”的值变为 10 后，表示已经绘制了 10 个星星，此时就终止全部脚本。

（3）程序运行后，星星角色 Star 会跟随鼠标指针移动。当按下鼠标按键后，就会在背景上绘制一个星星造型，效果如图 10.41 所示。

图10.41　挂星星

第11章

其他组件

Scratch为用户提供了非常多的扩展模块。除了第10章中的【画笔】组件外，Scratch还提供了【音乐】组件、【视频侦测】组件及【文字朗读】组件等。本章将详细讲解这些扩展组件。

11.1 认识动物：朗读文字

扫一扫，看视频

人类与各种动物（如猫、狗等）之间建立了深厚的情感。与动物相处可以给人们带来快乐、安慰和治愈。很多人也从动物身上学到了友爱、忠诚和关爱。在本课程中，将实现一个通过点击动物图像而认识各种动物的小程序。

基础知识

本课程要新学习到以下积木。

- 朗读 你好 【朗读（你好）】：该积木可以朗读指定文字，默认情况下朗读“你好”。
- 将朗读语言设置为 英语 【将朗读语言设置为（英语）】：该积木用于设置朗读使用的语言，默认情况下设置为英语。在对应的下拉菜单中，可以选择其他语言。

编程技巧

【文字朗读】组件的添加方式如下所示。

（1）在积木区的最下方，单击“添加扩展”按钮，进入“选择一个扩展”界面。该界面中提供了多个扩展组件，选择其中的【文字朗读】组件，如图 11.1 所示。

（2）单击【文字朗读】组件，该组件就会被插入 Scratch 的积木区，如图 11.2 所示。

图11.1 【文字朗读】组件

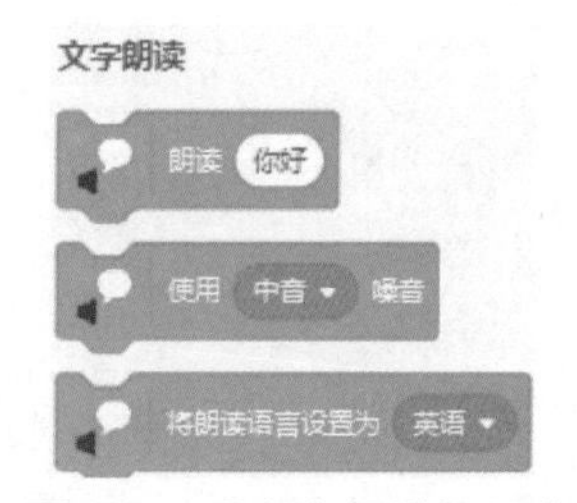

图11.2 【文字朗读】积木

课程实现

下面将分步讲解如何实现“认识动物”。

（1）设置舞台背景为 Farm（农场），并在舞台中添加小猫角色 Cat（猫）、小狗角色 Dog2（狗 2）、猫头鹰角色 Owl（猫头鹰）和狮子角色 Lion（狮子），效果如图 11.3 所示。

图11.3　背景和角色

（2）为小猫角色 Cat、小狗角色 Dog2、猫头鹰 Owl 和狮子角色 Lion 分别添加一组积木，如图 11.4~ 图 11.7 所示。

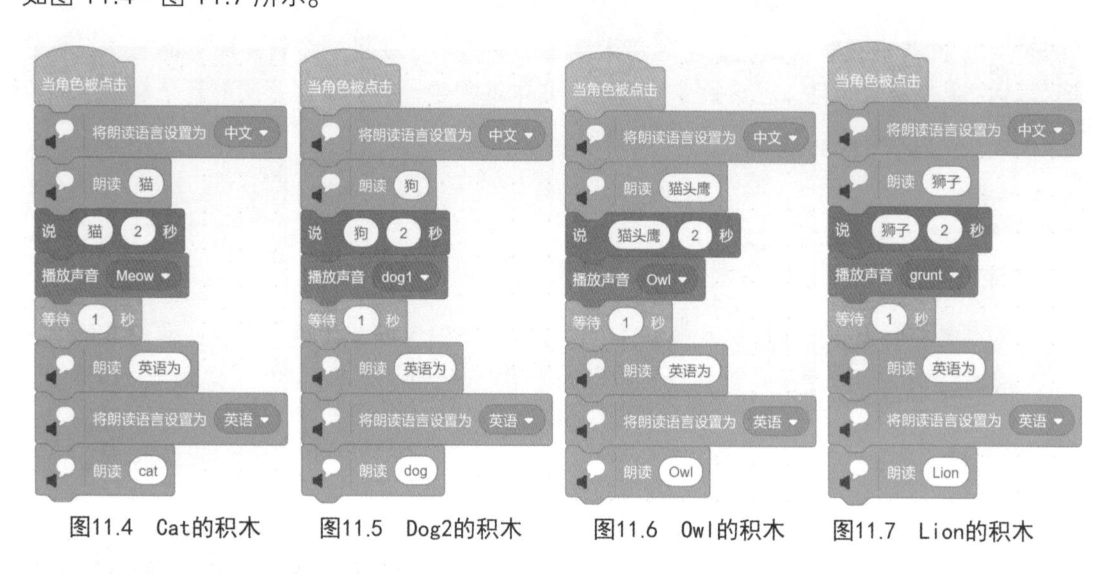

图11.4　Cat的积木　图11.5　Dog2的积木　图11.6　Owl的积木　图11.7　Lion的积木

功能讲解

小猫角色 Cat、小狗角色 Dog2、猫头鹰 Owl 和狮子角色 Lion 的积木功能相似，区别在于具体朗读的文字不同。积木组首先在角色被点击后，设置朗读语言为“中文”，然后朗读动物的名字，并用文本框显示动物的名字，接着播放动物的叫声；等待 1 秒后，设置朗读语言为“英语”，并朗读动物的英文名字。

（3）程序运行后，使用鼠标点击对应的动物角色，就会朗读动物的中英文名字以及播放动物的叫声，效果如图 11.8 所示。

图11.8　认识动物

11.2 朗读《静夜思》：设置朗读的音色

扫一扫，看视频

《静夜思》是唐代著名诗人李白的诗作，描述了一个背井离乡的游子在秋日夜晚凝望明月、思念故乡的情景。在本课程中，将尝试以不同的音色朗读《静夜思》这首诗。

基础知识

本课程要新学习到以下积木。

- 使用 中音 嗓音【使用（中音）嗓音】：该积木用于设置朗读的嗓音，默认情况下是中音嗓音。在下拉菜单中，还可以选择“男高音”“尖细”“巨人”和“小猫”的嗓音。

课程实现

下面将分步讲解如何实现“朗读《静夜思》”。

（1）设置舞台背景为 Woods（林地），并在舞台中依次添加 4 个按钮角色，分别为巨人角色 Button2（按钮 2）、尖细角色 Button3（按钮 3）、男高音角色 Button4（按钮 4）和中音角色 Button5（按钮 5）。在这 4 个按钮角色中，依次添加“巨人”“尖细”“男高音”和“中音”的文本内容。在角色区绘制角色 1，将《静夜思》的内容添加到角色中，调整角色位置后的效果如图 11.9 所示。

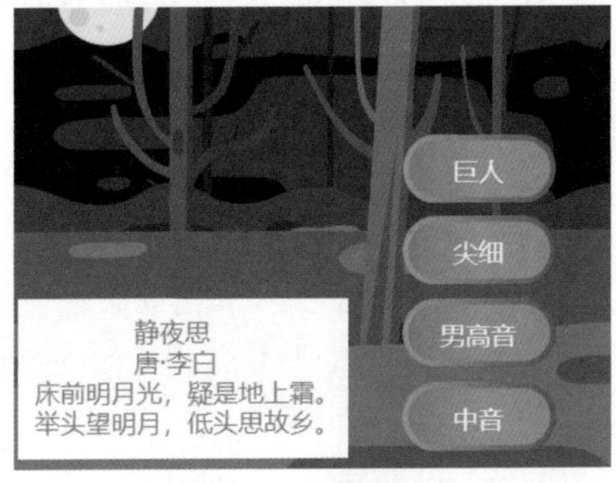

图11.9　背景和角色

（2）为巨人角色 Button2、尖细角色 Button3、男高音角色 Button4 和中音角色 Button5 分别添加一组积木，如图 11.10~ 图 11.13 所示。

图11.10 Button2的积木

图11.11 Button3的积木

图11.12 Button4的积木

图11.13 Button5的积木

功能讲解

巨人角色 Button2、尖细角色 Button3、男高音角色 Button4 和中音角色 Button5 的积木功能相似，都是在角色被点击之后广播对应的消息。

（3）为角色 1 添加 5 组积木，如图 11.14~ 图 11.18 所示。

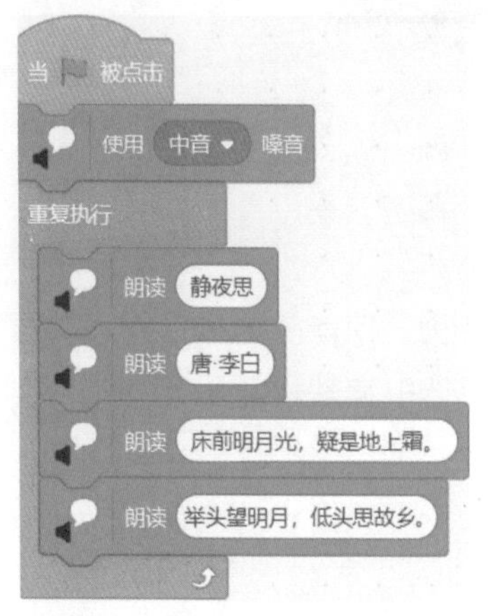

图11.14 角色1的第1组积木

图11.15 角色1的第2组积木

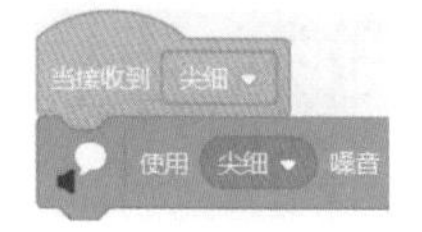

图11.16 角色1的第3组积木

图11.17 角色1的第4组积木

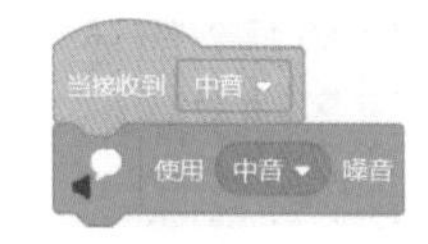

图11.18 角色1的第5组积木

功能讲解

角色 1 的第 1 组积木用于设置朗读的嗓音为“中音”，并通过重复执行的方式朗读《静夜思》；角色 1 的第 2 组积木用于在接收到“巨人”的消息后，设置嗓音为“巨人”；角色 1 的第 3 组积木用于在接收到“尖细”的消息后，设置嗓音为“尖细”；角色 1 的第 4 组积木用于在接收到“男高音”的消息后，设置嗓音为“男高音”；角色 1 的第 5 组积木用于在接收到“中音”的消息后，设置嗓音为“中音”。

（4）程序运行后，程序会不断朗读古诗《静夜思》。当单击不同的按钮后，朗读的嗓音会发生改变。例如，当单击“尖细”按钮后，朗读的嗓音会改为“尖细”的效果，效果如图 11.19 所示。

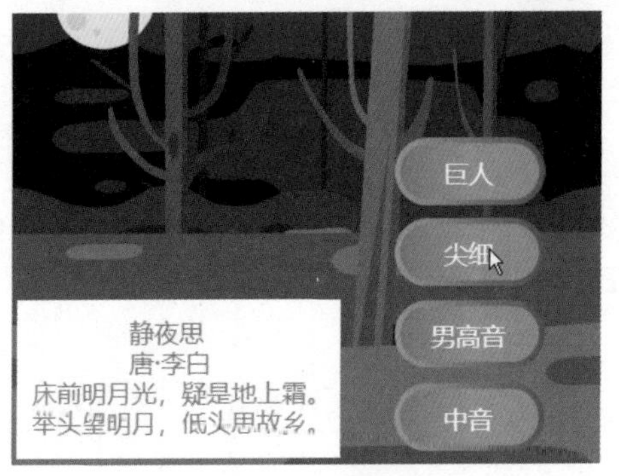

图11.19　朗读《静夜思》

11.3 神奇的外星人：翻译文字为指定语言

扫一扫，看视频

一个神奇的外星人拥有一种快速学习的能力，他能够轻松识别多种国家的语言。在本课程中，将请求外星人，让他帮我们把中文翻译成英文。

基础知识

本课程要新学习到以下积木。

- 将 你好 译为 阿塞拜疆语【将（你好）译为（阿塞拜疆语）】：该积木的作用是将指定的文字翻译为指定的语言。默认情况下是将“你好”翻译为“阿塞拜疆语”。在其下拉菜单中，可以设置多种语言。

编程技巧

【翻译】组件的添加方式如下所示。

（1）在积木区的最下方，单击“添加扩展”按钮，进入“选择一个扩展”界面。该界面中拥有多个扩展组件，选择【翻译】组件，如图 11.20 所示。

（2）单击【翻译】组件，该组件就会被插入 Scratch 的积木区，如图 11.21 所示。

图11.20　【翻译】组件

图11.21 【翻译】积木

课程实现

下面将分步讲解如何实现“神奇的外星人”。

（1）设置舞台背景为 Space（空间），并在舞台中添加外星人角色 Ripley（里普利），效果如图 11.22 所示。

（2）为外星人角色 Ripley 添加一组积木，如图 11.23 所示。

图11.22 背景和角色

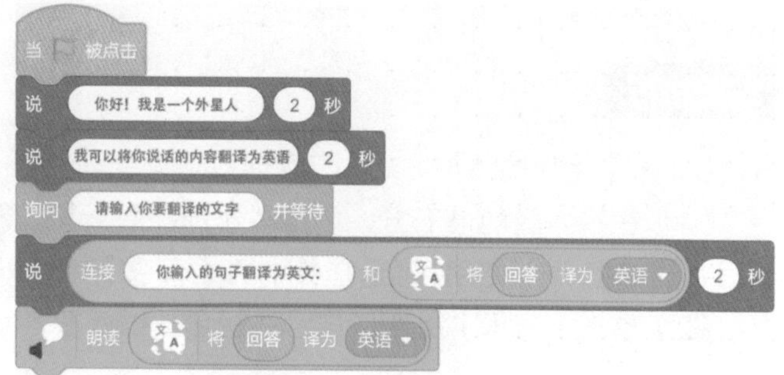

图11.23 Ripley的积木

功能讲解

Ripley 的积木用于通过对话框介绍 Ripley 角色可以翻译文字，并通过询问的方式提示用户输入要翻译的内容，接着将翻译好的文字用对话框显示，最后将翻译好的文字进行朗读。

（3）程序运行后，外星人角色 Ripley 会将用户输入的文字翻译为英文，进行显示并朗读，效果如图 11.24 所示。

图11.24 神奇的外星人

11.4 演奏《小星星》：添加节拍

扫一扫，看视频

音乐是人类发展历程中不可或缺的一部分，它贯穿了整个历史。当旋律响起时，我们常常会不由自主地被音乐的魅力所吸引，沉浸其中，忘却烦恼。在本课程中，将尝试演奏一首《小星星》。

基础知识

本课程要新学习到以下积木：

- 演奏音符 60 0.25 拍【演奏音符（60）（0.25）拍】：该积木以特定节拍演奏指定的音符。默认情况下是演奏C调的哆0.25拍（四分音符）。在音符60的地方，可以选择要演奏的音符，如图11.25所示。

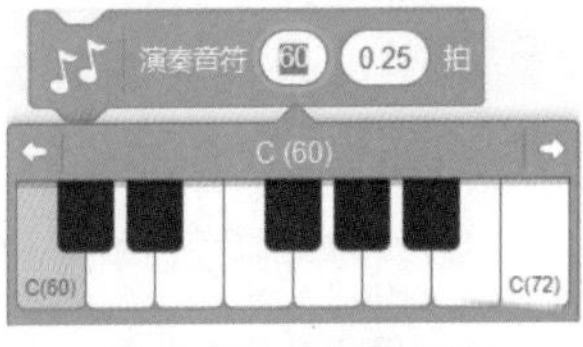

图11.25　选择音符

编程技巧

【音乐】组件的添加方式如下所示。

（1）在积木区的最下方，单击“添加扩展”按钮，进入“选择一个扩展”界面。该界面中拥有多个扩展组件，选择其中的【音乐】组件，如图11.26所示。

（2）单击【音乐】组件，该组件就会被插入Scratch的积木区，如图11.27所示。

图11.26　【音乐】组件

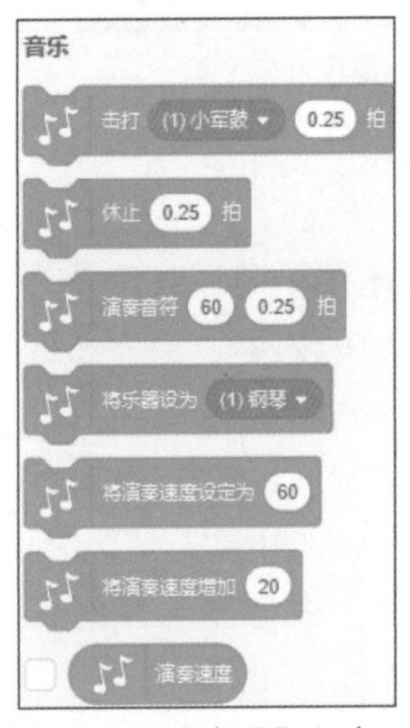

图11.27　【音乐】积木

课程实现

下面将分步讲解如何实现“演奏《小星星》”。

（1）设置舞台背景为 Space City1（天空之城 1），并在舞台中添加外星人角色 Kiran（基兰）；然后添加演奏按钮角色 Button2（按钮 2），并在该角色的“造型”界面中，添加“演奏”的文本内容；最后依次添加数字 1~7 这 7 个角色，角色名字为 Glow-1~Glow-7，效果如图 11.28 所示。

（2）为外星人角色 Kiran 添加一组积木，如图 11.29 所示。

图11.28　背景和角色

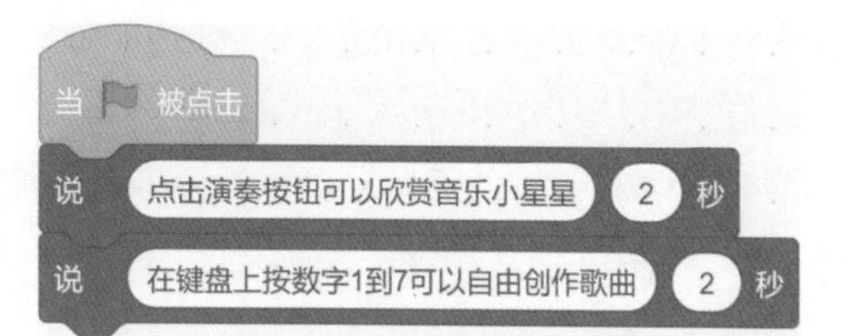

图11.29　Kiran的积木

功能讲解

Kiran 的积木用于通过对话框提示用户点击“演奏”按钮可以欣赏音乐，按下数字键 1~7 可以自由创作歌曲。

（3）为数字角色 Glow-1~Glow-7 分别添加第 1 组积木，如图 11.30~ 图 11.36 所示。

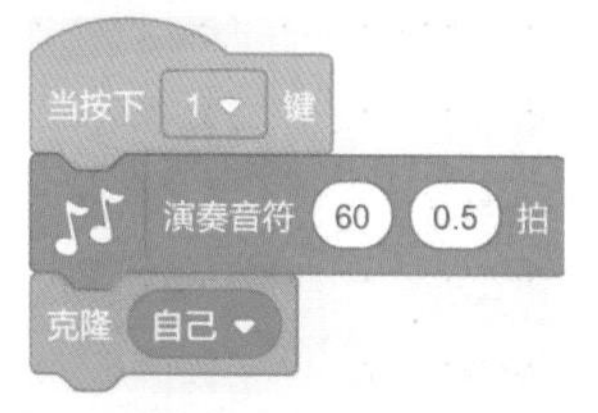

图11.30　Glow-1的第1组积木

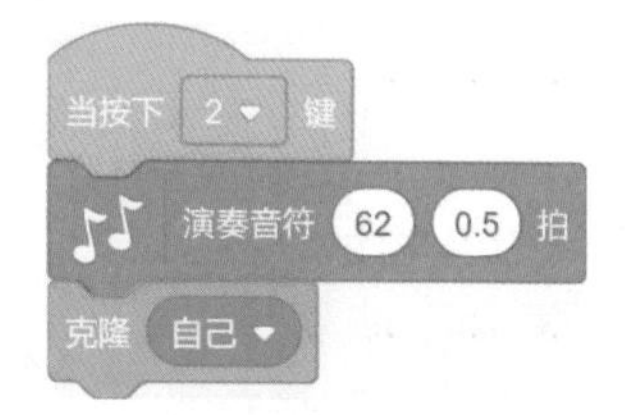

图11.31　Glow-2的第1组积木

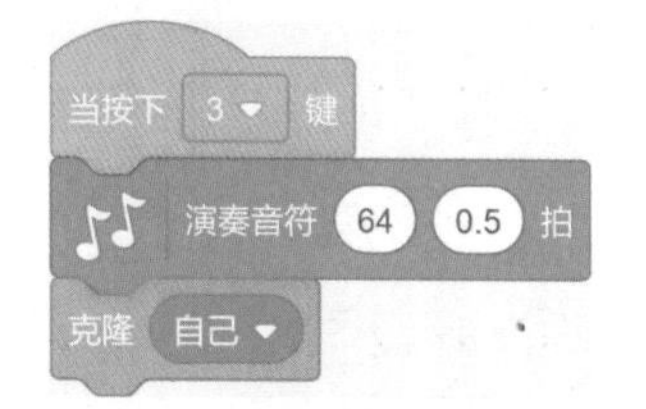

图11.32　Glow-3的第1组积木

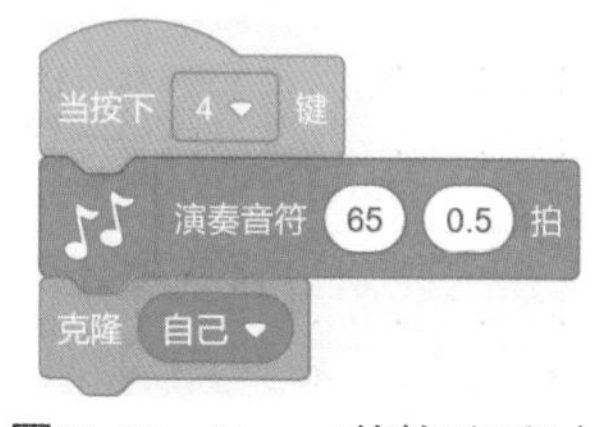

图11.33　Glow-4的第1组积木

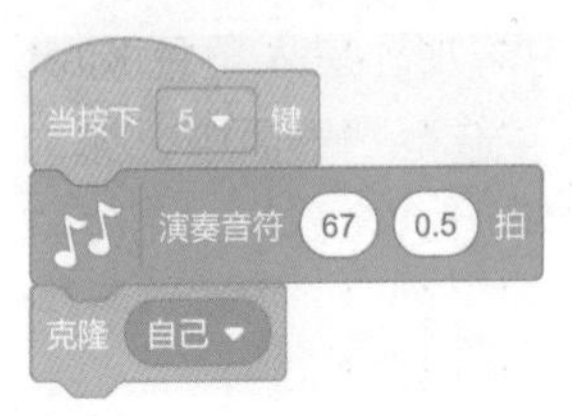

图11.34　Glow-5的第1组积木

图11.35　Glow-6的第1组积木

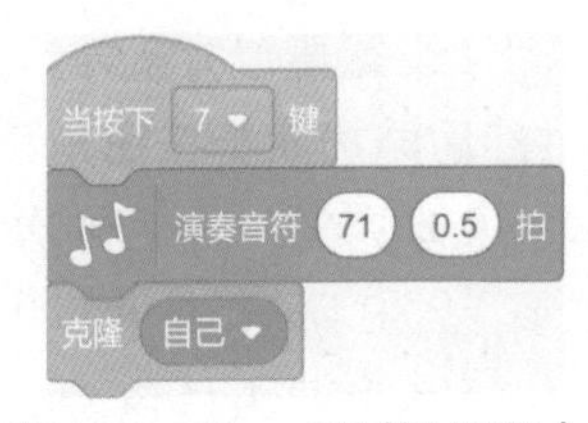

图11.36　Glow-7的第1组积木

功能讲解

Glow-1~Glow-7 的第 1 组积木功能相似，都是在按下对应数字键后，演奏对应的音符并克隆当前的数字角色。

（4）为数字角色 Glow-1~Glow-7 添加相同的第 2 组积木，如图 11.37 所示。

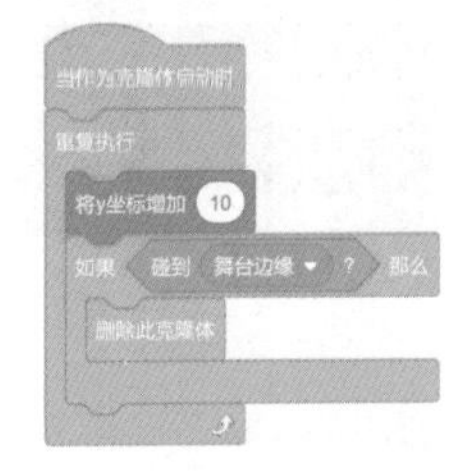

图11.37　Glow-1~Glow-7的第2组积木

功能讲解

Glow-1~Glow-7 的第 2 组积木用于将克隆的数字向上移动，碰到舞台边缘后就删除对应的克隆体角色。

（5）为演奏按钮角色 Button2 添加一组积木，如图 11.38 所示。该组积木较长，图中分为 3 段进行显示。

功能讲解

Button2 的积木用于根据《小星星》的简谱，使用【演奏音符（60）（0.25）拍】积木演奏整首歌曲。当 Button2 角色被点击后，就开始演奏该歌曲。

（6）程序运行后，外星人角色 Kiran 会通过对话框介绍使用方法，在使用鼠标点击“演奏”按钮后开始演奏《小星星》。按下键盘上的数字键 1~7，就会演奏对应的音符并将对应

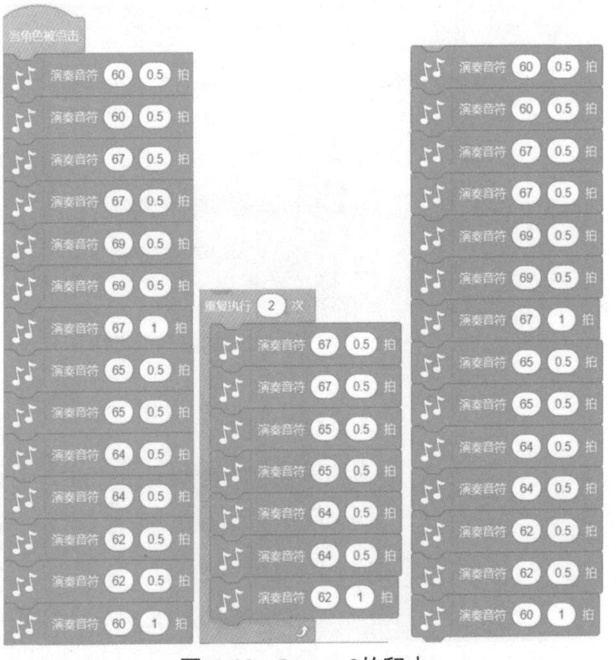

图11.38　Button2的积木

的数字向上移动，效果如图 11.39 所示。

图11.39　演奏《小星星》

11.5 切换乐器：设置乐器

扫一扫，看视频

不同的乐器、音色和旋律交织在一起，会组成优美的音乐。在本课程中，将使用 4 种不同的乐器来演奏歌曲。

基础知识

本课程要新学习到以下积木。

- 【将乐器设为 [（1）钢琴]】：该积木用于设置演奏音乐时使用的乐器，默认情况下设置为“钢琴”。在其下拉菜单中，还可以设置为其他乐器，如图 11.40 所示。

图11.40　设置其他乐器

课程实现

下面将分步讲解如何实现“切换乐器”。

（1）设置舞台背景为 Concert（音乐会），在舞台中添加吉他角色 Guitar（吉他）、电吉他角色 Guitar-electric1（电吉他 1）、萨克斯管角色 Saxophone（萨克斯管）和电子琴角色 Keyboard（键盘式电子乐器），效果如图 11.41 所示。

图11.41　背景和角色

（2）为吉他角色 Guitar 添加 7 组积木，如图 11.42~ 图 11.48 所示。

图11.42　Guitar的第1组积木

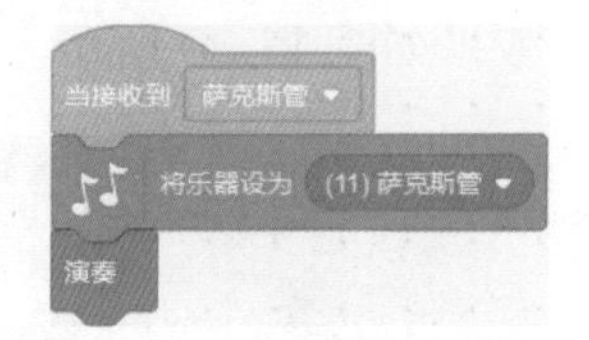

图11.43　Guitar的第2组积木

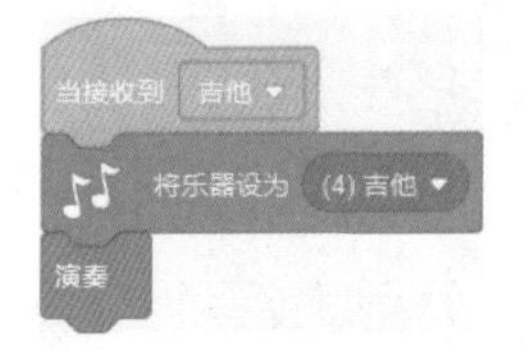

图11.44　Guitar的第3组积木

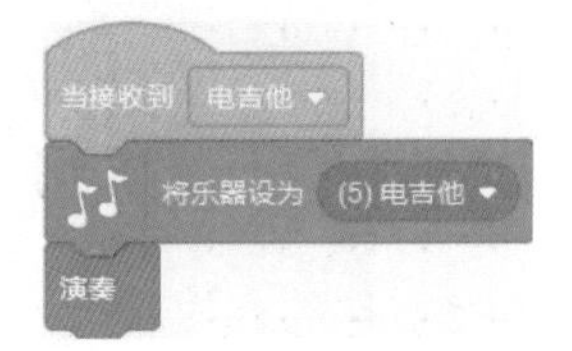

图11.45　Guitar的第4组积木

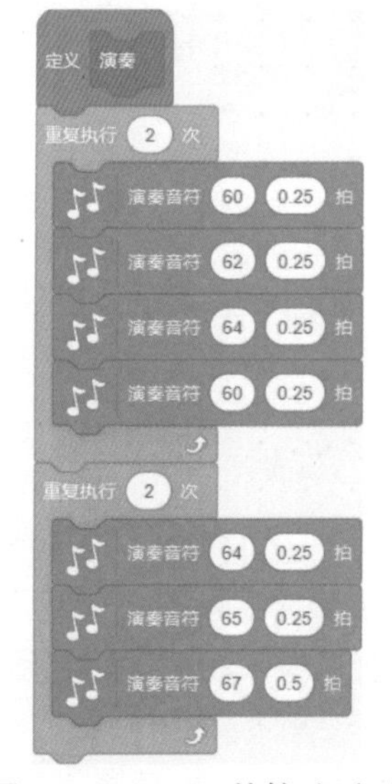

图11.46　Guitar的第5组积木　图11.47　Guitar的第6组积木　图11.48　Guitar的第7组积木

功能讲解

Guitar 的第 1 组积木用于通过对话框提示用户点击乐器演奏歌曲。Guitar 的第 2 组 ~ 第 5 组积木用于在接收到对应的消息后，设置对应的乐器。Guitar 的第 6 组积木用于定义【演奏】自制积木，该组积木会演奏《两只老虎》。Guitar 的第 7 组积木用于在点击 Guitar 角色后，初始化造型并广播“吉他”的消息，最后通过切换造型模拟吉他弹奏。

（3）依次为电吉他角色 Guitar-electric1、萨克斯管角色 Saxophone 和电子琴角色 Keyboard 添加一组积木，如图 11.49~ 图 11.51 所示。

当角色被点击
换成 saxophone-a 造型
广播 电吉他
重复执行 30 次
下一个造型
等待 0.1 秒

图11.49　Guitar-electric1的积木

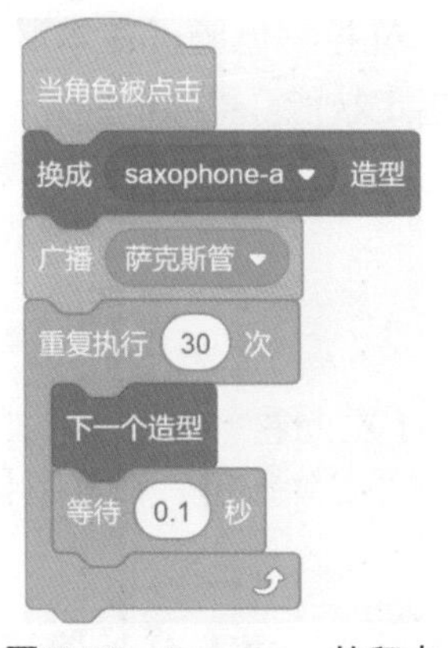

图11.50　Saxophone的积木

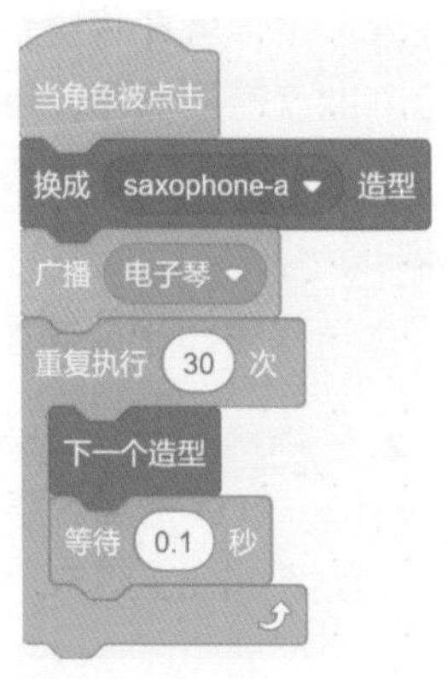

图11.51　Keyboard的积木

功能讲解

Guitar-electric1、Saxophone 和 Keyboard 的积木功能基本相似，都是在被点击后切换成默认造型，并分别广播不同的消息，最后通过重复执行的方式模拟乐器被弹奏的动画效果。

（4）程序运行后，吉他角色 Guitar 会提示用户点击乐器，来演奏歌曲。使用鼠标点击对应的乐器角色后，对应的乐器就会弹奏音乐，效果如图 11.52 所示。

图11.52　切换乐器

11.6 疯狂的企鹅：Makey Makey

Makey Makey 是一种模拟键盘和鼠标的控制器。它没有实际的按键，却提供了多个接线孔。通过将这些接线孔连接到导电物体（如水果、饮料或身体）上，

扫一扫，看视频

这些导电物体就能像键盘与鼠标一样控制电脑。在本课程中，将使用【Makey Makey】组件检测键盘连接操作，用以触发指定技能。

基础知识

本课程要新学习到以下积木。

- 【当依次按下（左上右）键时】：该积木用于检测是否依次按下指定按键，默认情况下是检测“左上右”按键。在其下拉菜单中，可以选择检测其他按键，如图 11.53 所示。

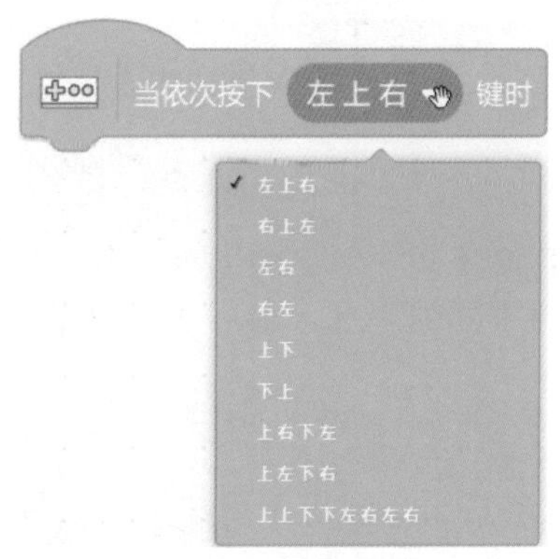

图11.53　下拉菜单

编程技巧

【Makey Makey】组件的添加方式如下所示。

（1）在积木区的最下方，单击“添加扩展”按钮，进入“选择一个扩展”界面。该界面中提供多个扩展组件，选择其中的【Makey Makey】组件，如图 11.54 所示。

（2）单击【Makey Makey】组件，该组件被插入 Scratch 的积木区，如图 11.55 所示。

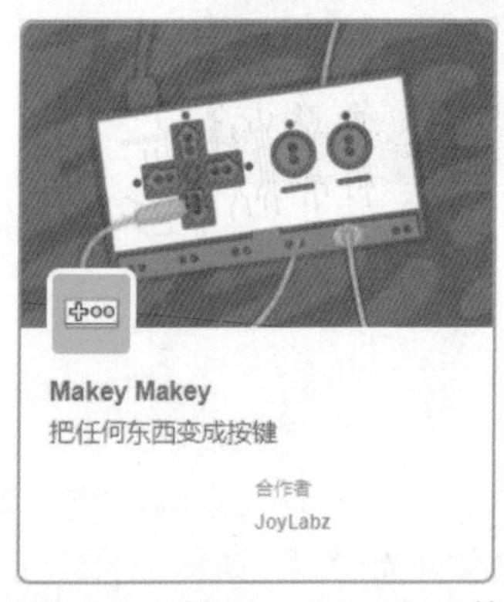

图11.54　【Makey Makey】组件

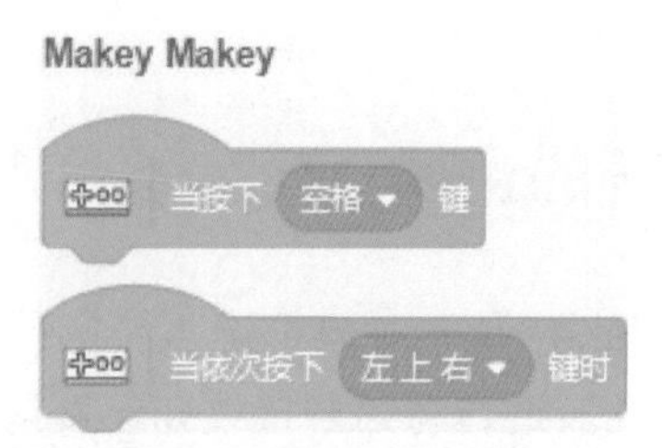

图11.55　【Makey Makey】积木

课程实现

下面将分步讲解如何实现“疯狂的企鹅”。

（1）设置舞台背景为 Slopes（山坡），并在舞台中添加企鹅角色 Penguin（企鹅）、小鱼角色 Fish（鱼）和雪花角色 Snowflake2（雪花 2），效果如图 11.56 所示。

（2）为企鹅角色 Penguin 添加两组积木，如图 11.57 和图 11.58 所示。

图11.56 背景和角色

图11.57 Penguin的第1组积木

图11.58 Penguin的第2组积木

功能讲解

Penguin 的第 1 组积木用于当用户在键盘上连续按下“左上右”按键时，广播“发射鱼”的消息；Penguin 的第 2 组积木用于当用户在键盘上连续按下“上上下下左右左右”按键时，广播“下雪”的消息。

（3）为小鱼角色 Fish 添加 3 组积木，如图 11.59~ 图 11.61 所示。

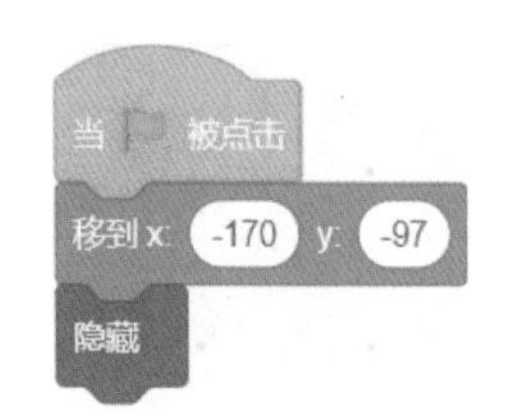

图11.59 Fish的第1组积木

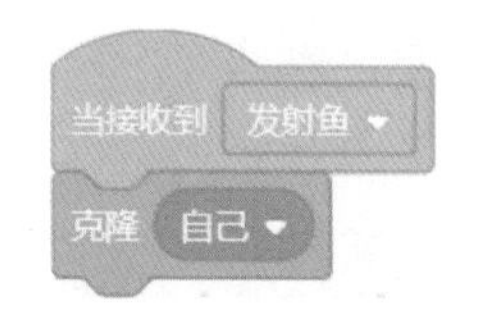

图11.60 Fish的第2组积木

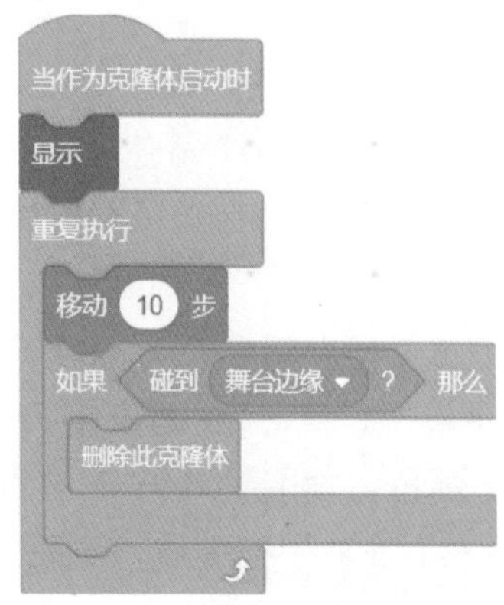

图11.61 Fish的第3组积木

功能讲解

Fish 的第 1 组积木用于初始化 Fish 角色的位置，并“隐藏”该角色；Fish 的第 2

组积木用于在接收到“发射鱼”的消息后，克隆 Fish 角色；Fish 的第 3 组积木用于让克隆体向舞台右侧移动，当碰到舞台边缘后删除当前克隆体。

（4）为雪花角色 Snowflake2 添加两组积木，如图 11.62 和图 11.63 所示。

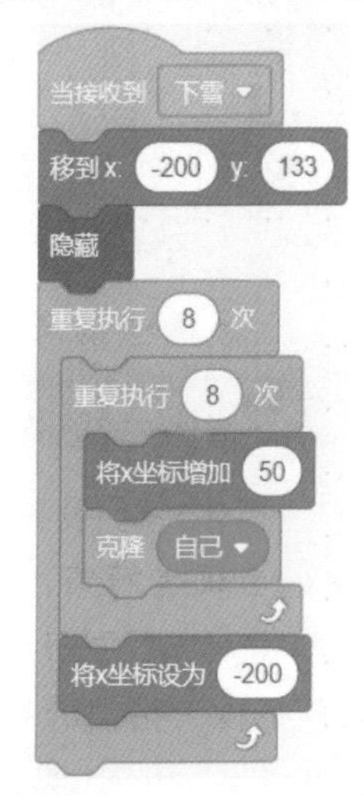

图11.62 Snowflake2的第1组积木

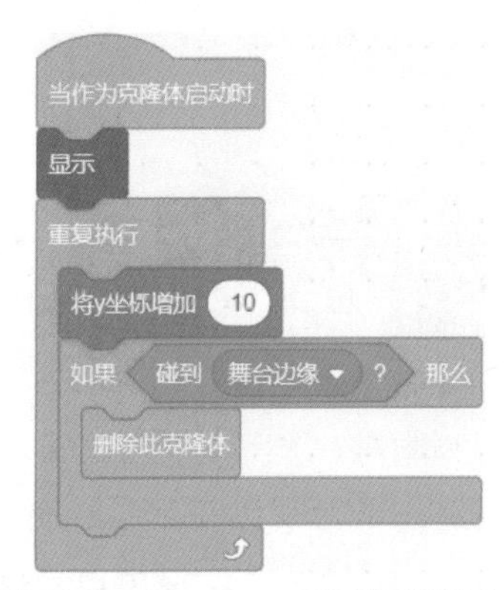

图11.63 Snowflake2的第2组积木

功能讲解

Snowflake2 的第 1 组积木用于在接收到“下雪”的消息后，初始化 Snowflake2 角色的位置并“隐藏”该角色；然后通过重复执行的方式先内层循环 8 次，实现克隆 8 个 Snowflake2 角色，再外层循环 8 次，使克隆的 8 个 Snowflake2 角色的操作再重复 8 次。每次循环完成后，都让 Snowflake2 角色恢复到初始位置。两层循环完成后总共会克隆 64 个 Snowflake2 角色。Snowflake2 的第 2 组积木用于让克隆体 Snowflake2 角色不断掉落，当碰到舞台边缘时删除当前克隆体。

（5）程序运行后，当用户在键盘上依次按下“左上右”按键时，企鹅角色 Penguin 会触发技能，并发射 Fish 角色。用户在键盘上依次按下“上上下下左右左右”按键后，企鹅角色 Penguin 会释放下雪技能，效果如图 11.64 所示。

图11.64 疯狂的企鹅

11.7 救救小鸡：当视频运动大于指定值

在一个农场中，有一只张着大嘴的恐龙正准备吃掉从天上掉下来的小鸡。在本课程中，将通过实际行动——在摄像头前晃动身体来拯救小鸡，避免它被恐龙吃掉。

扫一扫，看视频

基础知识

本课程要新学习到以下积木。

- 当视频运动 > (10) 【当视频运动 >（10）】：该积木的作用是通过摄像头检测摄像头前的物品或人物的移动速度是否大于指定值，默认值为 0。
- 将视频透明度设为 (50) 【将视频透明度设为（50）】：该积木用于设置视频的透明度，默认值为 50，表示半透明。当使用该积木时，能够看到舞台背景，也能够看到摄像头拍摄的视频内容。当设置为 100 时，表示视频完全透明，此时只能看到舞台背景；当设置为 0 时，表示视频完全不透明，此时只能看到摄像头拍摄的视频内容。

编程技巧

【视频侦测】组件的添加方式如下所示。

（1）在积木区的最下方，单击“添加扩展”按钮，进入“选择一个扩展”界面。从中选择【视频侦测】组件，如图 11.65 所示。

（2）单击【视频侦测】组件，该组件就会被插入 Scratch 的积木区，如图 11.66 所示。

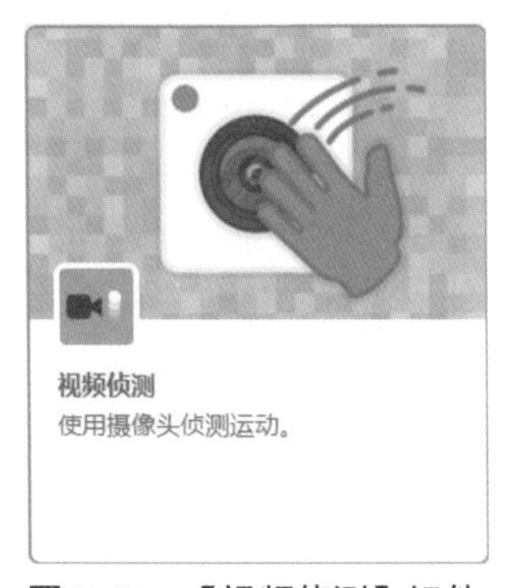

图11.65 【视频侦测】组件

图11.66 【视频侦测】积木

课程实现

下面将分步讲解如何实现“救救小鸡”。

（1）设置舞台背景为 Farm（农场），并在舞台中添加小鸡角色 Chick（小鸡）和恐龙角色 Dinosaur4，在“造型”选项卡中，将恐龙角色 Dinosaur4 切换为张嘴的造型，效果如图 11.67 所示。

图11.67　背景和角色

（2）为小鸡角色 Chick 添加两组积木，如图 11.68 和图 11.69 所示。

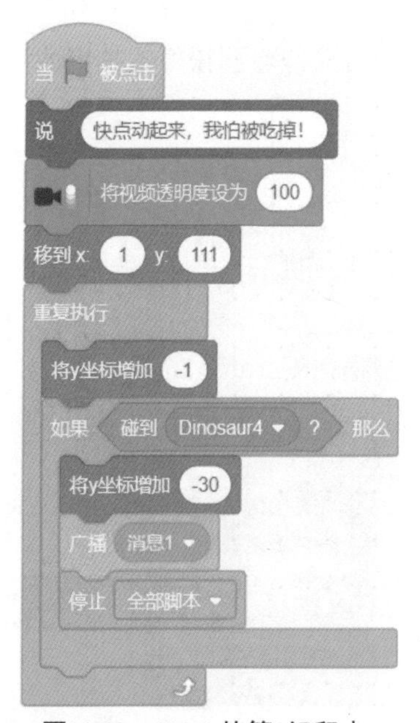

图11.68　Chick的第1组积木

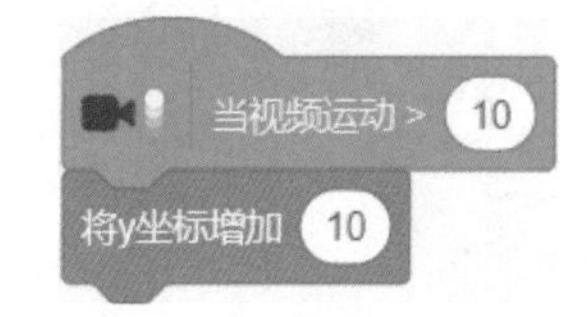

图11.69　Chick的第2组积木

功能讲解

Chick 的第 1 组积木的作用：首先，通过文本框提示用户在摄像头前动起来。然后，设置视频透明度为 100，表示只能看到舞台背景，而无法看到视频拍摄的内容。接着，初始化 Chick 角色的位置，通过重复执行的方式让 Chick 角色不断下落。在下落过程中，检测 Chick 角色是否碰到 Dinosaur4 角色。如果碰到，就让 Chick 角色进入 Dinosaur4 角色的嘴中，并广播“消息 1”。最后，停止所有脚本。Chick 的第 2 组积木的作用是当视频运动大于 10 时，让 Chick 角色向上移动，避免掉落到 Dinosaur4 角色的嘴中。

（3）为恐龙角色 Dinosaur4 添加一组积木，如图 11.70 所示。

图11.70　Dinosaur4的积木

功能讲解

Dinosaur4 的积木用于在接收到“消息 1”后，使用对话框显示“吃到小鸡了！”。

（4）程序运行后，小鸡角色 Chick 会不断下落。用户需要面对电脑的摄像头，摆手或摇头就能让小鸡角色 Chick 不断上升。如果用户的移动速度过慢或不动，小鸡角色 Chick 便会掉落到恐龙角色 Dinosaur4 的嘴中，效果如图 11.71 所示。

图11.71　救救小鸡

第12章

综合实例

Scratch提供了许多积木，每个积木都具有不同的功能。通过巧妙地组合这些积木，可以实现更丰富、更强大的功能。本章将通过4个综合实例来展示如何混合使用这些积木。

12.1 小猫钓鱼

我们都知道，小猫十分喜欢吃鱼和老鼠。猫之所以喜欢吃这些食物，主要是因为鱼肉和老鼠肉中含有牛磺酸，这种物质能够提高猫咪的夜视能力。长期缺乏牛磺酸会导致猫的夜视能力退化，最终可能失去夜视能力。在本课程中，将帮助小猫去钓鱼。

扫一扫，看视频

基础知识

本课程涉及的主要内容 :【画笔】组件和运动分类的积木。

课程实现

下面将分步讲解如何实现“小猫钓鱼”。

（1）绘制背景 1，并在背景 1 的造型中使用“线段”工具和“填充”工具。在背景 1 的下半部分绘制水下部分 ; 然后复制 Blue Sky 的草丛到背景 1 中，制作陆地部分 ; 最后使用“填充”工具填充天空为蓝色。最终背景 1 的效果如图 12.1 所示。

（2）在舞台中添加小猫角色 Cat（猫），在小猫角色 Cat 的“造型”界面中添加 Line 造型，并将 Line 造型复制到 cat–a 造型中。调整大小后，cat–a 造型如图 12.2 所示。

图12.1 背景1

图12.2 cat-a造型

（3）在舞台中添加鱼钩角色 Arrow1（箭头 1），并在鱼钩角色 Arrow1 的“造型”界面中缩小 arrow1–a 造型的箭头，将造型的中心点调整到箭头的末尾处，如图 12.3 所示。复制一个 arrow1–a 造型，命名为 arrow1–a2 造型。添加一个小鱼造型 Fish–a，并复制该造型到 arrow1–a2 造型中，调整位置，让鱼咬住箭头，效果如图 12.4 所示。最终，arrow1–a 造型为空鱼钩状态，arrow1–a2 造型为钓到鱼的状态。

图12.3 arrow1-a造型

图12.4 arrow1-a2造型

（4）在舞台中添加小鱼角色 Fish（鱼）。绘制角色 1 并在造型中添加“恭喜通关”的文本内容，添加一个共有变量并命名为“得分”。此时背景和角色的效果如图 12.5 所示。

图12.5　背景和角色

（5）为鱼钩角色 Arrow1 添加 3 组积木，效果如图 12.6~ 图 12.8 所示。

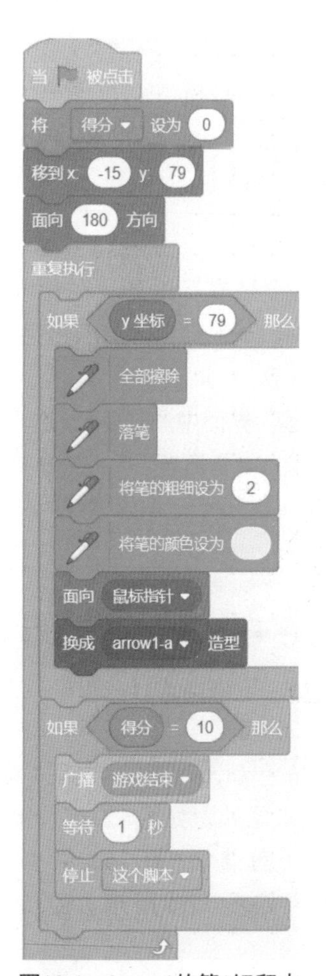

图12.6　Arrow1的第1组积木

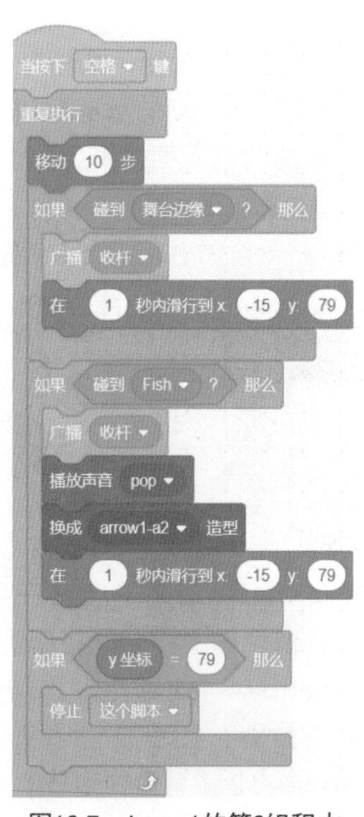

图12.7　Arrow1的第2组积木

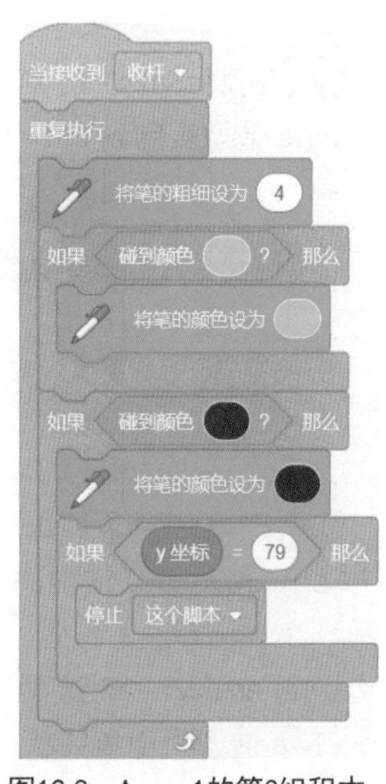

图12.8　Arrow1的第3组积木

功能讲解

Arrow1 的第 1 组积木的作用：首先，设置“得分”变量为 0，并初始化 Arrow1 角色的位置和方向。然后，通过重复执行的方式判断 Arrow1 角色的位置。如果 y 坐标为

79，则表示 Arrow1 角色位于初始位置，设置鱼线粗细为 2，设置鱼线颜色为白色。此时，让 Arrow1 角色面向鼠标指针，并设置为没有钓到鱼的状态。最后，判断“得分”是否等于 10，如果等于 10 就广播“游戏结束”的消息，等待 1 秒后停止当前的脚本。

Arrow1 的第 2 组积木用于在按下空格键后，实现钓鱼操作。当按下空格键后，通过重复执行的方式让 Arrow1 角色不断移动 10 步，模拟抛竿的效果（将鱼钩抛到水里）。在移动的过程中，Arrow1 角色会绘制出白色的鱼线。在移动的同时，首先判断 Arrow1 角色是否碰到舞台边缘，如果碰到就广播“收杆”的消息，并让 Arrow1 角色在 1 秒内回到初始位置；然后判断 Arrow1 角色是否碰到了 Fish 角色，如果碰到就广播“收杆”的消息，并播放声音，切换为钓到鱼的 arrow1–a2 造型，并且在 1 秒内让鱼钩回到初始位置；最后判断 Arrow1 角色的位置是否在初始位置，如果在就停止当前脚本，完成本次钓鱼操作。

Arrow1 的第 3 组积木用于实现“收杆”（将鱼钩从水中拖回岸上）过程中的鱼线绘制。Arrow1 角色抛出后会绘制白色的线，在收杆时，需要使用蓝色和褐色覆盖白色的鱼线，这样才能模拟收杆的效果。该组积木在接收到“收杆”的消息后，会执行【重复执行】积木。首先，它会设置画笔的粗细为 4，比白色鱼线粗能更好地实现颜色覆盖。在收杆过程中，如果 Arrow1 角色碰到蓝色，表示鱼钩在水中，此时设置鱼钩画笔为蓝色，这样在收杆过程中会用蓝色覆盖水中的白色鱼线；如果鱼钩碰到褐色，表示鱼钩在陆地，此时设置鱼钩画笔为褐色，这样在收杆过程中会用褐色覆盖陆地的白色鱼线。当 Arrow1 角色的 y 坐标为 79 时，表示 Arrow1 角色位于初始位置，就停止当前脚本，结束颜色覆盖操作。

（6）为小鱼角色 Fish 添加两组积木，效果如图 12.9 和图 12.10 所示。

图12.9　Fish的第1组积木

图12.10　Fish的第2组积木

功能讲解

Fish 的第 1 组积木用于“隐藏”Fish 角色本体，然后通过重复执行的方式克隆 10 条 Fish 角色。Fish 的第 2 组积木的作用：首先，显示克隆体小鱼，设置旋转方式为“左右翻转”；然后，使克隆体小鱼移动到水下的任意位置，两个随机值会固定小鱼移动到随机范围；接着，通过重复执行的方式使克隆体小鱼不断移动，碰到边缘就反弹，在克隆体小鱼移动的同时判断它是否碰到鱼钩，如果碰到就播放声音并让“得分”变量加 1；最后，删除当前克隆体小鱼。

（7）为角色 1 添加两组积木，效果如图 12.11 和图 12.12 所示。

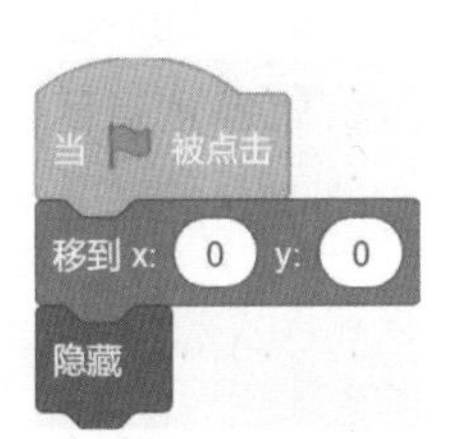

图12.11　角色1的第1组积木

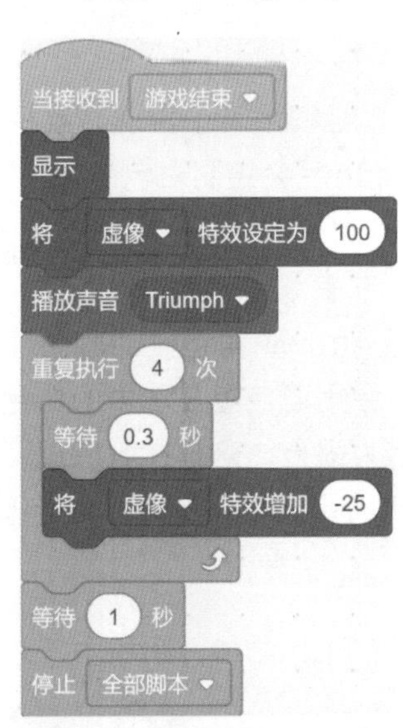

图12.12　角色1的第2组积木

功能讲解

角色 1 的第 1 组积木用于初始化角色 1 的位置并“隐藏”该角色。角色 1 的第 2 组积木的作用：首先，在接收到“游戏结束”的消息后，“显示”当前角色，设置“虚像”特效为 100，并播放声音；然后，通过重复执行的方式间断地减少虚像效果，实现当前角色渐入的效果（逐渐清晰）；最后，在等待 1 秒后停止全部脚本，表示游戏结束。

（8）程序运行后，水中会有很多游动的鱼。按下空格键后，小猫角色 Cat 会抛竿。当鱼钩角色 Arrow1 碰到舞台边缘或小鱼角色 Fish 后就收杆，如图 12.13 所示。当小猫角色 Cat 钓到 10 条鱼后，则游戏结束，如图 12.14 所示。

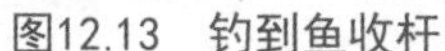
图12.13 钓到鱼收杆

图12.14 游戏结束

12.2 找茬游戏

找茬游戏是一款非常流行的游戏，用来考验玩家的观察力和专注力。在游戏中，玩家需要在有限的时间内找到两幅图片中的不同之处。在本课程中，将实现一个找茬游戏。

扫一扫，看视频

基础知识

本课程涉及的主要内容：控制类积木和运算类积木。

课程实现

下面将分步讲解如何实现“找茬游戏”。

（1）设置舞台背景为 Blue Sky2（蓝色的天空 2），并在舞台中添加棒球角色 Baseball（棒球）、扫把角色 Broom（扫把）、小鼓角色 Drum（鼓）、水晶角色 Crystal（水晶）、苹果角色 Apple（苹果）、香蕉角色 Bananas（香蕉）、小鸡角色 Chick（小鸡）、小鱼角色 Fish（鱼）、狐狸角色 Fox（狐狸）、刺猬角色 Hedgehog（刺猬）；添加开始按钮角色 Button2（按钮 2），在该角色的“造型”界面中，添加“开始”的文本内容；添加倒数计时角色 Glow–1（发亮 –1），在该角色的“造型”界面中，添加数字 0 和 2~9 的造型，并调整造型顺序为 9~0（倒数计时角色的第 1 个造型对应数字 9）。最后绘制角色 1、角色 2 和角色 3，分别为这 3 个角色添加“找茬”“恭喜通关”和“挑战失败”的文本内容。调整角色的位置，背景和角色的效果如图 12.15 所示。

（2）为棒球角色 Baseball（棒球）、扫把角色 Broom、小鼓角色 Drum 和水晶角色 Crystal 分别添加相同的一组积木，效果如图 12.16 所示。

图12.15 背景和角色

图12.16 Baseball、Broom、Drum和Crystal的积木组

功能讲解

该组积木的作用是在角色被点击后播放指定的声音。因为这几个角色都不是要找的内容，所以只会发出声音提示，并不会消失。

（3）为苹果角色 Apple、香蕉角色 Bananas、小鸡角色 Chick、小鱼角色 Fish、狐狸角色 Fox 和刺猬角色 Hedgehog 分别添加第 1 组积木，效果如图 12.17~ 图 12.22 所示。

图12.17 Apple的第1组积木

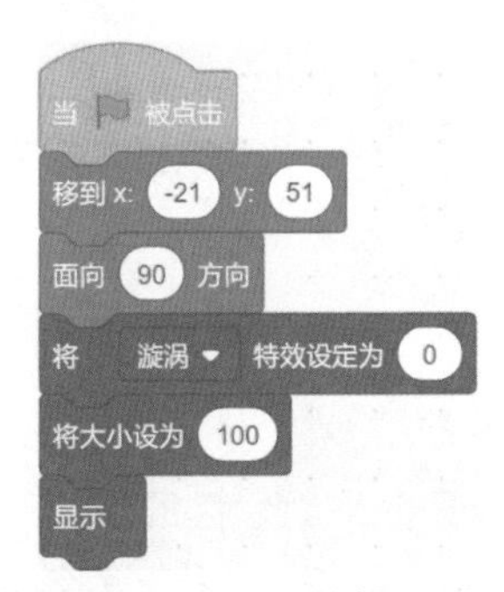

图12.18 Bananas的第1组积木

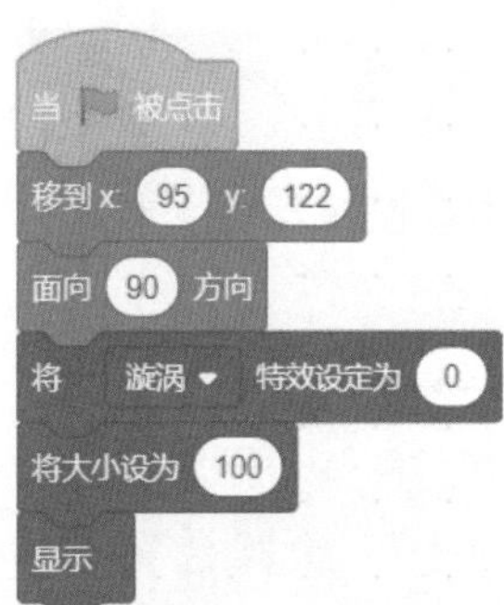

图12.19 Chick的第1组积木

图12.20 Fish的第1组积木

图12.21 Fox的第1组积木

图12.22 Hedgehog的第1组积木

功能讲解

Apple、Bananas、Chick、Fish、Fox 和 Hedgehog 角色的第 1 组积木功能相似，只有具体的数值不同。其作用都是初始化当前角色的位置和方向，然后设置“旋涡”效果为 0，大小为 100，最后设置角色为“显示”状态。

（4）为苹果角色 Apple 和香蕉角色 Bananas 分别添加相同的第 2 组积木，如图 12.23 所示。为小鸡角色 Chick、小鱼角色 Fish、狐狸角色 Fox 和刺猬角色 Hedgehog 分别添加相同的第 2 组积木，如图 12.24 所示。

图12.23 Apple和Bananas的第2组积木

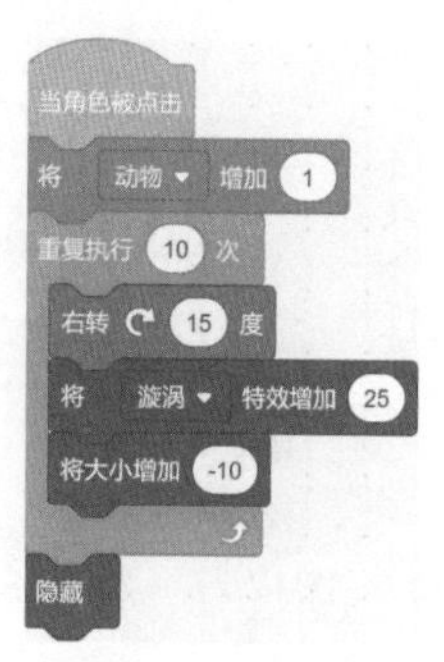

图12.24 Chick、Fish、Fox和Hedgehog的第2组积木

功能讲解

Apple、Bananas、Chick、Fish、Fox 和 Hedgehog 角色的第 2 组积木功能相似，唯一区别在于水果类角色会修改“水果”变量，动物类角色会修改“动物”变量。其作用：首先，在角色被点击后，让对应变量加 1；然后，通过重复执行的方式实现修改角色的旋转、变小以及“旋涡”特效的属性值，模拟角色消失的效果；最后，“隐藏”当前角色，表示用户找到正确的物品。

（5）为开始按钮角色 Button2 添加两组积木，如图 12.25 和图 12.26 所示。

图12.25 Button2的第1组积木

图12.26 Button2的第2组积木

功能讲解

Button2 的第 1 组积木的作用：首先，通过对话框提示用户要找的物品为动物和水果；接着设置“动物”变量、“水果”变量和“时间”变量的值为 0；然后，初始化 Button2 角色的位置，并设置其为“显示”状态；最后，通过重复执行的方式播放指定背景音乐。Button2 的第 2 组积木用于在 Button2 角色被点击后广播“开始”的消息，并设置其为“隐藏”状态，停止起始的背景音乐，切换为游戏中的背景音乐。

（6）为角色 1（找茬）添加两组积木，效果如图 12.27 和图 12.28 所示。

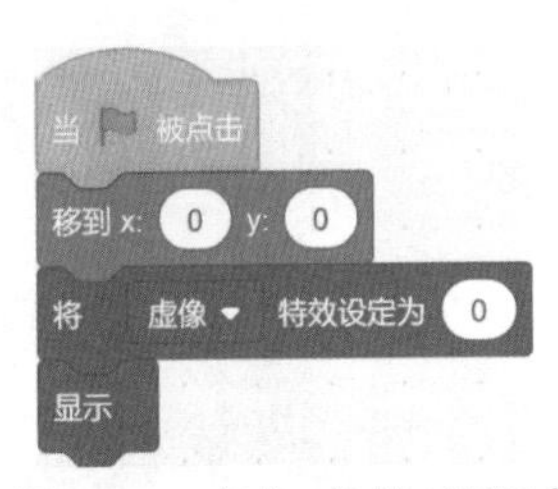

图12.27　角色1的第1组积木

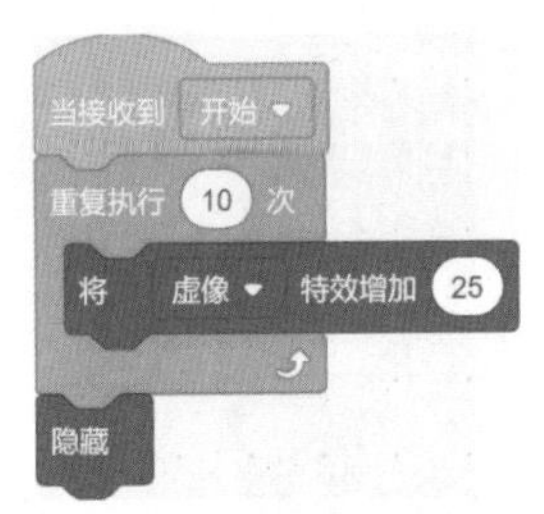

图12.28　角色1的第2组积木

功能讲解

角色 1 的第 1 组积木用于初始化角色 1 的位置，并设置“虚像”特效为 0，然后将该角色设置为“显示”状态；角色 1 的第 2 组积木用于在接收到“开始”的消息后，通过重复执行的方式将“虚像”特效增加 25，实现让角色 1 逐渐消失的效果，最后将该角色设置为“隐藏”状态。

（7）为倒数计时角色 Glow-1 添加 3 组积木，效果如图 12.29~ 图 12.31 所示。

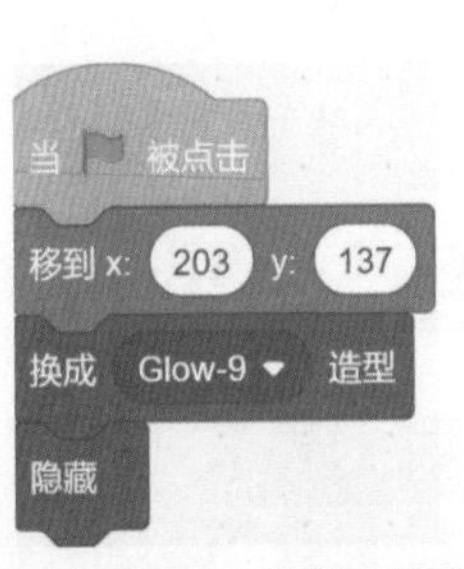

图12.29　Glow-1的第1组积木

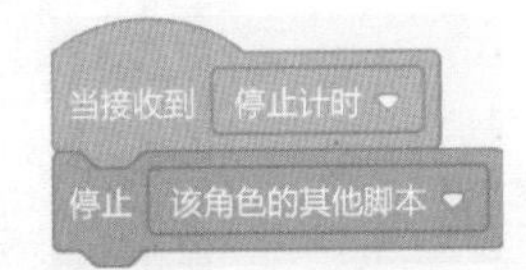

图12.30　Glow-1的第2组积木

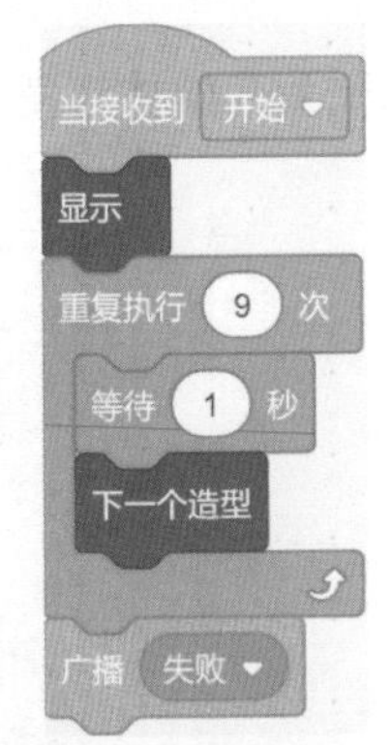

图12.31　Glow-1的第3组积木

功能讲解

Glow-1 的第 1 组积木的作用是在开始游戏后，初始化 Glow-1 角色的位置和造型，并“隐藏”当前角色。Glow-1 的第 2 组积木用于在接收到“停止计时”的消息后，停止该角色的其他脚本。Glow-1 的第 3 组积木的作用：首先，在接收到“开始”的消息后，“显示”当前角色；然后，通过重复执行的方式依次切换数字的造型，实现倒计时效果；最后，广播“失败”的消息。

（8）为角色 2（恭喜通关）添加两组积木，效果如图 12.32 和图 12.33 所示。

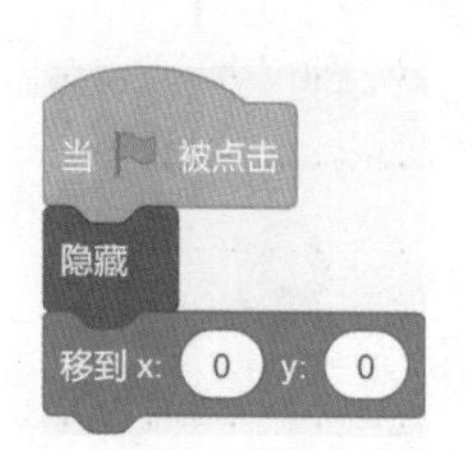

图12.32　角色2的第1组积木

图12.33　角色2的第2组积木

功能讲解

角色 2 的第 1 组积木的作用是在开始游戏后，设置角色 2 为“隐藏”状态，并初始化当前角色的位置。角色 2 的第 2 组积木用于在接收到“开始”的消息后，判断“水果”变量的值是否为 2、“动物”变量的值是否为 4、“时间”变量的值是否为 10。如果条件都成立，就显示当前角色，表示通关成功，并广播“停止计时”的消息。

（9）为角色 3（挑战失败）添加两组积木，效果如图 12.34 和图 12.35 所示。

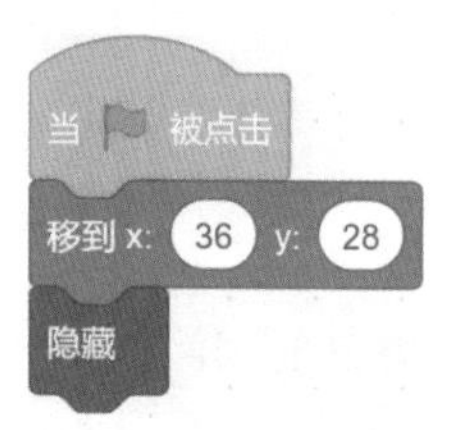

图12.34　角色3的第1组积木

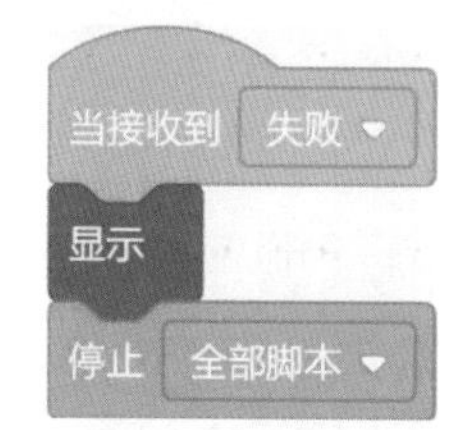

图12.35　角色3的第2组积木

功能讲解

角色 3 的第 1 组积木的作用是在开始游戏后，初始化角色 3 的位置，并设置当前角色为“隐藏”状态；角色 3 的第 2 组积木用于在接收到“失败”的消息后，“显示”当前角色，并停止全部脚本以结束游戏。

（10）程序运行后，首先会显示找茬的游戏标题和“开始”按钮。“开始”按钮会显示要寻找的目标为水果和动物。单击“开始”按钮后，右上角倒计时开始，10 秒内，用户需要找到所有目标物品，这样才能完成任务。如果倒计时结束后，还没有找全目标物品，就宣布挑战失败。使用鼠标点击对应的动物角色后，会朗读动物名字的中英文以及播放动物的叫声，效果如图 12.36 和图 12.37 所示。

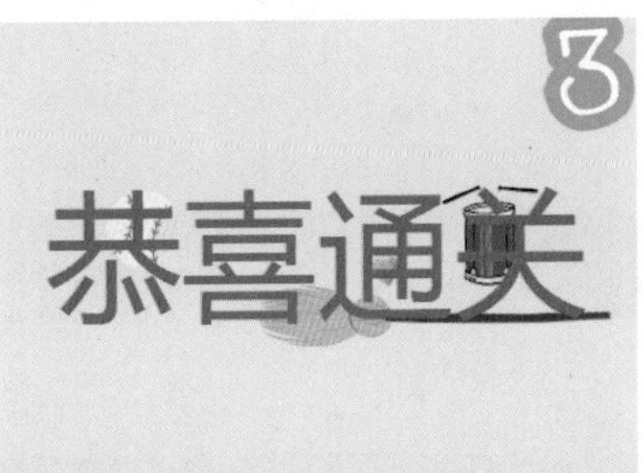

图12.36　恭喜通关

图12.37　挑战失败

12.3 贪吃的小猫

扫一扫，看视频

在这个游戏中，有一只贪吃的小猫，它特别喜欢吃老鼠。每当它吃掉一只老鼠，它的身体就会变长一点。在本课程中，将实现小猫吃掉老鼠后身体不断变长的游戏。

基础知识

本课程涉及的主要内容：【列表】积木和【画笔】组件。

课程实现

下面将分步讲解如何实现“贪吃的小猫”。

（1）设置舞台背景为 Blue Sky2（蓝色的天空 2），并在舞台中添加小猫头部角色 Cat2（猫 2），在“造型”界面中缩小小猫的身体，并只保留小猫身体的上半部分，让中心点位于小猫的最左边，如图 12.38 所示。

（2）在舞台中添加小猫尾部角色 Cat3（猫 3），在“造型”界面中只保留小猫身体的下半部分，让中心点位于小猫的中间，如图 12.39 所示。

（3）在舞台中添加老鼠角色 Mouse1（老鼠 1），然后绘制角色 1。在角色 1 的“造型”

选项卡中，添加“恭喜通关”的文本内容。创建“得分”和“方向”两个共有变量。此时背景和角色的效果如图 12.40 所示。

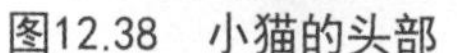

图12.38　小猫的头部

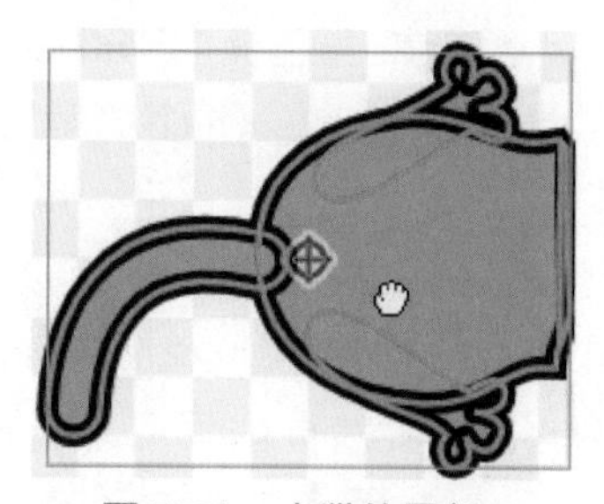

图12.39　小猫的尾部

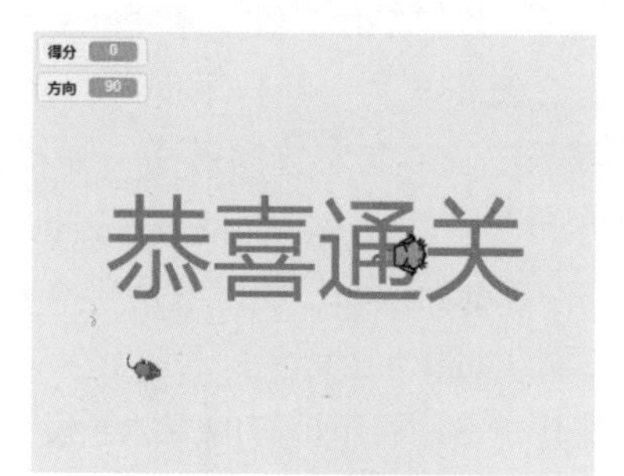

图12.40　背景和角色

（4）为小猫头部角色 Cat2 添加 6 组积木，如图 12.41~ 图 12.46 所示。

图12.41　Cat2的第1组积木

图12.42　Cat2的第2组积木

图12.43　Cat2的第3组积木

当按下 → 键
面向 90 方向

图12.44　Cat2的第4组积木

图12.45　Cat2的第5组积木

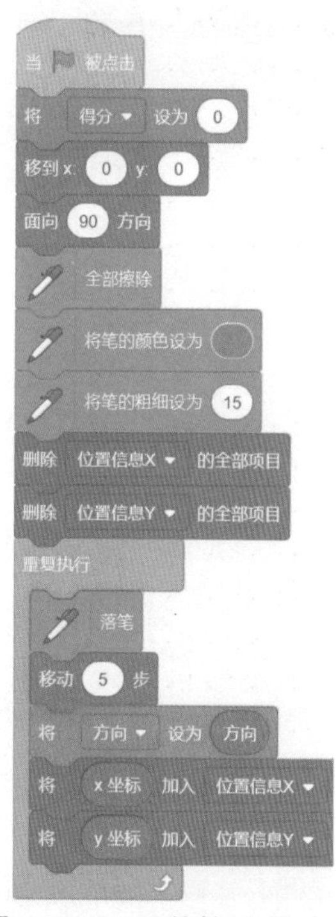

图12.46　Cat2的第6组积木

功能讲解

Cat2 的第 1 组积木用于在按下向上方向键后，让 Cat2 角色面向 0° 方向；Cat2 的第 2 组积木用于在按下向下方向键后，让 Cat2 角色面向 180° 方向；Cat2 的第 3 组积木用于在按下向左方向键后，让小猫面向 –90° 方向；Cat2 的第 4 组积木用于在按下向右方向键后，让小猫面向 90° 方向。

Cat2 的第 5 组积木用于在程序开始运行后，执行【重复执行】积木。在该积木中，首先判断 Cat2 角色是否碰到 Mouse1 角色，如果碰到就让"得分"变量加 1，让"长度"变量加 5，表示小猫的身体长度会增加 5；然后判断 Cat2 角色是否碰到舞台边缘，如果碰到就停止该角色的其他脚本，用于停止 Cat2 角色移动，并通过对话框显示"游戏结束"。

Cat2 的第 6 组积木的作用：首先，在程序开始运行后，设置"得分"变量为 0，初始化 Cat2 角色的位置，并设置方向为 90°；接着，清除所有绘制痕迹，设置画笔颜色为黄色，画笔粗细为 15；然后，清除"位置信息 x"列表和"位置信息 y"列表中的全部项目；最后，执行【重复执行】积木，让 Cat2 角色落笔并不断移动，在移动的同时绘制小猫的身体。移动方向根据按下的方向键进行改变，并将 Cat2 角色的 x 坐标存入"位置信息 X"列表，将 y 坐标存入"位置信息 Y"列表。两个列表中的值会影响 Cat2 角色的位置。

（5）为小猫尾部角色 Cat3 添加一组积木，如图 12.47 所示。

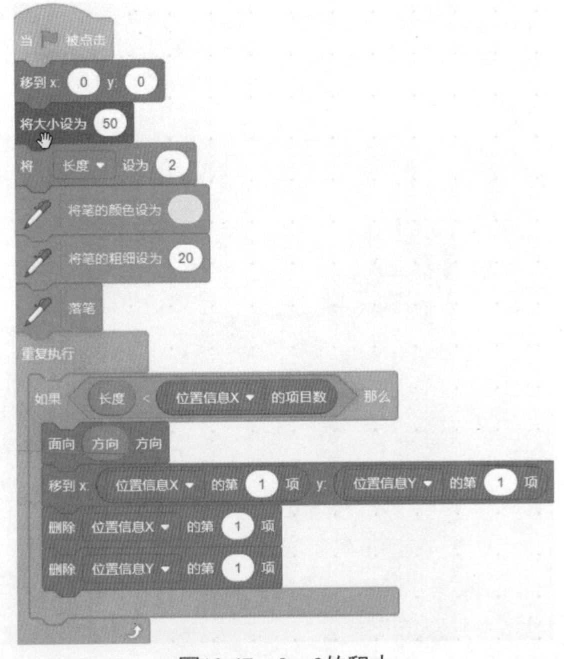

图12.47 Cat3的积木

功能讲解

Cat3 的积木用于让 Cat3 角色不断跟随 Cat2 角色移动过的线路进行移动，同时要删除 Cat2 角色除了绘制的身体之外的其他多余线段。该组积木首先会初始化 Cat3 角色的位置和大小，并设置“长度”变量为 2，表示小猫的身体长度为 2，超出长度为 2 的线段则会被 Cat3 角色擦除；然后设置 Cat3 角色画笔为蓝色（背景的颜色），画笔粗细为 20，方便擦除 Cat2 角色的痕迹；最后落笔并执行【重复执行】积木。在该积木中，判断“长度”变量是否小于“位置信息”的项目数，该判断条件用于确定 Cat3 角色与 Cat2 角色之间的距离，默认是保持两个项目的长度。当“长度”小于列表的项目数后，设置 Cat3 角色的方向与 Cat2 角色保持一致，并且移动 Cat3 角色到 Cat2 角色在列表中存放的所在位置。这样就实现了 Cat3 角色跟随 Cat2 角色移动的效果。为了保证小猫的身体长度，最后需要删除两个列表中的第 1 项，这样就能保证 Cat3 角色和 Cat2 角色的距离一直是固定长度。

（6）为老鼠角色 Mouse1 添加两组积木，如图 12.48 和图 12.49 所示。

图12.48　Mouse1的第1组积木

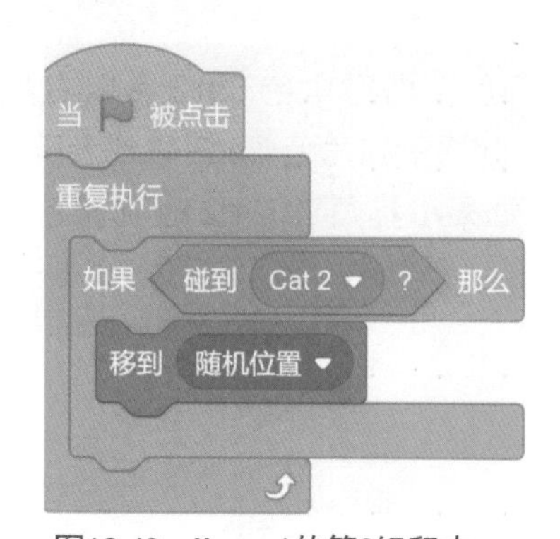

图12.49　Mouse1的第2组积木

功能讲解

Mouse1 的第 1 组积木用于在程序运行后将 Mouse1 角色的大小设为 30，然后通过重复执行的方式让老鼠每隔 5 秒移动到一个随机位置；Mouse1 的第 2 组积木用于在程序运行后重复判断 Mouse1 角色是否碰到 Cat2 角色，如果碰到 Cat2 角色，就立刻移动到下一个随机位置。

（7）为角色 1 添加一组积木，如图 12.50 所示。

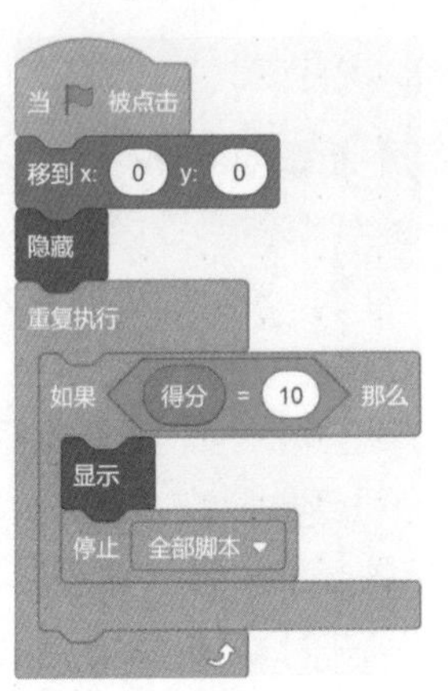

图12.50 角色1的积木

功能讲解

角色 1 的积木的作用：在程序运行后，首先初始化角色 1 的位置，并“隐藏”该角色；然后通过重复执行的方式判断“得分”变量是否等于 10，如果等于 10，就“显示”当前角色，恭喜用户通关，并停止所有脚本以结束游戏。

（8）程序运行后，小猫角色 Cat2 会向右移动，用户使用方向键可以控制小猫角色 Cat2 移动的方向。如果小猫角色 Cat2 碰到老鼠角色 Mouse1，那么小猫的身体会变长，“得分”变量会加 1；如果小猫角色 Cat2 碰到舞台边缘，则游戏结束；如果小猫角色 Cat2 吃掉 10 只老鼠，那么就会显示“恭喜通关”的提示，效果如图 12.51 所示。

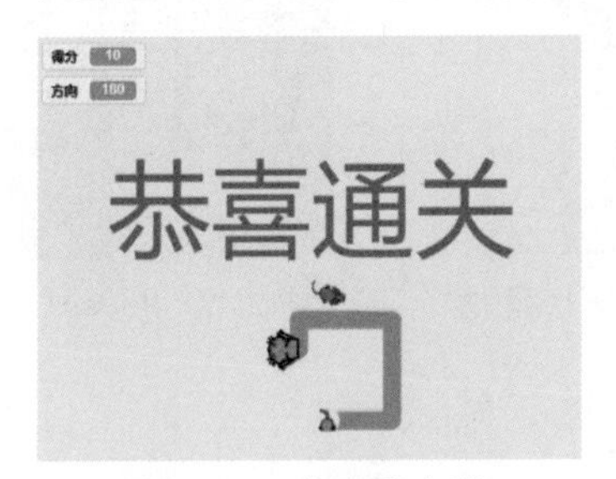

图12.51 贪吃的小猫

12.4 水果切切乐

扫一扫，看视频

水果切切乐是一款非常受欢迎的手机游戏。在游戏中，玩家可以使用手指控制小刀，切开空中飞舞的水果。在本课程中，将实现一款类似的水果切切乐小游戏。

基础知识

本课程涉及的主要内容：控制类积木和运动类积木。

课程实现

下面将分步讲解如何实现“水果切切乐”。

（1）设置舞台背景为 Jungle（丛林），并在舞台中依次添加西瓜角色 Watermelon（西瓜）、草莓角色 Strawberry（草莓）、香蕉角色 Bananas（香蕉）、橙子角色 Orange2（橙子 2）和苹果角色 Apple（苹果）共 5 个水果角色。在水果角色的“造型”界面中，各自复制一个水果造型，然后转换为矢量图后，修改为水果被切开的造型，效果如图 12.52 所示。

图12.52　水果被切开的造型

（2）添加铁桶角色 Takeout-a（外卖 -a）和小旗角色 Green flag（绿色的旗）。绘制角色 1、角色 2 和角色 3，在这 3 个角色中依次添加“水果切切乐”“恭喜通关”和“挑战失败”的文本内容。添加开始按钮角色 Button2（按钮 2），为该角色添加“开始”的文本内容，并复制一个按钮造型修改为切开的样式。创建“得分”共有变量，调整角色的位置，背景和角色的效果如图 12.53 所示。

图12.53　背景和角色

（3）为西瓜角色 Watermelon、草莓角色 Strawberry、香蕉角色 Bananas、橙子角色 Orange2 和苹果角色 Apple 分别添加第 1 组积木，如图 12.54~ 图 12.58 所示。

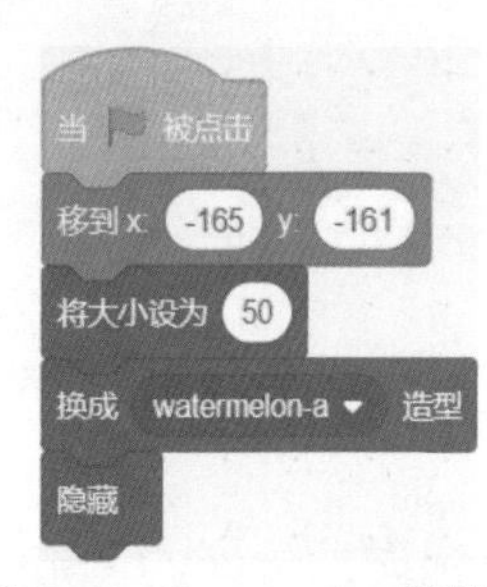

图12.54　Watermelon的积木

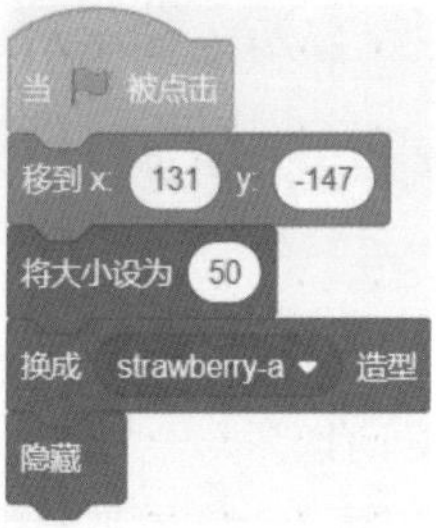

图12.55　Strawberry的积木

图12.56　Bananas的积木

图12.57　Orange2的积木

图12.58　Apple的积木

功能讲解

Watermelon、Strawberry、Bananas、Orange2 和 Apple 的第 1 组积木功能相似，都是在程序运行后初始化角色的位置，并设置角色的大小，然后将其全部切换为完整水果的造型，最后“隐藏”当前角色。

（4）为西瓜角色 Watermelon、草莓角色 Strawberry、香蕉角色 Bananas、橙子角色 Orange2 和苹果角色 Apple 分别添加相同的第 2 组积木，如图 12.59 所示。

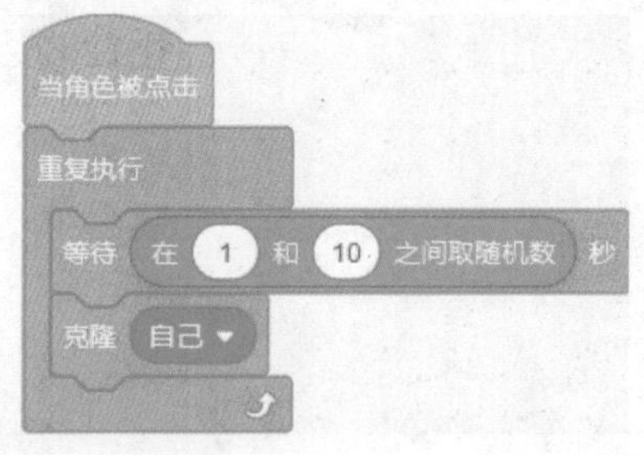

图12.59　Watermelon、Strawberry、Bananas、Orange2和Apple的第2组积木

功能讲解

Watermelon、Strawberry、Bananas、Orange2 和 Apple 的第 2 组积木功能相同，其作用是当水果角色被点击后，在间隔随机时间后克隆“自己”。

（5）为西瓜角色 Watermelon、草莓角色 Strawberry、香蕉角色 Bananas、橙子角色 Orange2 和苹果角色 Apple 分别添加第 3 组积木，如图 12.60~ 图 12.64 所示。

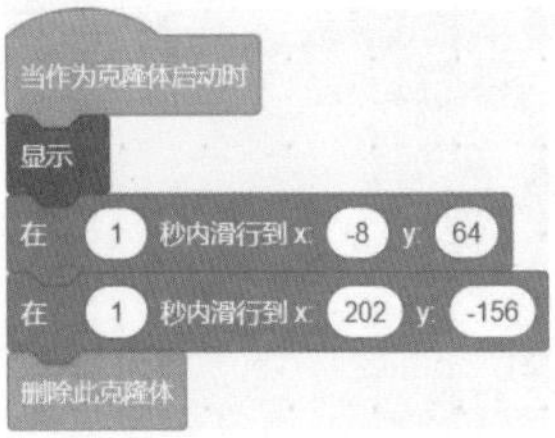

图12.60 Watermelon的第3组积木 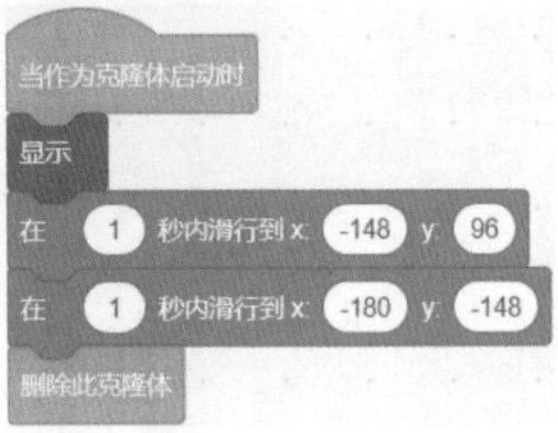　图12.61 Strawberry的第3组积木

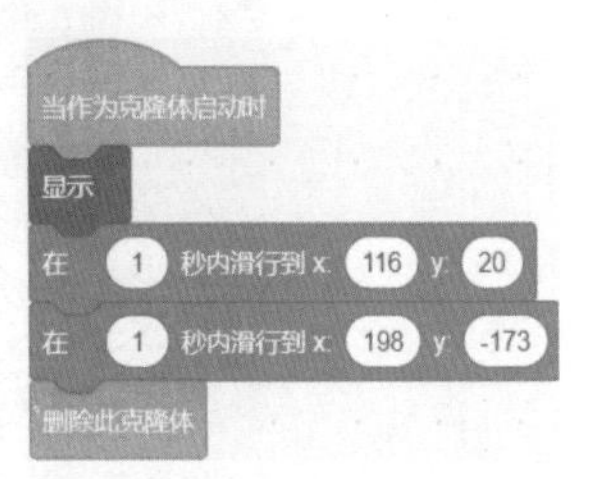

图12.62 Bananas的第3组积木

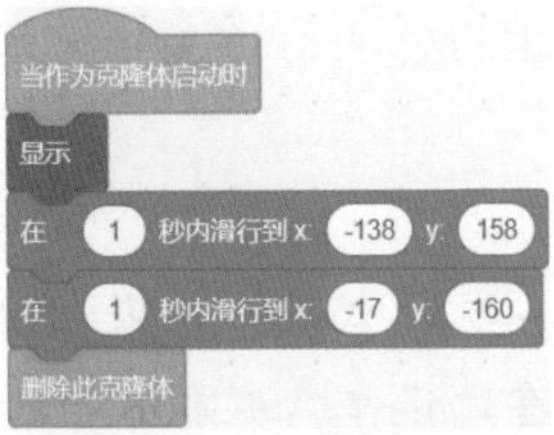

图12.63 Orange2的第3组积木 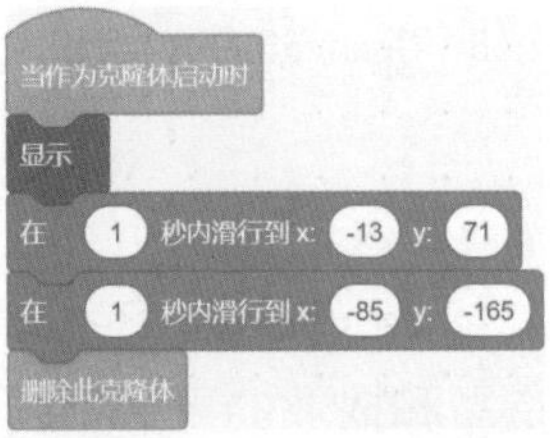　图12.64 Apple的第3组积木

功能讲解

Watermelon、Strawberry、Bananas、Orange2 和 Apple 的第 3 组积木功能相似，区别在于移动的位置不同。其作用是当角色作为克隆体启动时，“显示”当前克隆体；然后分两步让克隆体移动，分别形成水果被抛起和落下的运动轨迹；最后删除当前克隆体。

（6）为西瓜角色 Watermelon、草莓角色 Strawberry、香蕉角色 Bananas、橙子角色 Orange2 和苹果角色 Apple 分别添加第 4 组积木，如图 12.65~ 图 12.69 所示。

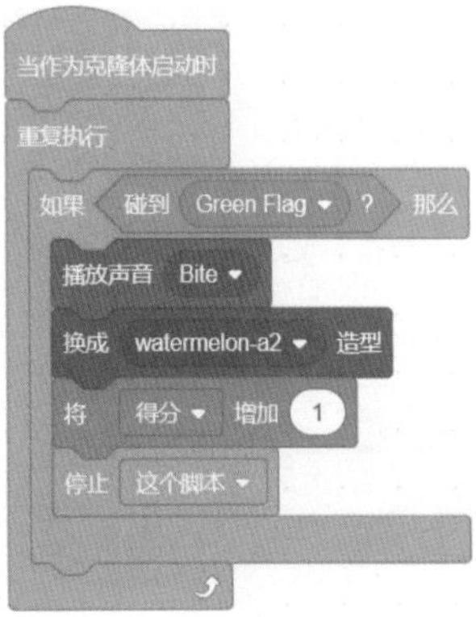

图12.65 Watermelon的第4组积木 　图12.66 Strawberry的第4组积木

图12.67 Bananas的第4组积木

图12.68　Orange2的第4组积木 　　图12.69　Apple的第4组积木

功能讲解

Watermelon、Strawberry、Bananas、Orange2 和 Apple 的第 4 组积木功能相似，区别在于切换的造型和播放的声音不同。它们是在角色作为克隆体启动时，执行【重复执行】积木。在该积木中，首先判断水果是否碰到了 Green flag 角色（模拟水果刀）。如果碰到了就播放声音，切换为被切开的水果造型，然后让“得分”变量加 1，最后停止当前脚本。

（7）为铁桶角色 Takeout-a 添加 4 组积木，如图 12.70~ 图 12.73 所示。

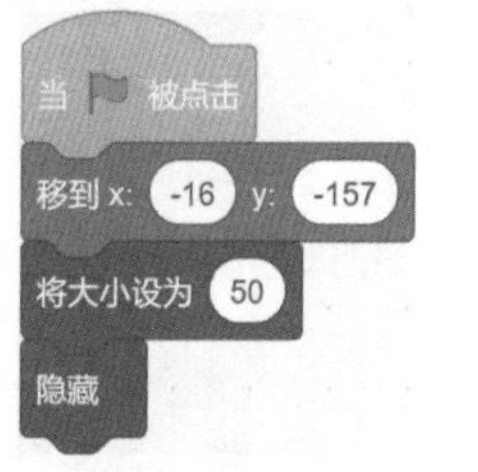

图12.70　Takeout-a的第1组积木

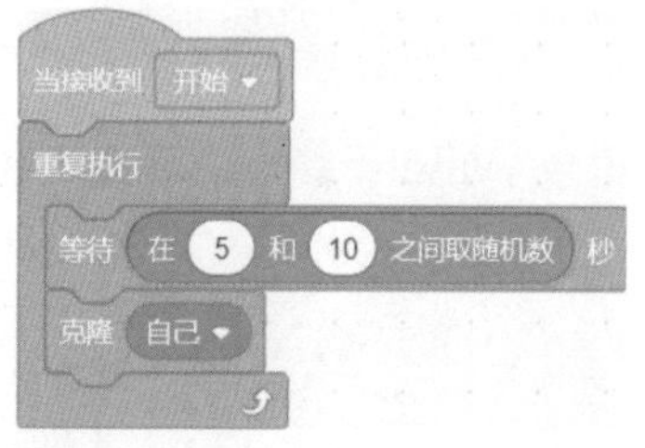

图12.71　Takeout-a的第2组积木

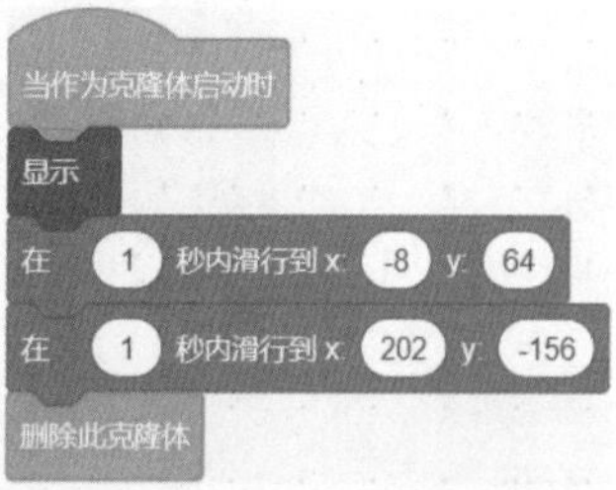

图12.72　Takeout-a的第3组积木

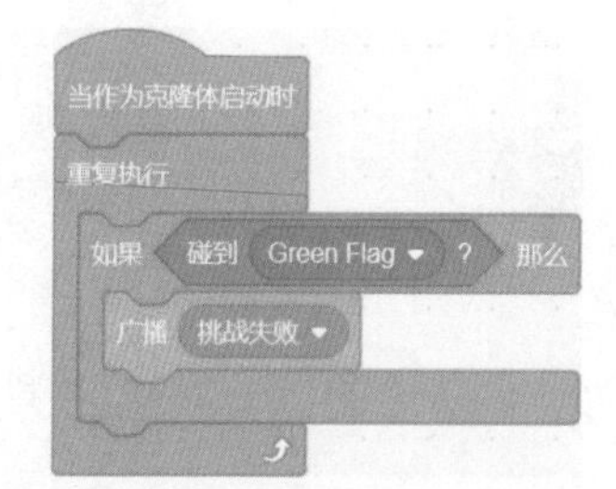

图12.73　Takeout-a的第4组积木

功能讲解

Takeout-a 的第 1 组积木用于初始化 Takeout-a 角色的位置，并设置角色的大小，然后“隐藏”当前角色。Takeout-a 的第 2 组积木用于在接收到“开始”的消息后，先等待随机时间，然后克隆“自己”。Takeout-a 的第 3 组积木用于当 Takeout-a 角色作为克隆体启动时，显示当前克隆体；然后分两步让克隆体移动，分别形成水桶被抛起和落下的运动轨迹，最后删除当前克隆体。Takeout-a 的第 4 组积木用于当 Takeout-a 角色作为克隆体启动时，执行【重复执行】积木。在重复执行的过程中，判断 Takeout-a 角色是否碰到了 Green flag 角色（模拟水果刀）。如果碰到了，就广播“挑战失败”的消息。

（8）为角色 1（水果切切乐）添加两组积木，如图 12.74 和图 12.75 所示。

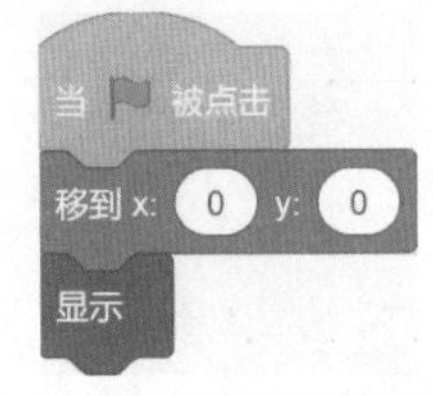

图12.74　角色1的第1组积木

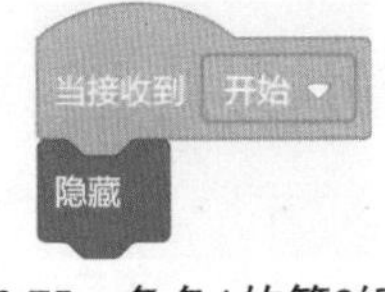

图12.75　角色1的第2组积木

功能讲解

角色 1 的第 1 组积木用于在程序启动后，初始化角色 1 的位置，并“显示”当前角色；角色 1 的第 2 组积木用于在接收到“开始”的消息后，“隐藏”当前角色。

（9）为角色 2（恭喜通关）添加一组积木，如图 12.76 所示。

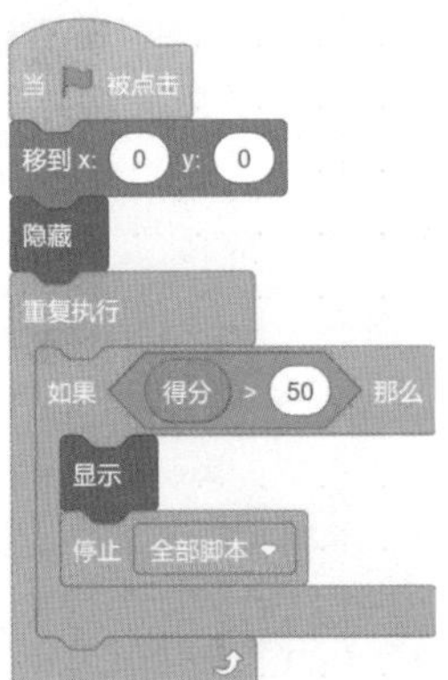

图12.76　角色2的积木

📍 功能讲解

角色 2 的积木的作用：在程序启动后，首先初始化角色 2 的位置，并“隐藏”当前角色；然后通过重复执行的方式判断“得分”变量的值是否大于 50，如果大于，就显示当前角色，表示成功通关，并停止全部脚本。

（10）为角色 3（挑战失败）添加两组积木，如图 12.77 和图 12.78 所示。

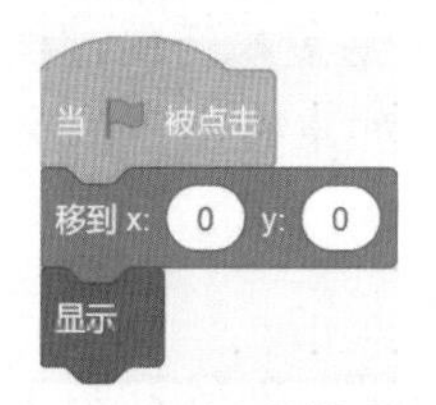

图12.77　角色3的第1组积木

图12.78　角色3的第2组积木

📍 功能讲解

角色 3 的第 1 组积木用于在程序启动后，初始化角色 3 的位置，并“显示”当前角色；角色 3 的第 2 组积木用于在接收到“挑战失败”的消息后，“显示”当前角色，表示挑战失败；然后停止全部脚本，表示游戏结束。

（11）为开始按钮角色 Button2 添加两组积木，如图 12.79 和图 12.80 所示。

图12.79　Button2的第1组积木

图12.80　Button2的第2组积木

📍 功能讲解

Button2 的第 1 组积木用于在程序启动后，初始化 Button2 角色的造型，并“显示”当前角色。Button2 的第 2 组积木的作用：在 Button2 角色被点击后，播放声音；接着切换为裂开的按钮造型；然后广播“开始”的消息，1 秒后“隐藏”角色。

（12）为小旗角色 Green flag 添加两组积木，如图 12.81 和图 12.82 所示。

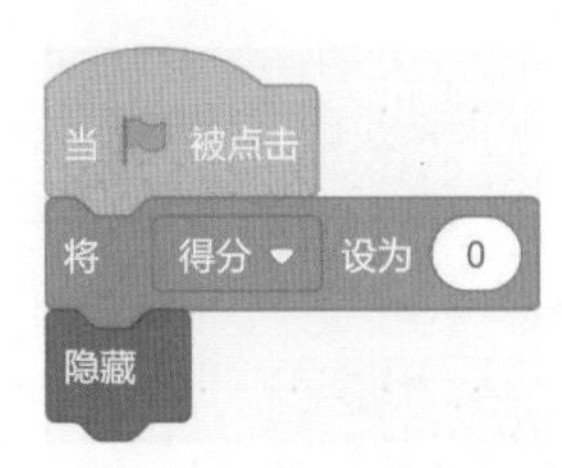

图12.81 Green flag的第1组积木

图12.82 Green flag的第2组积木

功能讲解

Green flag 的第 1 组积木用于在程序启动后，设置“得分”变量的值为 0，并“隐藏”Green flag 角色。Green flag 的第 2 组积木的作用：在接收到“开始”的消息后，首先等待 1 秒；然后“显示”Green flag 角色；最后通过重复执行的方式让 Green flag 角色跟随鼠标移动，模拟水果刀的作用。

（13）程序运行后，舞台中会显示水果切切乐的标题和“开始”按钮。当用户点击“开始”按钮时，“开始”按钮会被切开。1 秒后，小旗角色 Green flag 会跟随鼠标指针进行移动，舞台中会不断抛出水果和水桶。如果小旗角色 Green flag 碰到水果，则加分，当得分大于 50 时会宣布“恭喜通关”，效果如图 12.83 所示；如果小旗角色 Green flag 碰到了水桶，那么舞台中就会显示“挑战失败”，效果如图 12.84 所示。

图12.83 恭喜通关

图12.84 挑战失败